服装结构制图

（第六版）

主编　徐雅琴

高等教育出版社·北京

内容简介

本书是中等职业教育服装类专业国家规划教材配套教学用书，在2012年第五版的基础上修订而成。

本书较全面地介绍了服装结构的基础知识、服装结构制图的操作实例、服装样板制作的操作过程。本书以大量的实例介绍了男、女、童装，包括裙装、裤装、衬衫、西服、中山服、外套、中式服装等的结构制图。其中既有典型服装如西服、中山服及具有民族特色的旗袍，又有流行的时装；在介绍实例操作的同时，注意实例操作要领的讲解，使理论知识与实际操作得到更好地融合。本书配有 Abook 及二维码资源，以教材的章节为序，介绍服装结构制图的知识，尤其是将制图的方法和步骤，用视频的形式表现，以期对学生的学习与实践起到实际的辅助作用。

本书可作为中等职业学校服装专业的教材，也可作为服装技术人员的培训用书，对广大服装爱好者也是一本很好的自学用书。

图书在版编目（C I P）数据

服装结构制图 / 徐雅琴主编. -- 6版. -- 北京：
高等教育出版社，2021.6（2022.12重印）
ISBN 978-7-04-054847-1

Ⅰ. ①服… Ⅱ. ①徐… Ⅲ. ①服装结构－制图－中等
专业学校－教材 Ⅳ. ①TS941.2

中国版本图书馆CIP数据核字(2020)第142351号

策划编辑　皇　源	责任编辑　薛　尧	特约编辑　皇　源	封面设计　张雨微	
版式设计　张雨微	插图绘制　黄云燕	责任校对　刘娟娟	责任印制　赵　振	

出版发行	高等教育出版社	网　　址　http://www.hep.edu.cn
社　　址	北京市西城区德外大街4号	http://www.hep.com.cn
邮政编码	100120	网上订购　http://www.hepmall.com.cn
印　　刷	高教社（天津）印务有限公司	http://www.hepmall.com
开　　本	889mm×1194mm 1/16	http://www.hepmall.cn
印　　张	23	版　　次　1988 年 7 月第 1 版
字　　数	410 千字	2021 年 6 月第 6 版
购书热线	010-58581118	印　　次　2022 年 12 月第 5 次印刷
咨询电话	400-810-0598	定　　价　53.00 元

第六版前言

　　为了紧跟服装产业发展趋势和行业人才需求，根据职业教育的特点，按照技术技能人才成长规律，充分考虑知识传授与技术技能培养并重的要求，以强化学生专业技术能力为目标，进一步提高本教材的质量水平。本次修订在第五版的基础上，及时将服装产业发展的新技术、新工艺、新规范纳入教材内容，力求达到服装职业技术技能发展的要求。本次修订具体调整如下：

　　一、调整了部分内容

　　将原教材中的第五章西裤、第六章衬衫、第七章两用衫及第十一章外套结构制图中的款式变化部分做了一定的调整。同时将原教材第十一章大衣改为外套，以期能扩大其涵盖的内容。增补外套类中的风衣，希望随着服装流行趋势的变化，尽可能多地融入现代服装的时尚元素。

　　二、完善了服装结构制图的操作方法

　　将原教材中有些细节部位的操作方法加以完善，如裙装中一步裙的裙后衩配置，通过调整后衩部位，使其外形更为美观、符合服装工业生产的要求；如女衬衫肩胸省的操作方法做了更为详细和清晰的细化，变得更为清晰和易于理解，使教材更加便于教学。

　　三、补充和修订了结构处理方法

　　在原有的基础上，增补了西裤烫迹线定位的结构处理方法，如合体型西裤中烫迹线的定位，增补了可以根据裤型对侧缝线斜度变化的需要进行调整的方法。同时在第十一章增补的风衣类款式中对制图公式做了相应的调整，由于风衣类的服装大多是在春、秋天穿着的，内搭的服装穿着层次没有冬装多，因此风衣类的服装就沿用了春秋上衣的胸背宽及袖窿深的制图公式。希望通过此次的补充和修订，结构处理方法能够更为多样化，能更好地拓宽服装造型的可变性。

　　本次修订使教材在原有的基础上更趋完善，内容更为充实。同时对书中的服装效果图和平面结构图在原教材的基础上做了修改和调整。在此，特别感谢陶华华老师在本次教材修订中对服装效果图绘制方面的大力支持。

　　本书由乔琴生、徐雅琴、田守华编写修订，陶华华负责服装效果图的绘制，特邀徐民华担任第十章中式服装结构制图和附录3服装弊病分析及处理方法的编写与修订工作。本书在编写过程中得到了包昌法、蒋锡根、顾惠忠教授

I

的热情指导和大力帮助，并听取了长期从事职业技术教育工作的张伟龙、陈秀凤、谢国安、潘芳妹老师的意见和建议，在此向帮助、关心、支持本书编写的上海工程技术大学服装学院、上海东海职业技术学院、上海杉达学院的领导和老师们以及培罗蒙西服公司的卢仁敏经理表示由衷的感谢。

学时分配建议（供参考）

章	节	课程内容	学时数		
			讲授	实训	合计
第一章 服装结构制图依据	一	人体体型与人体测量	2	2	4
	二	服装成品规格与服装号型系列			
	三	服装款式、材料与缝制工艺			
第二章 服装结构制图基础	一	服装结构制图工具	2	2	4
	二	服装结构制图图线与符号			
	三	服装结构制图的一般规定			
	四	服装结构制图的方法			
第三章 女裙结构制图	一	直裙（一步裙）	4	4	8
	二	斜裙（四片喇叭裙）	2	2	4
	三	女裙款式变化	12	16	28
第四章 西裤结构制图	一	西裤	8	8	16
	二	西裤款式变化	12	20	32
第五章 衬衫结构制图	一	女衬衫	8	12	20
	二	连衣裙	4	8	12
	三	男衬衫	4	8	12
	四	衬衫款式变化	12	20	32
第六章 两用衫结构制图	一	女两用衫	8	8	16
	二	夹克衫	8	8	16
	三	两用衫款式变化	8	12	20
第七章 西服结构制图	一	女西服	8	12	20
	二	男西服	12	16	28
	三	西服款式变化	12	20	32
第八章 外套结构制图	一	女外套	4	8	12
	二	男外套	4	8	12
	三	外套款式变化	12	20	32
第九章 中山服结构制图	一	中山服（呢）	8	8	16
	二	中山服款式变化	12	12	24

章	节	课程内容	学时数		
			讲授	实训	合计
第十章 中式服装结构制图	一	男式对襟暗门襟罩衫	4	8	12
	二	女式偏襟罩衫	4	8	12
	三	旗袍	4	8	12
第十一章 童装结构制图	一	男童装	4	6	10
	二	女童装	4	6	10
	三	童装款式变化	8	16	24
第十二章 服装样板制作	一	服装样板制作基础知识	2	2	4
	二	服装样板推档	12	20	32
	三	服装样板的检查与复核	2	4	6
第十三章 服装裁剪	一	服装裁剪的基础知识	4	4	8
	二	单件裁剪			
	三	批量裁剪			
附录 1		女装分部结构变化	12	20	32
附录 2		特殊体型结构制图	8	8	16
附录 3		服装弊病分析及处理方法	4	4	8
总计			238	348	586

注：各院校可根据本校的教学特点和教学计划对课程学时进行调整。

由于编者的水平有限，书中不足之处在所难免，恳切希望使用本书的师生和同行们提出宝贵意见，以便再次修订时得到完善。读者意见反馈邮箱：zz_dzyj@pub.hep.cn。

编者

2020 年 4 月

第五版前言

为了适应服装行业技术迅速发展的需要，本书在第四版的基础上，保持了原教学内容的系统性，并根据教学和突出应用与技能训练的需要，做了如下的修改和调整。

首先，调整了部分内容。在保留基本款式、篇幅数量不变的前提下，将原教材中的第四章女裙、第五章西裤、第六章衬衫、第七章两用衫及第十一章大衣结构制图中的最后一节的款式变化部分作了调整，希望通过此次的款式调整，融入现代服装的时尚元素，以及结构处理的先进方法。

其次，完善了服装结构制图要领和说明部分的内容。将原教材中有些原理的说明加以完善，如女装前后腰节长的结构处理方法等。希望通过此次的补充，使一些原来解释得较为模糊的概念，变得清晰和易于理解。

最后，修正了服装里布配置方法。将原教材中的女两用衫及女西服中的里布配置中的缝份做了细化处理，并对其合理性加以说明。希望通过此次修正，能将目前服装企业的服装结构制图的方法引入本教材，以达到突出应用性的目的。

通过修订，对书中的部分服装效果图和平面结构图在原教材的基础上做了修改和调整，使教材在原有的基础上更趋完善，内容更为充实。

本书由徐雅琴主编，乔琴生、田守华编写，陶华华担任服装效果图的绘制，徐民华担任第十章第三节服装弊病分析及处理方法和第十三章中式服装结构制图的编写。在本书的编写过程中得到了包昌法、蒋锡根、刘国伟老师的热情指导和大力帮助，并听取了长期从事职业技术教育工作的陈秀凤、张伟龙老师的意见和建议，在此向帮助、关心、支持本书编写的上海工程技术大学服装学院的领导和老师们表示由衷的感谢。

由于编者技术水平有限，本书不足之处在所难免，恳切希望使用本书的师生和同行们提出宝贵意见，以便在修订时完善。

编者

2012 年 5 月

目录

绪　　论

　　服装工业属于加工工业又称复制工业，它将服装材料加工制作成服装产品。服装制作在现阶段有两种形式，一种是个体单件制作，另一种是批量生产。批量生产即从面料投产到产品检验的整个生产制作过程，均由流水线完成。服装的加工制作，不论是个体单件制作或是批量生产，一般都要经过裁剪、缝纫、整烫三个环节。在每个制作环节中，又有不同的制作程序和要求。

　　服装裁剪是服装制作三个环节之一，从中还可以分出平面裁剪和立体裁剪两类，一般人们所指的服装裁剪主要是指平面裁剪。就工业生产部门的服装裁剪来说，主要包括结构制图、排料画样、铺料、开刀裁剪、分包验片等多道工序。

　　服装结构制图是工业服装裁剪的首道工序，也是服装专业的一门主要课程，它是以立体的服装造型设计效果图或立体的服装实物成品为依据，在纸上或衣料上将其分解，展开成平面的服装衣片，这种制图俗称裁剪制图，是以图线和相关符号来表示的，按照制图的标准画线，制成样板后再将整幅的衣料剪成衣片。

　　服装结构制图是一项兼具工程性、艺术性和技术性的工作。说它具有工程性，是因为服装结构制图（以及以制图为依据制成的裁剪样板）是指导服装裁剪和生产的主要依据，特别对批量生产来说，更是对整个服装组合生产过程和生产的规格、质量负有首要责任。因此，它的制图依据、各部位的结构关系、定点画线和构成的衣片外形轮廓等，都必须是非常严谨、规范和准确的，必须达到合乎工程性的要求。说它具有艺术性，是因为服装的某些部位或部件形态、轮廓的确认，并不单是以运算所得或公式推导而成的，而是凭艺术的感觉，靠形象的美感确立的，如各类衣领的宽度和领角的造型、灯笼袖等衣袖的袖山高低和袖肥宽窄等，以及裤管、裙摆的造型和分割衣缝的弧曲程度的设置，全凭借制图者的审美眼光和艺术修养，使之构成的衣片轮廓符合艺术性的要求。说它具有技术性，是因为在服装结构制图中，还要求制图者熟悉各类衣料的性能特点，掌握服装缝纫的工艺技巧，了解整件服装的流水线生产全过程和各类专用机械设备的情况，有较全面的服装缝制生产技术知识，这样在结构制图和衣片放缝或制作裁剪样板时，才能做到恰到好处。做好以上三点，制出的服装结构图才能既有利于服装的缝制加工，又能达到造型设计的预想效果。

服装结构制图是以研究服装结构规律及分解原理，为构成服装进行展开分割，完成各片平面衣片的几何轮廓为主要内容的一门专业性很强的课程。

学习服装结构制图要掌握测体和服装结构制图的基本知识和技能，能独立裁制一般品种的服装，并能运用服装结构变化规律的基本理论去认识、分析、解决标准体型的服装款式变化。学生需具有处理服装结构的初步应变能力，初步掌握样板制作的基本理论及技能，达到中级工的专业技术水平。

学习服装结构制图要理论联系实际。服装专业属实用技术学科，在学习理论知识的同时要结合实际，反复练习，不断操作，强化动手能力，提高技术水平。要加强基础知识的学习，按照认识过程的一般规律，要认真学习基础知识，打下扎实的基础，才能深入学好专业知识。要重视基本概念及原理的学习，不仅知其然，还应知其所以然，掌握基本原理，才能灵活运用，提高应变能力。在学习中既要注意知识、技能的系统性及完整性，又要抓住中心，突出重点。制图方法及技能是学习本课程的重点之一，要全面理解制图方法的科学性、合理性、准确性，系统掌握制图的法则及计算公式。服装结构制图知识及服装缝纫制作工艺知识有着密切的内在联系，因此掌握了服装结构制图知识，就为更好地学习服装制作工艺知识打下了良好的基础，并为以后的深造或从事服装设计工作创造了必要的条件。

第一章
服装结构制图依据

服装结构制图是以人体体型、服装规格、服装款式、面料质地性能和工艺要求为依据，运用服装制图的方法，在纸上（或直接在面料上）画出服装衣片和零部件的平面结构图，然后制作成样板或直接将面料裁成衣片的工序。

第一节　人体体型与人体测量

服装的服务对象是人，服装穿在人身上，作用于人体的外表。"量体裁衣"四字精辟地概括了人体和服装的关系。人体是制作服装的主要依据，也是服装制图的主要依据。服装结构制图中的点、线、面，是根据人体结构的点、线、面而确定的。人体的外形决定了服装的基本结构和形态。测量人体有关部位的长度、宽度、围度的规格数据，是服装结构制图的直接依据。人体运动规律则是作为制定服装放松量的主要依据之一。

一、人体体型

人体体型可以从人体比例和人体结构两个方面去理解和分析。

（一）人体比例

人体比例最简单、最方便的测量单位是头。正常的成年男性约为 7 个半头高，成年女性约为 7 个头高。不同年龄阶段的人的人体比例分别为：1~2 岁 4 个头高；5~6 岁 5 个头高；14~15 岁 6 个头高；16 岁接近成人；25 岁达到成年人身高（图 1-1）。

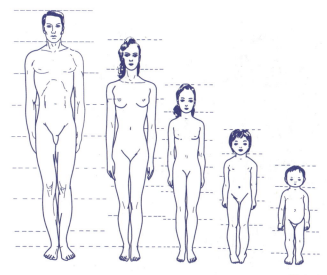

图 1-1

（二）人体结构

人体结构各部位如图 1-2 所示。按服装的构成需要，为方便人体测量，可将人体的体表部位分别用假设的点、线、面来表示。

1. 点（图1-3）。

2. 线（图1-4）。

3. 面（图1-5）。

4. 人体与服装相对应的部位（图1-6、图1-7、图1-8）。

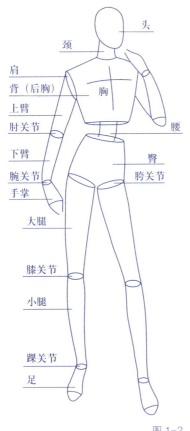

图1-2

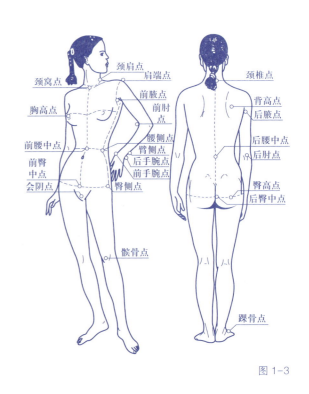

图1-3

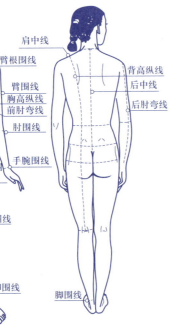

图1-4

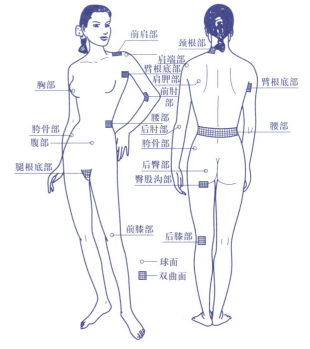

图1-5

第一章 服装结构制图依据

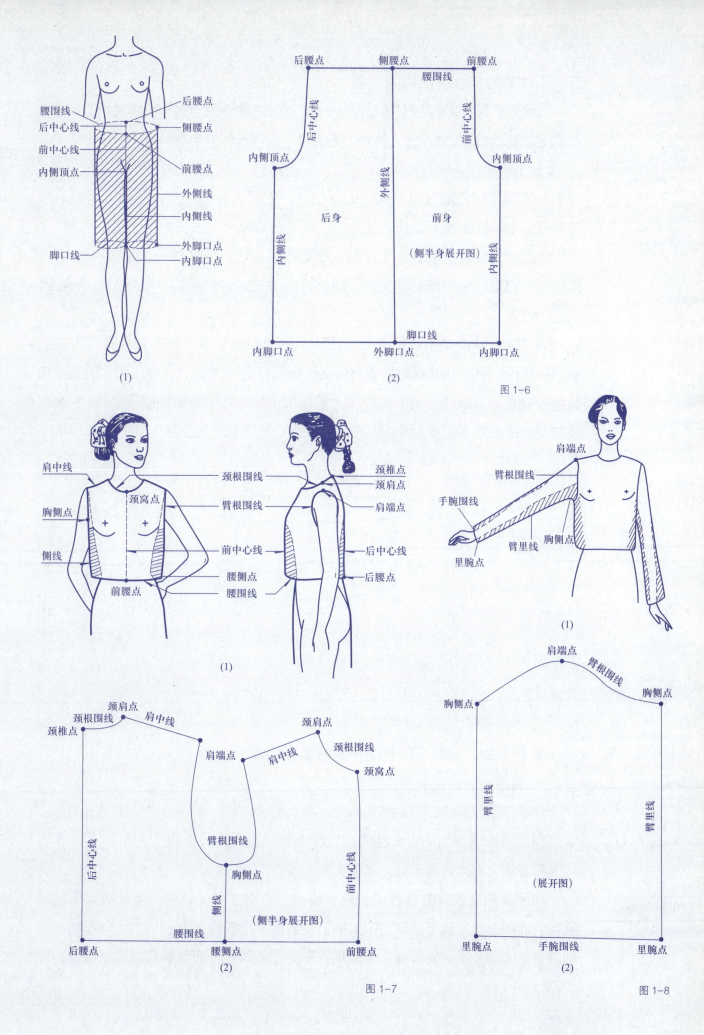

图1-6

腰围线 后中心线 前中心线 内侧顶点 外侧线 内侧线 外脚口点 内脚口点 脚口线

后腰点 侧腰点 前腰点 腰围线 后中心线 前中心线 内侧顶点 后身 前身（侧半身展开图） 外侧线 内侧线 脚口线 内脚口点 外脚口点 内脚口点

（1）　　　（2）

肩中线 颈窝点 胸侧点 侧线 前腰点 颈根围线 臂根围线 前中心线 腰侧点 腰围线 颈椎点 颈肩点 肩端点 后中心线 后腰点

（1）

肩端点 臂根围线 手腕围线 里腕点 臂里线 胸侧点

（1）

颈椎点 颈根围线 颈肩点 肩中线 颈肩点 肩端点 肩中线 颈根围线 颈窝点 后中心线 臂根围线 胸侧点 侧线 前中心线 （侧半身展开图） 腰围线 后腰点 腰侧点 前腰点

（2）

图1-7

肩端点 臂根围线 胸侧点 胸侧点 臂里线 臂里线 （展开图） 里腕点 手腕围线 里腕点

（2）

图1-8

二、人体外形与服装结构的关系

人体外形与服装结构有着直接的关系。研究人体外形与服装结构关系的目的是为了使服装最大限度地满足人体外形的需要。人体各部位与服装的关系分析如下。

（一）颈部与衣领的关系

人体颈部呈上细下粗不规则的圆台状，上部和头部相连。从侧面观察，颈部向前呈倾斜状如图 1-9 所示，下端的截面近似桃形，颈长相当于头长的 1/3。

男性颈部较粗，喉结位置偏低且外观明显；女性颈部较细，喉结位置偏高且平坦、不显露；老人颈部脂肪少，皮肤松弛；幼儿颈部细而短，喉结发育不完全，不显于外表。

颈部的形状决定了衣领的基本结构，由于颈部呈不规则的圆台状及有向前倾斜的特点，所以领的造型基本上是后领脚宽，前领脚窄，上衣前后领的弧线弯曲度一般是后平前弯。又由于颈部上细下粗（颈中围与颈根围度不同），因此衣领的规格是上领小、下领大（立领、装领脚衣领表现尤为显著）（图 1-10）。

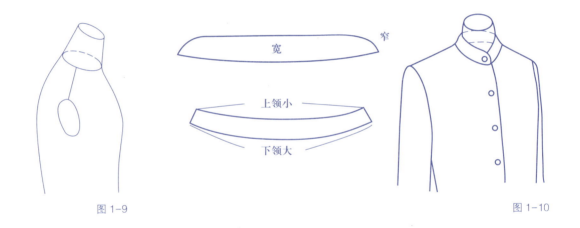

图 1-9　　　　　　　　　　　　　　　　　　　　　　　图 1-10

（二）躯干与上装的关系

躯干包括肩、胸、背、腰、腹、臀部等。

1. 肩部

肩端部呈球面状，前肩部呈双曲面状，肩部前倾，俯视整个肩部呈弓形。

男性肩部较宽而平，女性肩部较窄而斜且肩斜度大于男性（图 1-11）；老年人和青年人相比肩薄而斜，儿童肩窄而薄。

肩部是前后衣片的分界线，是服装的主要支撑点。肩部的特征决定了服装结构的肩部形状，肩部前倾使服装的前肩斜度大于后肩斜度；肩的弓形形状使服装后肩斜线略长于前肩斜线；男女肩部的特征差异使一般女装肩宽窄于男装，使

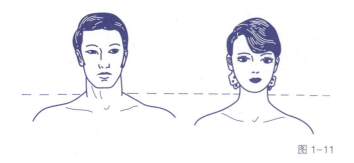

图 1-11

女装肩斜和前后肩斜的差大于男装。

2. 前胸与后背的关系

胸与背是由一部分脊柱、胸骨与 12 对肋骨组成的胸廓。胸廓的形状决定胸部的大小和宽窄。

男性胸廓宽而大，呈扁圆形。前胸表面呈球面状，背部凹凸变化明显；女性胸廓较男性短小，也呈扁圆形，前胸表面乳胸隆起，乳胸部呈近似圆锥状，背部凹凸变化不明显；老人胸廓扁长，呈扁平形，背部较浑圆，脊柱弯曲度大于青年；儿童胸廓前后径与左右径基本相等，呈圆柱状，前胸呈球面状，背部平直且略后倾。

胸与背的特征，决定了男性后腰节长大于前腰节长（图 1-12）；女性由于乳胸隆起，一般后腰节长等于或短于前腰节长（图 1-13）；儿童的背部特征使童装的后腰节长等于或小于前腰节长。前胸的球面状，使服装前中线有劈势，女性乳胸隆起，使女装需通过收省、打褶及设置分割线来达到合体的目的（图 1-14）；肩胛骨的凸起，决定了合体式女装要有肩背省（图 1-15），男衬衫过肩线下要加背裥（图 1-16）。

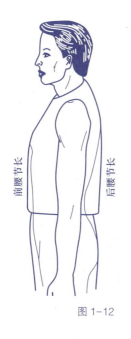

图 1-12

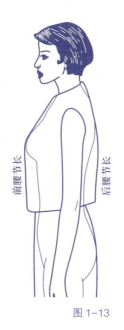

图 1-13

图 1-14

图 1-15   图 1-16

3. 腰部

腰部截面呈扁圆状，小于胸围和臀围，人体的侧腰部及后腰部呈双曲面状。

男性腰部较宽，腰部凹陷不太明显，侧腰部呈双曲面状；女性腰部窄于男性，腰部凹陷明显，侧腰部双曲面状强于男性；老人腰部凹陷，侧腰部双曲面状弱于青年；儿童腰部呈圆桶状，腹部较凸，腰节不明显。

腰部的凹陷状在服装结构上表现为上装的曲腰造型。男女腰部的宽窄差异，决定了女装吸腰量要大于男装吸腰量（图 1-15 至图 1-17）。侧腰的双曲面状，决定了曲腰服装的腰节在侧缝处必须拔开。儿童与老年人的服装由于其胸腰差较接近的缘故，一般以直腰为主（图 1-18）。

图 1-17   图 1-18

（三）上肢与衣袖的关系

上肢由上臂、下臂和手3个部分组成（图1-19），上肢的肩关节、肘关节、腕关节使手臂能够旋转和屈伸。

男性手臂较粗、较长，手掌较宽大；女性手臂较细，较男性短，手掌较男性狭小；老人手臂基本上与年轻时差别不大，但关节肌肉萎缩；幼儿手臂较短，手掌较小。

上肢的形状决定了衣袖的基本结构，当上肢弯曲时，上臂和下臂之间呈一定角度（图1-20），反映在衣袖上则使后袖弯线外凸，前袖弯线内凹（图1-21）。一片袖收肘省，是为了适应手臂活动的需要，同时也是为了符合手臂的形状（图1-22）。肩端和肩部三角肌的浑圆外形形成了袖山弧线。后袖山弧线与前袖山弧线不对称，其中重要的原因就是由于背部肩胛骨凸起形成的。手的不同体积，决定了男、女、童各式服装袋口的宽窄。袋口的高低位置则与手臂的长短有关。此外，手腕、手掌、手指也都是确定服装袖长、袖口规格的依据。

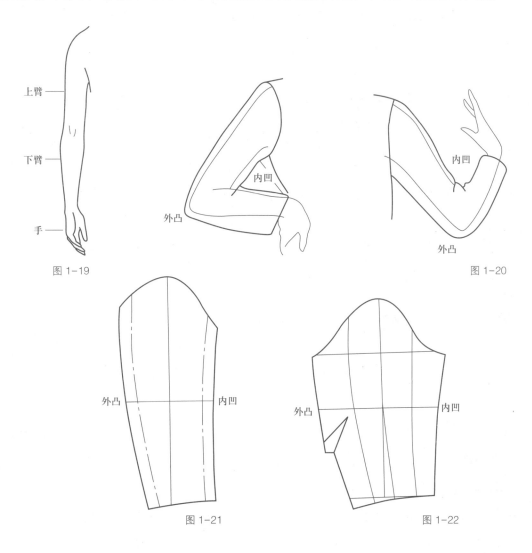

图1-19

图1-20

图1-21

图1-22

（四）下肢与裤、裙的关系

臀部与腹部属于躯干部分，由于它们与下肢关系密切，因此与下肢部分放在一起介绍。

1. 腹部和臀部

骨盆支撑着腹部和臀部，腹部微凸，臀部凸起较大。

男性臀窄且小于肩宽，后臀外凸较明显，呈一定的球面状，臀腰差较小，腹部微凸；女性臀宽且大于肩宽，后臀外凸很明显，呈一定的球面状，臀腰差大于男性，腹部较男性浑圆；男性到老年后臀外凸度与青年差异较小，腹部较大；女性到老年后臀宽大浑圆，略有下垂，腹部较大，臀腰差弱于青年；儿童臀窄且外凸不明显，臀腰差近似于零。

臀部的外凸，决定了西裤的后窿门大于前窿门。臀腰差的存在、腹部的浑圆、后臀外凸的特点，是腰口收前裥和后省的原因（图1-23）。女性因臀部丰满，腰臀差大，腹部较男性浑圆，因此前裥、后省的量大于男裤（图1-24）。儿童几乎不存在臀腰差，所以童裤腰口以收橡皮筋或装背带为主。

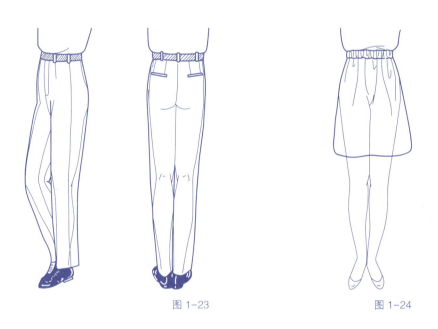

图1-23　　　　　　　　　　　图1-24

2. 下肢

下肢是全身的支柱，由大腿、小腿和足组成（图1-25）。下肢有髋关节、膝关节、踝关节，使下肢能够蹲、坐和行走。

男性膝部较窄，凹凸明显，两大腿合并的内侧可见间隙；女性膝部较宽大，凹凸不明显，大腿脂肪发达，两大腿合并的内侧间隙不明显；老人关节肌肉萎

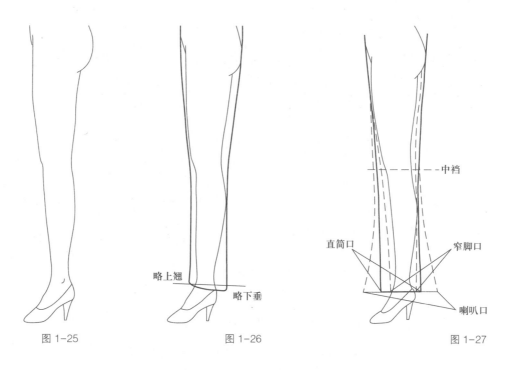

图 1-25　　　　　　　图 1-26　　　　　　　图 1-27

缩，下肢较年轻时短；儿童关节部分外表浑圆，起伏不明显。下肢的结构对裤子的形状产生直接影响。由于脚面骨的隆起和脚跟骨的直立与倾斜，所以前裤脚口略上翘，后裤脚口略下垂（图 1-26）。前后裤管的形状来源于下肢的形状，无论是喇叭裤、直筒裤还是窄脚裤，都是筒形（图 1-27）。膝关节是测量长裤中裆、裙长等下装长度的重要依据。

三、人体测量

人体测量是取得服装规格（本书指约定的服装尺寸大小）的主要来源之一。人体测量是指测量人体有关部位的长度、宽度、围度等作为服装结构制图时的直接依据。

（一）测体工具（常用工具）

（1）软尺　测体的主要工具，要求质地柔韧，刻度清晰，稳定不涨缩。

（2）腰节带　围绕在腰节最细处，测量腰节所用的工具（可用软尺、布带或绳代替）。

（二）测体方法

测体一般是测量净体规格，即用软尺贴附于静态的人体体表（仅穿内衣）所测得的规格。在净规格的基础上，按照人体活动需要加适当的放松量，并根据服装款式、穿着层次确定加多少放松量。如果是按穿着层次测量，则只要加放人体运动松量即可。

测体可分为男体测量、女体测量、童体测量3种，其测量部位、方法和步骤基本相同。其中女体的测量要求最高，最为复杂，需测量的部位最多。本书介绍的测体方法和图示说明以女体为例，男体和童体的测量方法可参照女体。

（三）测体部位

（1）身高　由头骨顶点量至脚跟（图1–28）。

（2）衣长　前衣长由右颈肩点通过胸部最高点，向下量至衣服所需长度；后衣长由后领圈中点向下量至衣服所需长度（图1–29）。

（3）胸围　腋下通过胸围最丰满处，水平围量一周（图1–30）。

（4）腰围　腰部最细处，水平围量一周（图1–31）。

（5）颈围　颈中最细处，围量一周（图1–32）。

（6）总肩宽　从后背左肩骨外端点，量至右肩骨外端点（图1–33）。

（7）袖长　肩骨外端向下量至所需长度（图1–34）。

（8）腰节长　前腰节长由右颈肩点通过胸部最高点量至腰间最细处；后腰节长由右颈肩点通过背部最高点量至腰间最细处。背长由后领圈中点量至腰部最细处（图1–35）。

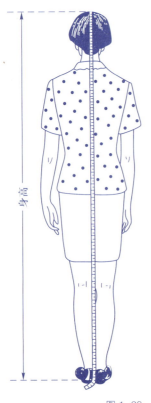

图1–28

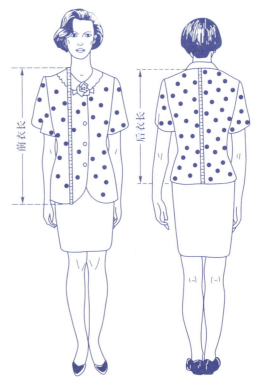

图1–29

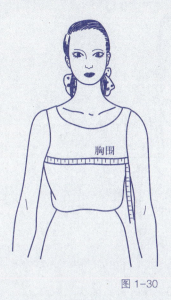

图 1-30

图 1-31

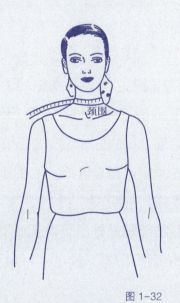

图 1-32

图 1-33

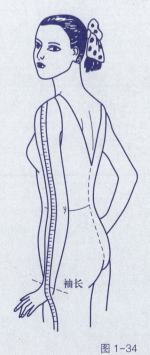

图 1-34

图 1-35

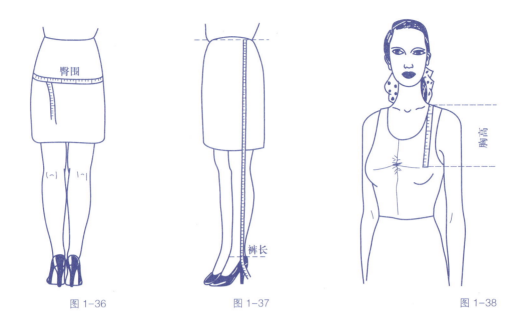

图 1-36　　　　　　　　　　图 1-37　　　　　　　　　　　　　图 1-38

（9）臀围　臀部最丰满处，水平围量一周（图 1-36）。

（10）裤长　由腰的侧部髋骨处向上 3 cm（即腰宽处）起，男裤垂直量至外踝骨下 3 cm 或离地面 3 cm 左右或按需要长度；女裤略短于男裤（图 1-37）。

（11）胸高　由右颈肩点量至乳峰点（图 1-38）。

（12）乳距　两乳峰间的距离（图 1-39）。

（13）臀高　由侧腰部髋骨处量至臀部最丰满处的距离（图 1-40）。

（14）上裆长　由侧腰部髋骨处向上 3 cm 处量至凳面的距离（图 1-41）。

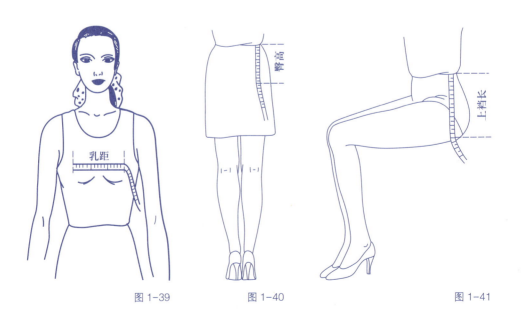

图 1-39　　　　　　　　　图 1-40　　　　　　　　　　　　图 1-41

　　　　　　　　　　　　　　　　　　　　　　　　第一章　服装结构制图依据

按以上方法测量围度部位所得的数据均为净体规格。如拟作为服装结构制图的规格，还需经过处理，即根据服装品种式样的要求、活动量及穿着层次等因素，加放一定的放松量。特别是胸、腰、臀围的放松量，要注意掌握分寸，它们将影响到服装穿着的合体性和外形的美观性。

（四）测体注意事项

（1）测体时必须了解人体的各有关部位，才能测量出准确规格。与服装有关的人体主要部位有颈、肩、背、胸、腹、腋、腰、胯、臀、腿根、膝、踝、臂、腕、虎口、拇指、中指等，若被测者有呈现特殊体征的部位，应做好记录，以便作相应调整。

（2）要求被测者姿态自然端正，呼吸正常，不能低头，不能挺胸等，以免影响所量规格的准确性。

（3）测量时软尺不宜过紧或过松，保持横平竖直。

（4）测量跨季服装时应注意对测量规格有所增减。

（5）做好对每一测量部位的规格记录，注明必要的说明或简单画上服装式样，注明体型特征和要求等。

（五）服装成品的放松量

服装的放松量又称加放量。人体测量时所取的数据是紧身的，直接按这些数据来裁制的服装虽然是合体的，但却不适应人体活动。人体经常处于活动的状态中，在不同的姿态下，人体体表或伸或缩，皮肤面积变化很大，但是绝大多数的面料伸缩性不大，为了使服装适合于人体的各种姿态和活动的需要，必须在量体所得数据（净体规格）的基础上，根据服装品种、式样和穿着用途，加放一定的余量，即放松量。放松量的多少还要根据服装穿在身上的内外层次所决定。例如女衬衫的胸围一般应加放 10~16 cm，而男西服的胸围应加放 18~22 cm，男大衣的胸围则加放 25~30 cm，此外，还应考虑流行倾向和面料质地的厚薄软硬因素等。肩宽的加放量，一般均与胸宽和背宽的比例同步考虑。

各种常用服装的放松量见表 1-1。

表 1-1　常用服装的放松量一览表　　　　　　　　　　　　　　　　　单位：cm

服装名称	一般应放宽规格				备注
	领围	胸围	腰围	臀围	
男衬衫	2~3	15~25			
男布夹克衫	4~5	20~30			春秋季穿着：内可穿一件羊毛衫
男布中山服	4~5	20~22			春秋季穿着：内可穿一件羊毛衫
男呢春秋衫	5~6	16~25			春秋季穿着：内可穿一件羊毛衫
男呢西服	4~5	18~22			春秋季穿着：内可穿一件羊毛衫
男呢大衣		25~30			冬季穿着：内可穿两件羊毛衫
男裤			2~3	8~12	内可穿一条衬裤
女衬衫	2~2.5	10~16			
女连衣裙	2~2.5	6~9			
女布两用衫	3~3.5	12~18			春秋季穿着：内可穿一件羊毛衫
女呢两用衫	3~4	12~16			春秋季穿着：内可穿一件羊毛衫
女呢西服	3~4	12~16			春秋季穿着：内可穿一件羊毛衫
女呢短大衣		20~25			冬季穿着：内可穿两件羊毛衫
女裤			1~2	7~10	内可穿一条衬裤
女裙			1~2	4~6	内可穿一条衬裤

注：由于各地气候条件及穿着习惯不同，表内规格仅供参考。

（六）对测量要点的说明

所谓测量要点是指常规的测量方法和步骤以外尚需注意的各点，具体有以下几个方面：

（1）按穿着要求　对同一个穿着对象来说，其西服的袖长要比中山服短，因西服的穿着要求是袖口处要露出 1/2 衬衫袖头。

（2）按衣片结构特点　夹克衫的袖长比一般款式要长，因为一片袖的结构特点使外袖弯线没有多大弯势。

（3）按款式特点　装垫肩的衣袖要比不装垫肩的衣袖长；又如袖口收细褶的要比不收细褶的袖长长，细褶量多的要比量少的袖长要长。

（4）按造型特点　紧身型与宽松型的放松量要有区别，曲线型的比直线型的放松量要小些。

（5）按穿着层次因素　衣服面料厚的，长度要长些。

（6）按流行倾向因素　如裙长的变化，宽松型服装的放松量增大，肩宽加宽等。

第二节　服装成品规格与服装号型系列

服装成品规格是服装结构制图的重要依据之一，了解有关服装成品规格的构成和使用是十分必要的。

一、服装成品规格的来源、构成和使用

服装成品规格的来源主要有：从测体取得数据加入一定的放松量构成的；由订货单位提供的数据编制的；按实物样品测量取得数据制定的；由服装号型系列中取得的数据设计的。

（一）测体数据加入放松量构成的服装成品规格

服装成品规格的直接来源是人体，通过人体测量，在取得的净体规格数据的基础上，加上适当的放松量（考虑各种因素）后，即能构成服装成品规格。

（二）由订货单位提供数据编制的服装成品规格

成批生产的产品通常由订货单位提供数据编制服装成品规格。对提供的数据，首先要确认规格的计量单位是公制、英制还是市制。其次要确认所提供的规格是人体规格（净体规格），还是服装成品规格（包括放松量在内）。最后要确认各部位规格的具体量法，如衣长规格有的是指前衣长，有的是指后衣长；围度规格有的连叠门，有的不连叠门等。对服装成品规格中项目不全的应按具体款式要求的一般规定补全。

（三）按实物样品测量取得数据制订的服装成品规格

按实物样品测量取得数据制订服装成品规格，应将实物样品中需要测量的

所有部位规格测量准确，测量时要明确测量方法、部位及顺序（具体要求见本节三"服装成品规格"）。

（四）由服装号型系列中取得的数据设计的服装成品规格

"服装号型系列"是以我国正常人体的主要部位规格为依据，对我国人体体型规律进行科学的分析，经过几年实践后所形成的国家标准（具体内容见本节二"服装号型系列"）。

服装成品规格，就其内部每一规格的具体构成来说，包括三个方面的因素，简称"三要素"：一是人体净体规格；二是人体活动因素；三是服装造型因素，在合乎人体静、动统一的实用性基础上，从审美和流行倾向出发，对某些部位的规格作适当的调整，如肩部加宽垫肩，领口从贴领到敞领，中腰从较紧到直筒等，还有服装外形轮廓的变化，都是由服装的造型因素决定的。

在服装成品规格的使用上，一般只有几个主要部位的长度、宽度、围度的规格组合。但服装结构制图时的裁片却涉及具体的各部位规格，因此需要按人体的比例以主要部位的规格推导其他各相关部位的规格。一般来说，上装类的衣长、袖长和下装类的裤长、裙长是一件（条）服装长度的主要规格。上装类胸围和下装类腰围、臀围是一件（条）服装围度的主要规格。确定了主要部位的规格，就可以进行推导，如从衣长计算出腰位、从裤长找出中裆位、从胸围推导出胸宽、背宽、从臀围推导出横裆（包括前后窿门）等。

二、服装号型系列

提供了以人体各主要部位规格为依据的数据模型，这个数据模型采集了我国人体中与服装有密切关系的规格，并经过科学的数据处理，基本反映了我国人体体型的规律，具有广泛的代表性。"服装号型系列"的人体规格是净体规格，并不是服装成品规格。它是设计服装成品规格的来源和依据。

"服装号型系列"适用于各部位发育正常人体体型，其在数量上占我国人口的绝大多数。"服装号型系列"的建立，有利于消费者购买到合体的成衣，有利于提高设计水平及服装成衣的生产与销售，有利于对外交流及服装产品质量的监督。

以下就服装号型的定义、标志、应用、系列及各系列部位数值等方面作一介绍。

（一）号型定义

服装号型是根据正常人体体型的发展规律和使用需要，选出最有代表性的部位，经合理归纳而成的。"号"指高度，以厘米表示人体的身高，是设计服装长度的依据；"型"指围度，以厘米表示人体胸围或腰围，是设计服装围度的依据，此外，以胸腰落差为依据划分的Y、A、B、C四种人体体型也属于"型"的范围，四种体型均有相应的号型系列，其体型特征的数据形式表现如表1-2所示。

表1-2　人体体型分类　　　　　　　　　　　　　　　　单位：cm

体型分类代号	男子胸腰落差	女子胸腰落差	体型分类代号	男子胸腰落差	女子胸腰落差
Y	17~22	19~24	B	7~11	9~13
A	12~16	14~18	C	2~6	4~8

儿童不划分体型，随着儿童身高逐渐增长，胸围、腰围等部位发育变化，逐渐向成人的四种体型靠拢。

（二）号型标志

按"服装号型系列"标准规定，在服装上必须标明号型。号与型之间用斜线分隔，后接体型分类代号。例：170/88A，其中170表示身高为170 cm的人体，88表示净体胸围为88 cm，体型分类代号A则表示胸腰落差在12~16 cm之间。

（三）号型应用

1. 消费者

消费者选择和应用号型应注意，选购服装前，先要测量自己的身高、净胸围、腰围，成人还要以胸腰落差来确定自己的体型，然后按实际规格在某个体型中选择近似的号型服装。

每个人的个体实际规格，有时和服装号型并不完全吻合。如身高167 cm，胸围90 cm的人体，号是在165~170 cm之间，型是在88~92 cm之间，因此需要向上或向下靠号型。一般来说，向更接近自己身高、胸围或腰围规格的号型靠近。

按身高数值选用号，例：身高163~167 cm，选用号165；身高168~172 cm，选用号170。

按净体胸围数值选用上装型，例：净体胸围 82~85 cm，选用型 84；净体胸围 86~89 cm，选用型 88。

按净体腰围数值选用下装型，例：净体腰围 65~66 cm，选用型 66；净体腰围 67~68 cm，选用型 68。

儿童正处在长身体阶段，特点是身高的增长速度大于胸围、腰围的增长速度，选择服装时号可大一至二档，型可不动或大一档。

2. 服装工业企业

服装工业企业在选择和应用号型时应注意，必须从标准规定的各个系列中选用适合本地区的号型系列。无论选用哪个系列，必须考虑每个号型适应本地区的人口比例和市场需求情况，相应地安排生产数量，以满足大部分人的穿着需要。

服装号型系列中规定的号型不够用时，可扩大号型设置范围，以满足他们的需求。扩大号型范围时，应按各系列所规定的分档数和系列数进行设置。

（四）号型系列

（1）号型系列设置以中间标准体为中心，向两边依次递增或递减。服装规格应按此系列进行设计。

（2）身高分别以 10 cm、5 cm 分档组成系列。

（3）胸围、腰围分别以 4 cm、2 cm 分档组成系列。

男、女体型中间标准体规格见表 1-3。

表 1-3　男、女体型中间标准体　　　　　　　　　　　　单位：cm

体型		Y	A	B	C
男子	身高	170	170	170	170
	胸围	88	88	92	96
	腰围	70	74	84	92
女子	身高	160	160	160	160
	胸围	84	84	88	88
	腰围	64	68	78	82

（五）服装号型控制部位数值

一套服装仅长度、胸围、腰围适体还达不到整套服装适体的目的，同样在制作结构图时，仅有身高、胸围、腰围的规格，还不能满足结构制图的要求，必须要确定其他几个必不可少的部位的规格，才能制作整套服装的结构图，这些部位被称为控制部位。

1. 控制部位

上装的控制部位是衣长、胸围、总肩宽、袖长、领围，女装加前后腰节长。下装的控制部位是裤长、腰围、臀围、上裆长。服装的这些控制部位反映在人体上是颈椎点高（决定衣长的数值）、坐姿颈椎点高（决定衣长分档的参考数值）、胸围、总肩宽、全臂长（决定袖长的数值）、颈围、腰围高（决定裤长的数值）、腰围、臀围等。

2. 非控制部位

非控制部位的服装规格如袖口、裤脚口等，可根据款式的需要自行设计。

3. 控制部位规格数值向服装成品规格的转换

服装号型系列和各控制部位数值确定以后，就可推出对应的服装成品规格，即以控制部位数值加放不同的放松量来设计服装成品规格。

（六）服装号型系列与国际标准

国际标准化组织 ISO/TC133 制定并公布了 ISO3635《定义和人体测量程序》国际标准，其中规定了服装专用人体测量部位的名称和测量程序。我国的服装号型系列在制定过程中组织人体测量时，参照了该标准。在设计思想上与 ISO3635 是一致的，即①以人体主要部位的净体规格作为设计服装号型的基础；②确定并测量人体主要部位；③人体规格以厘米为计量单位。此外，目前尚无服装号型的国际标准。

三、服装成品规格

服装成品规格指服装成品各相关部位的实际尺寸。

服装成品规格测量指直接从成衣上获取规格数据，作为服装制图的依据。

服装成品规格测量的方法是布服装一般放平测量，而立体感较强的呢服装则一般穿在模型架上测量衣长、肩宽、袖长，其他部位仍放平测量。

测量部位：上装一般是衣长、胸围、领大、袖长、总肩宽；下装一般是裤长、腰围、臀围。

下面以布服装为例，说明服装成品规格测量的具体方法。

（一）上装的测量

（1）测衣长　由前片领肩点垂直量至底边。

（2）测胸围　扣好纽扣，前后片摊平，沿袖窿底缝横量（横量数据×2）。

（3）测领大　衣领摊平横量，立领量上口，其他领量下口（特殊领口除外）。

（4）测袖长　由衣袖最高点量至袖口边中间（特殊袖型除外）。

（5）测总肩宽　两肩袖缝交点摊平横量（特殊型除外，见图1-42）。

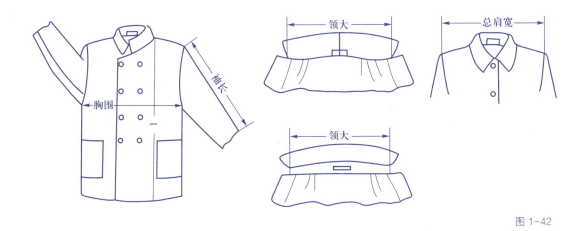

图1-42

（二）下装的测量

（1）测裤长　由腰上口沿侧缝垂直量至裤脚口。

（2）测腰围　扣好裤钩，横量腰宽，松紧要摊平横量（横量数据×2）。

（3）测臀围　前后裤片由腰口至上裆2/3处（即腰宽处）分别横量（横量数据×2，见图1-43）。

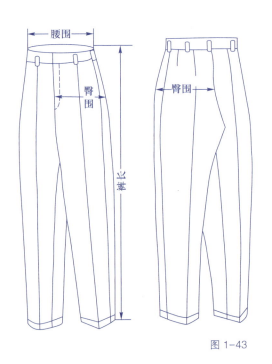

图1-43

以上是布服装的测量部位及测量方法，一般服装成品规格测量指主要部位规格的测量，次要部位一般不测量，测量方法及要求也可根据客户要求而定。

第三节　服装款式、材料与缝制工艺

决定服装结构制图衣片及其附件形状的三大因素，其一是服装的款式，其二是服装材料的质地性能，其三是服装的缝制工艺。服装款式是指服装成品的外形轮廓、内部结构以及相关附件的造型和安置的部位等，是服装结构制图必须考虑的主要内容之一。由于服装最终是通过缝纫和熨烫等工艺处理才能成为成品的，其间所采取的服装材料、衣缝形式或工艺措施不同，对服装的最终结构都有着直接的影响。因此，在结构制图时，应重视以上三个因素，并进行综合考虑，只有这样才能裁制出适身合体、穿着美观的服装。

一、款式

服装结构制图的目的就是按照人体结构进行制图并裁剪出衣片和附件，其经缝合后能充分反映服装款式的造型特征和设计者的意图。因此，制图者在正式制图之前，一定要确认款式的造型特征，理解、领会设计者的意图。

（一）服装款式的来源

服装款式的来源一般是实样、纸样、照片或图片、款式设计图稿等。

对于实样或纸样，可以仔细观察和具体测量，以便在制图时达到与实物尽可能吻合的效果。但对照片或图片及款式设计图稿就比较困难些，尤其是款式复杂的服装，因为图片等一般只有正面图（或附背面图），不能全方位地对服装进行观察，更不能具体地测量其规格，所以在此着重讲述如何看懂设计图和领会设计意图，其中有些内容也适用于观测实物。

（二）正确领会设计意图

1. 确认基本款式

首先要确认服装的造型特征和款式类别，如驳领或关门领，装袖或连袖，直腰或曲腰，贴袋或开袋，下摆大小等，随后还要确认服装的装饰和配色，以及服装款式是合体式还是宽松式等。

2. 确认线条的形状及表达的意图

（1）线条的形状　线条在服装上的应用极其广泛，形状有直线形、曲线形。以后背衣缝分割为例，有直形、弧形、斜形等（图1-44）。

（2）确认线条的含义　设计图中的实线表示外形轮廓线条或各种省、缝、折裥、装饰等，虚线表示缉线等（图1-45）。

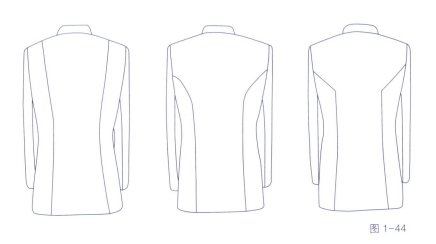

图 1-44

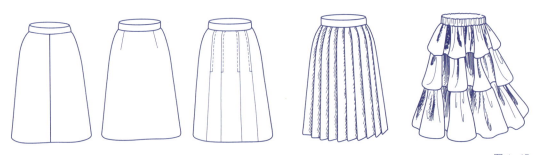

图 1-45

3. 确认服装的组合关系

所谓组合关系就是一件服装是由多少衣片和附件组合而成的（包括面料、里布、衬布等），它们之间又是如何进行配合的，即采用的缝法（如开缝、倒缝、包缝等）以及缝份的宽窄与配合时应采用的归拔工艺（如平缝配合、吃势配合、拔开配合等）等。

4. 确认规格比例

规格比例就是服装各部位的具体规格比例关系，有实物样品的可直接测量，但对设计图中各部位线条的长短、宽窄、大小、位置，大部分是以人体部位的比例为标准来计算的。如衣服的长度，衣袖的长度，省缝的长度，肩的宽窄，袋盖的宽窄，下摆的大小，袖口的大小，袋口的大小，省缝的进出，折裥的位置，袋位的进出、高度，弧线的弧度，角的角度，圆头的大小等。

人体部位中横向以颈围宽度、肩宽、胸宽、胸高距离、腰围、臀围等为基准；纵向以颈围高低，外肩高低，胸高、腰节、手肘、腕骨、臀高、膝盖、小腿、足跟的位置等为基准。

如：服装中肩的宽窄以比人体本身肩宽多少为基准（图1-46）；肩的高低以比人体本身肩高多少为基准（图1-47）；领圈的大小以比人体颈围宽出多少或以肩宽的比例为基准；领圈的开深以比人体颈围开深多少或颈围至胸围间距离的比例为基准（图1-48）；前片衣缝分割的进出以离胸高点进出的多少为基准（图1-49）；短袖长度以离手肘部的多少或上臂长度的比例为基准（图1-50）；长袖长度以离手腕的多少或手臂长度的比例为基准（图1-51）；短衣长度以腰节下多少，手腕上、下多少或腰节与手腕间距离的比例为基准（图1-52）；长衣长度以离膝盖、小腿、足跟的多少或它们之间的距离比例为基准（图1-53）。

有些零部件可按长与宽的比例为基准，如贴袋、袋口等（图1-54）；还有些零部件可按与其他部件的比例为基准，如袋盖宽与袋长（图1-55）。

5. 正确领会设计意图

有些设计内容既有审美作用又有实用功能。有些衣缝分割既增强了服装的美观效果，又使一些省缝融进分割线中，如用分割线代替原本的胸省和腰省，又如裙子的折裥和旗袍的开衩，既美观又便于行走。也有一些纯粹是作为装饰用的附件，如装饰纽、后背半截腰带等，这些都要在制图时正确领会其设计意图。

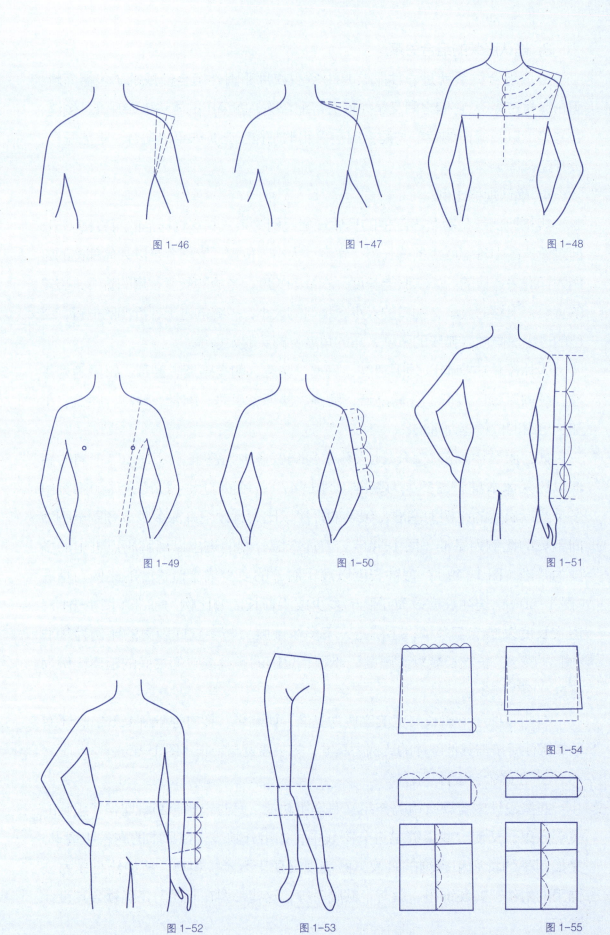

图 1-46　　　　　　　　　图 1-47　　　　　　　　　图 1-48

图 1-49　　　　　　　　　图 1-50　　　　　　　　　图 1-51

图 1-52　　　　　　　　　图 1-53　　　　　　　　　图 1-54

图 1-55

　　　　　　　　　　　　　　　　　　　　　　　　第一章　服装结构制图依据

此外，由于设计图的艺术加工特性，若其不能正确表示服装结构、比例不尽合理等，这就要求制图者从服装的整体结构及服装制图的一般规律出发加以补充完善。

二、材料

服装材料是构成服装的物质基础。现在可以用作裁制服装的材料品种众多，质地性能各异。有些材料质地柔软疏松，有些却坚挺厚实；有些材料伸缩率较大，有些却较小。特别是各类梭织面料，更应掌握其经纬丝绺的走向和性能，否则将会严重影响服装的外形美观和内在质量。所有这些因素，都与服装结构制图密切相关。因此，服装材料也是构成服装制图的重要依据之一。

（一）材料的质地性能因素

服装材料的质地性能千差万别，织物结构有紧密的、疏松的、坚实的、松软的、厚重的、轻薄的、硬挺的、柔软的、表面粗糙的和表面光洁的等，不同结构的材料，应采用不同的制图形态加以调节。

织物越是紧密、坚实、硬挺，其形变性就越弱；反之，织物越是稀疏、松弛、厚重、柔软，其形变性就越强。根据这一特性，在制图时应视其具体面料，有针对性地处理。例如对质地疏松的面料，在斜丝绺处适当剪短或放宽，以适应斜丝绺下垂时的自然伸长和横缩。对于裁片需经归拔工艺处理的，如用形变性弱的面料，归拔量相对少，反之归拔量可相对多些。如毛呢服装为了符合人体体型，根据肩部形状的特点，一般后肩长于前肩 1 cm 左右，在具体运用时，形变性弱的面料视其程度，前后肩差可相对小于 1 cm，形变性强的面料，前后肩差则可相对大于 1 cm。形变性弱的面料相对于形变性强的面料在有弯势的弧线部位弧度要小，如大袖片（两片袖）前偏袖弯势部位等。袖山吃势多少也在一定程度上取决于面料的形变性，遵循形变性强则吃势多，形变性弱则吃势少的原则。此外由于织物的紧密程度不同，有些疏松结构的面料，需在制图时加宽缝份，以免因面料松散，缝制后出现与规格不符的问题。

（二）材料缩率因素

不同质地性能的面料，会有不同的缩率，如全棉面料的缩率比化纤面料要大得多。服装制图时需要在了解面料的缩率后对其作适当的放长、放宽，以保证成衣的规格达到预定的标准。

图 1-56

（三）梭织面料的经纬丝绺因素

由于目前使用的面料绝大多数是由经纬丝绺交织而成，因此，俗称梭织面料。一般将梭织物的长度方向上与布边平行的纱线称为经纱，其纱线方向被称为经向（直丝绺）；将幅宽方向上与布边垂直的纱线称为纬纱，其纱线方向被称为纬向（横丝绺）；两者之间的被称为斜纱，其方向为斜向（斜丝绺）。由于它们各自的不同走向在服装上的应用也各不相同（图 1-56）。

直丝绺的特点是强度高，不易伸长变形。因此在服装上取长度方向为多，如衣长、裤长、袖长等。但有些横向部位因其不易变形的特点也会使用，如腰带、裤腰、袖头等。

横丝绺的特点是强度稍差，但纱质柔软，比经纱易变形，并略有伸长。因此在服装上取横向为多，如服装的围度、各局部的宽度等。由于横丝绺的起伏延展的特点，使其能恰到好处地体现人体的立体效果。

斜丝绺处于经纬纱的中间状态，特点是伸长性大，弹性大，易弯曲变形。根据这一特点，一般滚条、压条都用斜丝绺；领里、男呢西裤里襟等也采用斜丝绺。而喇叭裙宽大的下摆更是采用斜丝绺的典型例子。这里需注意的是采用斜丝绺的部位在服装制图中的横向上应适量放宽规格，而在长度方向则宜稍短。

（四）几个应该注意的问题

（1）对于有倒顺毛、倒顺花的面料，应标明纱向。

（2）有大型图案的应在图纸上标明主图案的位置。

（3）条格料应根据款式标明丝绺；格距较宽、对格要求高的，应在样板上画上对格标位，以便进行裁剪。

（4）在一般面料的制图样板中，也应标明丝绺方向。

三、工艺

服装材料经过制图裁剪和缝制加工后，最终成为服装成品。在缝制加工过程中，采用的衣缝结构形式不同、衣片相互组合的形态不同以及相应的熨烫工艺的不同等，都会对服装成品的构成产生影响。因此，缝制工艺也是属于服装结构制图的依据之一。

（一）衣缝结构与服装结构制图

衣缝的结构有分缝、倒缝等。倒缝又有锁边倒缝、来去缝、暗包明缉缝、明包暗缉缝之分，以及坐倒的方向之别，这些区别都需要在服装结构制图的留放缝份上作出相应的区分。如分缝加放缝份一般是 1 cm，来去缝、两拼合缝需放缝份 1.4 cm 左右。此外，在服装的衣缝中，还有些衣缝连接褶、裥，也有的利用衣缝留袋口，连袋盖、带裥等，这些也都需要在服装结构制图中留出褶、裥底或折边、口袋垫布等部位所需的量。还有些部位的衣缝，因其特殊性，所以需要放缝大小有所不同，如西裤的后缝是分缝，但因腰口处要保持平服，所以在腰口处放 2 cm 左右，在臀围处放 1 cm 左右；在后窿门弯弧部位缝份过大，会使分缝困难，因此放缝应小于 1 cm（图 1-57）。但并不是说凡弯弧部位都应缩小缝份，如驳领后领圈弯弧部位便不必缩小缝份，因为后领圈有时不必分缝。因此应具体情况具体对待。

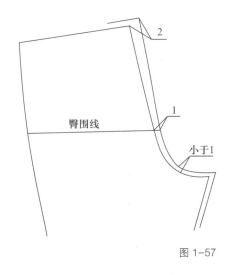

图 1-57

（二）缝边处理与服装结构制图

缝边即服装各边缘、止口部位，缝边的不同处理方法与服装结构制图紧密相关。具体表现在服装上的缝边有门襟止口、衣裙底摆、袖口、裤脚口、领上口、无领的领口、无袖的袖窿、裤或裙的腰口，以及袋盖、袋裥等部件的外口、边缘等，这些部位、部件的边缘处理有连折和另加之分。各底摆、袖口、裤脚口虽然多为连折边，但也可另加贴边。上衣挂面可连折也可另加，一般女装较常用连挂面（关门领式），男装则多为加挂面；袋盖及袋裥，如外口为直边则可分可连，但外形为圆头、尖角等曲线边缘的，则必须另加里布；无领式的领口及无袖式的袖窿圈，一般是另加贴边或翻边处理，但也有用滚条的处理方法。缝边的里口边缘，也有不同的处理方法。如衣摆与挂面的里口既可包缝，也可折光或另加滚条；袖口、裤脚口及裙摆等也有多种处理方法。由于处理方法不同，所放的缝份也不同。

（三）组合形态与服装结构制图

组合形态是指各部位、部件的衣里、衬及其他辅料的组合关系。从服装的主体看，服装有单、夹、棉之分，因而有衣里、衣衬、絮棉、羽绒等的内部形态区别。衣里有全里、半里或前里后单等不同工艺要求。在服装的局部上，各部位、部件都有其具体的形态区别，如前片复衬与否及复衬范围、加垫衬的部位、肩部装垫肩与否（如肩部装垫肩在制图时应提高肩斜线）等，所有这些都应在服装结构制图上区分开来。

（四）熨烫工艺与服装结构制图

由于产品的品种、档次及面料质地性能的区别，采用的熨烫工艺也不尽相同，因此需要在制图时加以区别。如劈门量大的服装，推门时前片的门襟归缩量大，但挂面却不能与前片一样放归缩量，因而应在推门以后配挂面。吸腰的服装结构图，在中腰处应比原定的吸腰规格略微凹进，以便通过归拔衣片达到预期效果。

📖 **练习题**

简述服装款式、材料、工艺与服装结构制图的关系。

第二章
服装结构制图基础

服装结构制图基础是指服装结构制图前和具体制图时应掌握的各种知识、技法，以及对服装结构制图的有关规定等。

第一节　服装结构制图工具

一、尺

尺是服装结构制图的必备工具，是绘制直、横、斜线，弧线，角度，以及测量人体与服装，核对制图规格所必需的工具。服装制图所用的尺有以下几种。

（一）直尺

直尺是服装结构制图的基本工具，直尺有钢质的、木质的、塑料的、竹的、有机玻璃的等。钢直尺刻度清晰、准确，一般用于对易变形的尺的校量。木直尺虽然轻便，但易变形，一般使用不多。竹直尺一般是市制居多，因而也使用不多。最适宜制图的是透明塑料直尺，其平直度好，可以弯折、刻度清晰且不易变形。直尺（图2-1）常用的规格有 50 cm、60 cm 等。服装制图时通常借助直尺完成直线条的绘制，有时也借助直尺辅助完成弧线的绘制。由于直尺还可用于服装样板推档（也称放码），因此也被称为"放码尺"。

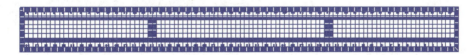

图 2-1

（二）角尺

角尺也是服装结构制图的基本工具，包括三角尺（图2-2）和角尺（图2-3）。三角尺有塑料的、有机玻璃的等。角尺则多为木质或钢质的。三角尺

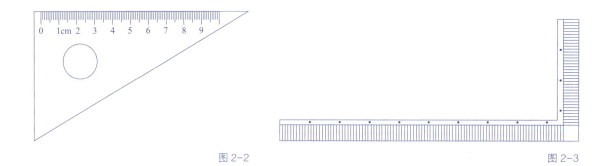

图 2-2　　　　　　　　　　　　　　　　　　　　　　　　　图 2-3

有 30°、60°、90° 和 45°、45°、90° 两种尺配套使用。角尺则是不同规格的两条直尺组成的"L"型。三角尺在服装制图中应用广泛，主要应用于服装制图中垂直线的绘制。规格不同的三角尺分别为制作放大图和缩小图之用。

（三）软尺

软尺（图 2-4）一般为测体所用，但在服装结构制图中也有所应用。软尺有塑料的、化纤的等。尺面有防缩树脂等涂层，但长期使用，依旧会有不同程度的收缩现象，应经常检查。软尺的规格有 1.5 m、2 m 等。在服装制图中，软尺经常用于测量、复核各曲线、拼合部位的长度（如测量袖窿、袖山弧线长度等），以判定适宜的配合关系。

（四）比例尺

比例尺（图 2-5）是用于按一定比例作图的工具。比例尺一般为透明塑料的，尺形为三角形，有三个尺边，即三个不同比例的刻度供选用。常见的是两条直角边的刻度为 1:5，斜边刻度为 1:4 和 1:3；也有单 1:4 一种刻度的。三角比例尺主要用于服装制图。

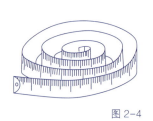

图 2-4

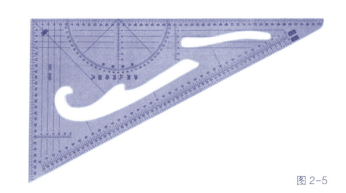

图 2-5

二、量角器

量角器（图2-6）是一种用来测量角度的器具，普通的量角器是半圆形的，在圆周上刻着1°～180°的度数，量角器分为塑料的和有机玻璃的。量角器有10～20 cm或更大些的等多种规格。服装结构制图中可用量角器确定服装的某些部位角度，如肩斜的倾斜角度等。

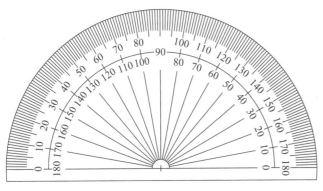

图2-6

三、曲线板

（一）常用曲线板

常用曲线板（图2-7）一般为机械制图所用，现也用于服装结构制图。曲线板大多为有机玻璃的，也有少量塑料的。曲线板的规格为10～30 cm。主要用于服装制图中弧线部位的绘制。大规格曲线板用于绘制大图，小规格曲线板用于绘制缩小图。

图2-7

（二）服装专用曲线板

服装专用曲线板（图2-8）是按照服装结构制图中各部位弧线、弧度变化规律而制成的一种专供在服装制图中绘制各部位弧线的专用工具。服装专用曲线板上标有服装各部位的名称，绘制服装结构制图时只要直接选用尺上相应的部位，即能一步到位地绘制该部位的弧线。其次还有大、小弯尺，主要用于绘制较长的曲线部位（图2-9），如衣袖的弯弧、裤子的下裆等。

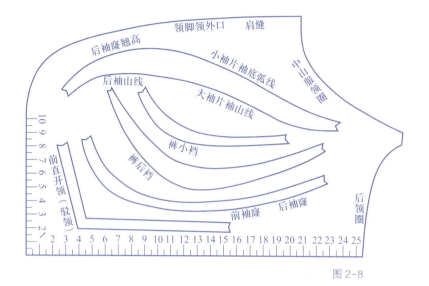

图2-8

图2-9

四、绘图铅笔与橡皮

绘图铅笔是直接用于绘制服装结构图的工具。绘图铅笔的笔芯有软硬之分，一般以标号HB的为中性，B~6B的逐渐转软，铅色逐渐变得浓黑，易污脏。H~6H的逐渐转硬，铅色逐渐变得浅淡，画线不易涂改，一般缩小图宜用稍硬些的，如H、HB；大图不宜过硬或过软，如HB、B（图2-10）。

橡皮则用于修改图纸，如图2-10所示。

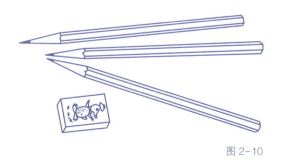

图2-10

五、其他

其他如彩色笔（图2-11），用于勾画装饰线条或区别叠片。墨线笔（图2-12）用于勾画缩小图的墨线。画板、图钉等有时也用于绘图。削铅笔刀应选用锋利，不易生锈，便于携带的。

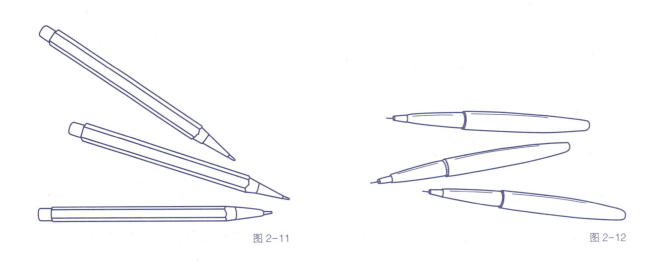

图2-11　　　　　　　　　　　　　　　　　　　　　　　　图2-12

📖 练习题

1. 服装制图的工具有哪些？

2. 各种尺各有什么特点？

3. 软尺的用途有哪些？

4. 比例尺的用途有哪些？

5. 专用曲线板的用途有哪些？

第二节　服装结构制图图线与符号

服装结构制图中不同的线条有不同的表现形式，其表现形式被称为服装结构制图的图线。此外，还需用不同的符号在图中表达不同的含意。服装结构制图的图线与符号在制图中起规范图纸的作用。

一、服装结构制图图线

服装结构制图图线的形式、宽度及用途，见表2-1。

表2-1　服装结构制图图线　　　　　　　　　　　　　　　　　　单位：mm

序号	图线名称	图线形式	图线宽度	图线用途
1	粗实线	——————	0.9	1. 服装和零部件轮廓线 2. 部位轮廓线
2	细实线	——————	0.3	1. 图样结构的基本线 2. 尺寸线和尺寸界线 3. 引出线
3	虚线	··············	0.3~0.9	叠面下层轮廓影示线
4	点划线	—·—·—·—·—	0.9	对折线（对称部位）
5	双点划线	—··—··—··—	0.3~0.9	折转线（不对称部位）

同一图纸中同类图线的宽度应一致。虚线、点划线及双点划线的线段长短和间隔应各自相同，其首尾两端应是线段而不是点。

二、服装结构制图符号

服装结构制图中为了准确表达各种线条、部位、裁片的用途和作用，需借助各种符号，因此就需要对服装结构制图中各种符号作统一的规定，使之规范化。本书所用的符号见表2-2。

表2-2　服装结构制图符号

序号	符号名称	符号形式	符号含义
1	等分	⌒⌒⌒⌒	表示该段距离平均等分
2	等长	✕ ○	表示两线段长度相等
3	等量	△　○　□	表示两个以上部位等量
4	省缝	◁ ◇	表示该部位需缝去
5	裥位	▨ ▨	表示该部位有规则折叠
6	皱褶	〰〰〰	表示布料直接收拢成细褶

序号	符号名称	符号形式	符号含义
7	直角		表示两线互相垂直
8	连接		表示两部位在裁片中相连
9	经向		对应布料经向
10	倒顺		顺毛或图案的正立方向
11	阴裥		表示裥量在内的折裥
12	扑裥		表示裥量在外的折裥
13	平行		表示两直线或两弧线间距相等
14	斜料		对应布料斜向
15	间距		表示两点间距离，其中"x"表示该距离的具体数值和公式

三、服装结构制图代号

为使用便利和规范起见，服装结构制图中的某些部位、线条、点等，使用其英语单词的第一个字母为代号来代替相应的中文线条、部位及点的名称，常用的服装结构制图代号见表2-3。

表2-3 服装结构制图代号

部位、线条、点	代号	部位、线条、点	代号
胸围（Bust girth）	B	肘围线（Elbow Line）	EL
腰围（Waist girth）	W	膝围线（Knee Line）	KL
臀围（Hip girth）	H	胸高点（Bust Point）	BP
领围（Neck girth）	N	颈肩点（Neck Point）	NP
胸围线（Bust Line）	BL	袖窿（Arm Hole）	AH
腰围线（Waist Line）	WL	袖长（Sleeve Length）	SL
臀围线（Hip Line）	HL	肩宽（Shoulder）	S
领围线（Neck Line）	NL	长度（Length）	L

四、服装结构制图术语

服装结构制图术语的作用是统一服装结构制图中的裁片、零部件、线条、部位的名称，使各种名称规范化、标准化，以便于交流。服装结构制图术语的来源大致有以下几个方面：① 约定俗成；② 服装零部件的安放部位，如肩襻、袖襻等；③ 零部件本身的形状，如琵琶襻、蝙蝠袖等；④ 零部件的作用，如吊襻、腰带等；⑤ 外来语的译音，如育克、塔克、克夫（袖头）等。

常用服装结构制图术语如下：

（1）净样　服装实际规格，不包括缝份、贴边等。

（2）毛样　服装裁剪规格，包括缝份、贴边等。

（3）画顺　光滑圆顺地连接直线与弧线、弧线与弧线。

（4）劈势　直线的偏进量，如上衣门里襟上端的偏进量。

（5）翘势　水平线的上翘（抬高）量，如裤子后翘指后腰线在后裆缝处的抬高量。

（6）困势　直线的偏出量，如裤子侧缝困势指后裤片在侧缝线上端处的偏出量。

（7）凹势　袖窿门，裤前后窿门凹进的程度。

（8）门襟　衣片的锁眼边。

（9）里襟　衣片的钉纽边。

（10）叠门　门襟和里襟相叠合的部分。

（11）挂面　上衣门里襟反面的贴边。

（12）过肩　也称复势、育克。一般指用在男女上衣肩部的双层或单层布料。

（13）驳头　挂面第一粒纽扣上段向外翻出不包括领的部分。

（14）省　又称省缝，根据人体曲线形态所需，应缝合的部分。

（15）裥　根据人体曲线形态所需，有规则折叠或收拢的部分。

（16）克夫　又称袖头，缝接于衣袖下端，一般为长方形。

（17）分割　根据人体曲线形态或款式要求在上衣片或裤片上增加的结构缝。

服装各部位线条的术语名称，见以下各有关章节所示。

📖 **练习题**

熟悉服装制图图线与符号、代号及常用术语等。

第三节　服装结构制图的一般规定

服装结构制图中的制图比例、字体大小、尺寸标注、图纸布局、计量单位等必须符合统一的标准，才能使制图规范化。

一、制图比例

服装结构制图比例是指制图时图形的尺寸与服装部件（衣片）的实际尺寸之比。服装结构制图中大部分采用的是缩比，即将服装部件（衣片）的实际尺寸缩小若干倍后绘制在图纸上。等比也采用的较多，即将服装部件（衣片）的实际尺寸按原样大小绘制在图纸上。有时为了强调服装的某些部位，也采用倍比的方法，即将服装零部件按实际大小放大若干倍后绘制在图纸上。在同一图纸上，应采用相同的比例，并将比例填写在标题栏内，如需采用不同的比例时，必须在每一零部件的左上角标明比例。

服装款式图的比例，不受以上规定限制。因为款式图只用以说明服装的外形及款式，不表示服装的尺寸。

服装常用制图比例，见表 2-4。

表 2-4　服装常用制图比例

比例	含义	比值
等比	与实物相同	1：1
缩比	按实物缩小	1：2；1：3；1：4；1：5；1：6；1：10
倍比	按实物放大	2：1；3：1；4：1

二、字体

图纸中的汉字、数字、字母等都必须做到字体端正、笔画清楚、排列整齐、间隔均匀。

三、尺寸标注

服装结构制图的图样仅是用来反映服装衣片的外形轮廓和形状的。服装衣片的实际大小则是根据图样上所标注的尺寸确定的。因此，图样上的尺寸标注是很重要的，它关系到服装的裁片尺寸，服装成品的实际大小。服装结构制图的尺寸标注应按规定的要求进行，在标注尺寸时要做到准确、规范、完整、清晰。

（一）基本规则

服装各部位和零部件的实际大小以图上所标注的尺寸数值为准。图纸中（包括技术要求和其他说明）的尺寸，一律以厘米（cm）为单位。服装结构制图部位、部件的尺寸，一般只标注一次，并应标注在该结构最清晰的位置上。

（二）尺寸标注线的画法

（1）尺寸标注线用细实线绘制，其两端箭头应指到尺寸界线上。制图结构线不能代替尺寸标注线，一般也不得与其他图线重合或画在其延长线上（图2-13）。

（2）需要标明竖距离尺寸时，尺寸数字一般应标在尺寸线的中间（图2-14）。如果竖距离位置较小，应将轮廓线的两端延长，在上下箭头的延长线上标注尺寸数字（图2-15）。

（3）需要标明横距离尺寸时，尺寸数字一般应标在尺寸线的上方中间，如横距离位置较小，需将细实线引出，使之形成一个三角形，尺寸数字就标在三角形的附近（图2-16）。

（4）需要标明斜距离尺寸时，需用细实线引出，使之形成一个三角形，尺寸数字就标在三角形的附近（图2-17）。

（5）尺寸数字不可被任何图线通过，当无法避免时，必须将图线断开并用弧线表示，尺寸数字就标在弧线断开处（图2-18）。

（6）尺寸界线用细实线绘制，可以将轮廓线引出作为尺寸界线。尺寸界线一般应与尺寸线垂直（弧形、三角形和尖形尺寸除外）（图2-19）。

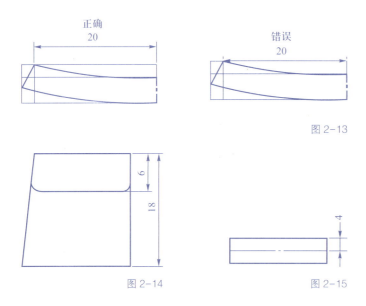

图2-13

图2-14   图2-15

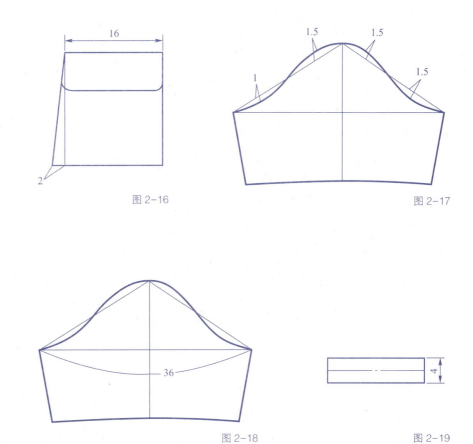

图 2-16

图 2-17

图 2-18

图 2-19

四、图纸布局

　　图纸标题栏位置应在图纸的右下角，服装款式图的位置应在标题栏的上面，服装部件和零部件的制图位置应在服装款式图的左边（图 2-20）。

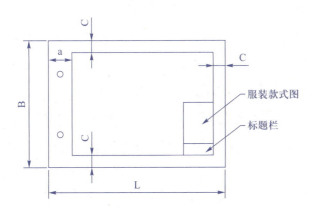

服装款式图

标题栏

注：B为图纸宽；L为图纸长；C为图纸边框；a为图纸装订边。

图 2-20

图纸标题栏格式，见表2-5。

表2-5 图纸标题栏格式表

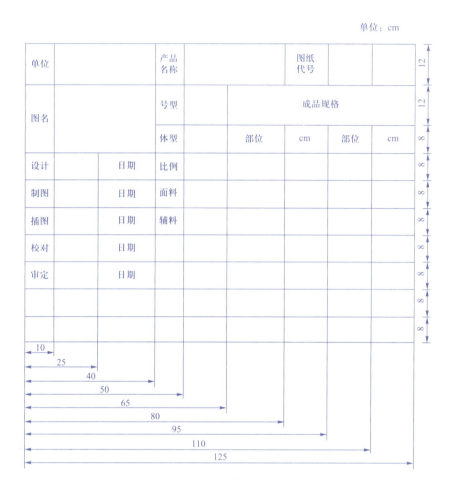

单位：cm

单位		产品名称			图纸代号			12
图名		号型		成品规格				12
		体型	部位	cm	部位	cm		8
设计		日期	比例					8
制图		日期	面料					8
插图		日期	辅料					8
校对		日期						8
审定		日期						8

五、服装结构制图的长度计量单位

（一）长度计量单位的种类

1. 公制

公制是国际通用的计量单位。服装上常用的计量单位是毫米（mm）、厘米（cm）、分米（dm）、米（m），以厘米为最常用。因公制单位计算简便，其已成为我国通用的计量单位。本书采用的长度计量单位为公制单位，也是我国法定计量单位，与国际通用。

2. 市制

市制是过去我国习惯使用的计量单位。服装上常用的长度计量单位是市分、市寸、市尺、市丈，以市寸为最常用，现已不通用。

3. 英制

英制是英、美等英语国家中使用的计量单位。我国对外生产的服装成品规格常使用英制。服装上常用的英制长度计量单位是英寸、英尺、码，以英寸为最常用。英制由于不是十进位制，计算很不方便。

（二）公制、市制、英制的换算（表2-6）

表2-6 公制、市制、英制换算表

	换算公式	计量对照
公制	换市制：厘米 ×3 换英制：厘米 ÷2.54	1米 =3 尺 ≈39.37 英寸 1分米 =3 寸 ≈3.93 英寸 1厘米 =3 分 ≈0.39 英寸
市制	换公制：寸 ÷3 换英制：寸 ÷0.762	1尺 ≈3.33 分米 ≈13.12 英寸 1寸 ≈3.33 厘米 ≈1.31 英寸 1分 ≈3.33 毫米
英制	换公制：英寸 ×2.54 换市制：英寸 ×0.762	1码 ≈91.44 厘米 ≈27.43 寸 1英尺 ≈30.48 厘米 ≈9.14 寸 1英寸 ≈2.54 厘米 ≈0.76 寸

📖 练习题

1. 熟记制图的一般规定。

2. 简述各计量单位的换算。

第四节 服装结构制图的方法

服装结构制图是服装裁剪的首道工序，服装裁剪概括起来可分为立体裁剪和平面裁剪。平面裁剪是应用广泛的裁剪方法，平面裁剪中的结构制图即为平面制图，包括实量制图法和比例分配制图法等。

一、服装结构制图的构成方法

服装结构制图的构成方法很多，就平面制图来说，可分为实量制图法、胸度法和比例分配法等。实量制图法的特点是服装结构制图中所有部位的尺寸都由人体实际测量获得，因此又称为"短寸法"。这种方法虽然精确，切合实际，但需要较多的测量数据，给实际应用带来了一定程度的限制。胸度法的特点为服装结构制图中的绝大多数尺寸都由胸围推导而来。这种方法虽然只需很少的测量数据，较为简便，但精确度不高。比例分配制图法的测量数据少于实量制图法，但精确度高于胸度法，因此它以兼具实用、简便的优点成为最常用的制图方法，下面对比例分配制图法，以及以比例分配制图法为基础的原型法、基型法作简要的介绍。

（一）比例分配制图法

比例分配制图法是以分数为基数的制图法，其以主要围度尺寸，按既定的比例关系，推导其他部位尺寸。由于用来分配比例的基数及推算的范围不尽相同而出现了多种表现形式。如六分法，即以胸围的 1/6 作为衡量各有关部位的基数，如胸宽为 1/6 胸围 + 1.5 cm 等。至于八分法、十分法只是采用的基数不同而已。同时，在一件服装的制图中也可采用不全是一种基数的分配法，如本书的制图中比例分配以 1/6 胸围为主要基数，而肩宽则采用 1/2 肩宽的分配法，胸围则采用 1/4 胸围分配法等。

（二）原型制图法

原型制图法是来源于日本的制图方法。所谓"原型"是以人体的净体数值为依据，加上固定的放松量，经比例分配法计算后绘制而成的近似于人体表面的平面展开图，然后以此为基础进行各种服装的款式变化。

原型的使用包括两个步骤，首先是绘制服装原型，但原型还不能直接作为具体服装的纸型，还应在原型的基础上，根据款式设计及面料的不同，按部位在原型上加以适度放缩及修饰处理后，成为具体的服装纸型后再进行裁剪。

（三）基型制图法

基型制图法是在借鉴原型制图法的基础上进行适当修正充实后提炼而成的，因此基型制图法源于原型制图法但又有别于原型制图法。

以上装为例，基型制图法和原型制图法都以平面展开图作为各种服装款式变化的基本图形，然后根据款式、规格的要求，在图上有关部位采用调整、增删、移位、补充等手段画出各种款式的服装平面结构图。它们的不同之处在于，原型制图法的基本图形主要是在人体净胸围基础上加上固定的放松量为基数推算后绘制得到的，而各围度的放松量待放；基型制图法主要是由服装成品规格中的胸围推算后绘制得到的，各围度的放松量不必再加放。因此，同样在基本图形上出样，原型制图法必须考虑到各围度放松量和款式差异两个因素，而基型制图法只要考虑款式差异即可。在本书中，对基型制图法也有所应用。

二、服装结构制图的具体方法

（一）几何作图

几何作图法是较为科学的作图法，具有一定的稳定性。几何作图法的引进，使制图的精确性有了极大的提高。几何作图法主要包括扇面形法则、比值（角度）、等分三类。

1. 扇面形法则

扇面形原指状如扇形的平面图形，左右两角相等，在服装结构制图中运用很广，如裙腰口、底边起翘等。有了扇面形的概念，就使原来需凭经验确定的裙腰口侧缝起翘由定数变为根据侧缝斜度而定。

2. 比值

比值是指取自直角三角形两直角边的数值，代表角度。由于用公式来计算的方法不如角度控制合理准确，因此在某些部位改公式为角度，如肩斜度的确定，本书采用角度控制法，但角度控制需用量角器，给制图带来了麻烦，因此采用两直角边的比值来确定肩斜度。

3. 等分

等分是将一条线段平均分配，在制图中很常见，如裤中裆的确定、裤臀围线的确定等。

（二）公式计算

公式计算是利用一定的比例基数加上定数来计算某一部位的尺寸，如胸宽为 1/6 胸围 +2 cm 等，公式计算贯穿于制图的整个过程，是运用最多的方法。

（三）转移与折叠

转移与折叠较多地用于女装的省型变化、裙裥变化的制图中。转移是通过旋转来变化省型等。折叠是通过折叠原有省份，使剪开部位张开来达到省型变化的目的，裙裥的制图有时也可用折叠来解决。

以上是制图过程中常用的几种具体方法，这些方法的采用在一定程度上代替了某些定数及计算公式，如肩斜度的比值法代替了繁琐的计算公式等，同时省的旋转法使省转移的正确性、方便性大大提高。这些方法比起某些定数及某些计算公式，增强了其通用性，因此，本书在制图实例中采纳了这些方法。

三、服装结构制图的顺序

服装结构制图的顺序可分为具体制图线条的绘制顺序、每一单件衣（裤、裙）片之间的绘制顺序、面辅料之间的绘制顺序、上下装之间的绘制顺序等。

（一）具体制图线条的绘制顺序

服装结构制图的平面展开图是由直线和直线、直线和弧线等的连接构成的，其构成了衣（裤、裙）片或附件的外形轮廓及内部结构。制图时，一般是先定长度、后定围度，即先用细实线画出横竖的框架线。长度包括衣长线、裤长线、裙长线、袖长线等；围度包括胸围、腰围、臀围等。而横线和竖线的交点就是定寸点，两个定寸点之间的距离就是这一部位的注寸距离。制图中的弧线是根据框架和定寸点相比较后画出的。因此，可将制图步骤归纳为先横后竖、定点画弧、定位绘图。

（二）服装部件（或附件）的制图顺序

服装部件（或附件）制图顺序包括每一单件衣（裤、裙）片之间的顺序、面辅料之间的顺序、上下装之间的顺序等。

每一单件衣（裤、裙）片的制图顺序按先大片、后小片再零部件的原则，即一般是先依次画前片、后片、大袖、小袖，再按主、次、大、小画零部件。如是夹衣类的品种，则先面料、后衬料再里料。下面以一般上衣为例，其制图顺序如下：

（1）面料　前片→后片→大袖→小袖→衣领或帽子（连帽品种）→零部件。

（2）衬料　大身衬→垫衬（包括各种垫衬如挺胸衬、垫肩衬等）→领衬→袖口衬→袋口衬。

（3）里料　前里→后里→大袖里→小袖里→零部件。

（4）其他辅料　面袋布→里袋布→垫肩布。

对各零部件的制图重在齐全，先后顺序并不十分严格。

至于上、下装之间的顺序，包括连衣裙、连衣裤、套装等均为先上装后下装。

📖练习题

1. 何为原型制图法？何为基型制图法？两者的相同之处与不同之处是什么？

2. 服装结构制图的具体方法有哪些？其优点是什么？

3. 服装结构制图的顺序应如何安排？

第三章
女裙结构制图

裙，一种围裹住人体腰部及以下部位的服装，无裆缝。裙在古代被称为下裳，男女同用，现在则专指女性穿着的裙子。它的花色品种较多，已成为女性的主要下装形式之一。

裙子从外形结构看，大致可分为直裙、斜裙、裥裙和节裙等。其中直裙包括在裙两侧开衩的旗袍裙，后面中间下端开衩的一步裙，裙前面中间缝有阴裥的西服裙等。斜裙包括独片裙、两片裙及多片裙。裥裙包括百裥裙、皱裥裙、对合裥裙、马面裙等。节裙包括两节式、三节式等。其他还有两种或两种以上形式组合而成的裙子。

裙子除了有品种上的区别外，随着流行趋势的不断变换，还会在裙身的长度、裙腰的高低、裙摆的宽窄等方面有所变化。同时无论哪一类裙子品种，都可以运用贴袋、纽扣、缉线针迹、带袢等各类饰物予以装饰点缀。

裙子的式样丰富多彩，本章将介绍直裙、斜裙和以直裙为基础变化而来的各款裙型。以期通过学习，达到以不变应万变的目的。

第一节　直裙（一步裙）

直裙裙身平直，裙上部符合人体腰臀的曲线形状。它的腰部紧窄贴身，臀部微宽，外形线条优美流畅。

一、制图依据

（一）款式特征与适用面料

款式特征：裙腰为装腰型直腰。前后腰口各设2个省，侧缝线略向里倾斜，后中设分割线，上端装拉链，下端开衩（图3-1）。

适用面料：凡立丁、女衣呢等，不宜使用太薄的面料。

图3-1

（二）测量要点

（1）裙腰围的放松量　放松量不宜过大，在 1~2 cm 之间为宜。

（2）裙臀围的放松量　因直裙偏合体型，放松量不宜过大，在 4~5 cm 之间为宜（具体应视裙料厚薄及穿着要求而定）。

（3）裙长的测量　直裙的裙长一般青年穿着应偏短，中老年穿着应偏长，同时还应考虑与上装的搭配。偏短的一般在膝上 10 cm 左右，偏长的一般在小腿的中间或更长。此款一步裙裙长在膝盖高以下。

（三）制图规格

单位：cm

号型	裙长	腰围	臀围	腰宽
160/72B	68	74	94	3

二、直裙各部位线条名称

直裙各部位线条名称，见图 3-2。

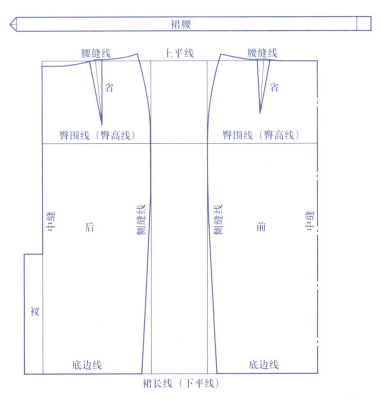

图 3-2

三、结构制图

（一）直裙框架制图顺序

直裙框架制图顺序，见图 3-3。

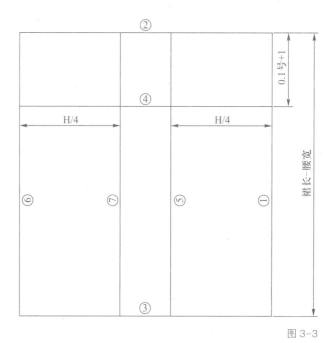

直裙前片结构制图

直裙后片结构制图

图 3-3

1. 前裙片

① 基本线（前中线） 首先画出的基础直线。

② 上平线 与基本线垂直相交。

③ 裙长线（下平线） 按裙长减腰宽绘制，平行于上平线。

④ 臀高线（臀围线） 上平线量下 0.1 号 + 1 cm。

⑤ 臀围大（侧缝直线） 按 1/4 臀围作前中线的平行线。

2. 后裙片

上平线、下平线、臀围线均按前裙片延伸。

⑥ 后中线 垂直于上平线。

⑦ 臀围大（侧缝直线） 按 1/4 臀围作后中线的平行线。

（二）直裙结构制图顺序

直裙结构制图顺序，见图 3-4。

1. 前裙片

① 腰围大 按 1/4 腰围绘制。

② 腰口劈势 腰口劈势大为臀腰围差的 1/2。

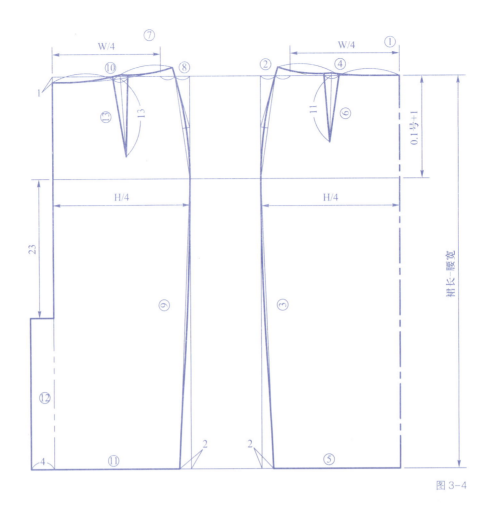

图 3-4

③ 侧缝弧线　通过腰口劈势点、臀围大点及侧缝直线偏进点画顺侧缝弧线。侧缝弧线确定方法如图 3-5 所示。

④ 腰缝线　确定腰口起翘，然后画顺腰口线。腰口起翘确定方法如图 3-6 所示。

⑤ 摆围大　自侧缝直线偏进 2 cm 确定。

⑥ 前省　于前腰围加臀腰围差的 1/2 处，取其中点为省位一侧，省大为臀腰围差的 1/2，省长为 11 cm。

2. 后裙片

⑦ 腰围大　按 1/4 腰围绘制。

⑧ 腰口劈势　腰口劈势大及确定方法均同前裙片。

⑨ 侧缝弧线　同前裙片③。

⑩ 腰缝线　确定前腰口起翘，然后在后中线上端低落 1 cm 画顺腰缝线。

⑪ 摆围大　同前裙片⑤。

　　　　　　　　　　　　　　　　　　　　　　　　第三章 女裙结构制图

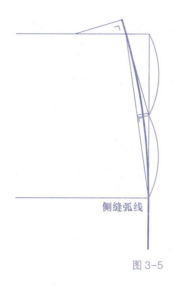

侧缝弧线

图 3-5

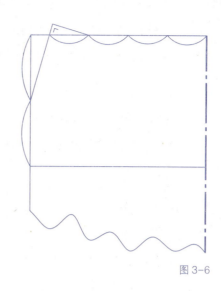

图 3-6

1.5

W=腰围 ⑭

3

3

图 3-7

⑫ 后衩　后衩高由臀高线量下 23 cm，后衩宽为 4 cm。

⑬ 后省　于前腰围加臀腰围差的 1/2 处，取其中点为省位一侧，省大为臀腰围差的 1/2，省长为 13 cm。省中线垂直于腰缝直线。

⑭ 裙腰　裙腰长为腰围规格，另加 3 cm 为里襟宽，宽为 3 cm，见图 3-7。

四、制图要领与说明

1. 臀围采用 1/4 分配法的原因

就下装而言，裤子的臀围可按 1/4 分配，也可为了侧缝直袋插手方便而将侧缝前移，即前裤片为 1/4 臀围减 1 cm，后裤片为 1/4 臀围加 1 cm。裙子一般不采用侧缝直袋，为了正面的美观，侧缝不应靠前而应靠后，因此在裙子的制图中，臀围分配宜采用 1/4 分配法或前裙片臀围加 0.5 cm，后裙片臀围减 0.5 cm。

2. 后中腰口低落的原因

后中腰口比前中腰口低落 1 cm 左右，其原因与女性的体型有关。侧观人体，可见腹部前凸，而臀部略有下垂，致使后腰至臀部之间的斜坡显得平坦，并在上部略有凹进，腰际至臀底部呈S形。因此，腹部的隆起使得前裙腰向斜上方移升，后腰下部的平坦使得后腰下沉，致使整个裙腰处于前高后低的非水平状态。在后中腰口低落1 cm左右，就能使裙腰部处于良好状态，至于低落的幅度，应根据体型与合体程度加以调节。

3. 侧缝处的裙腰缝为何要起翘

人体臀腰差的存在，使裙侧缝线在腰口处出现劈势，因为侧缝有劈势使得前、后裙身拼接后，在腰缝处产生了凹角。劈势越大，凹角越大，而起翘的作用就在于能将凹角填补。

4. 裙腰口省的数量分布、位置、省量及长度

（1）裙腰口省数量的分布　腰口省的分布可采用前后腰口各收2个省或4个省的形式。一般来说，臀腰差不超过25 cm时可取前后腰口各收2个省的形式。臀腰差超过25 cm时可采用前后腰口各收4个省的形式。

（2）裙腰口省的位置　一般在制图中为了方便起见，均以腰大等分处理，即前后腰口各收2个省时，每1/4片腰口两等分；前后腰口各收4个省时，每1/4片腰口三等分。但从适合体型的角度看，省位的分布应稍偏向侧缝一边为宜。有时为了满足款式的要求，省位的分布也可作适当调整。

（3）裙腰口省的省量　一般在制图时，腰口省与劈势的量为臀腰差数的等分，省量一般在3 cm以内。当单个省的省量超过3 cm时，应采用前后腰口各收4个省的方法，如果因款式与体型的需要前后腰口各收2个省或虽已收4个省，省量还要超过3 cm时，可以考虑将劈势放大。

（4）裙腰口省的长度　前腰口省短于后腰口省，原因是腹峰水平位偏上，臀峰水平位偏下。当前后腰口各收4个省时，前腰口省的长度可等长；后腰口靠近后中线一侧的省长于靠近侧缝线一边的省。省的长度与省量有关，省量大则省长，省量小则省短。同时还应结合面料质地性能和造型要求调节。

五、直裙放缝示意图

直裙放缝，见图3-8。

六、直裙排料示意图

直裙排料，见图3-9。

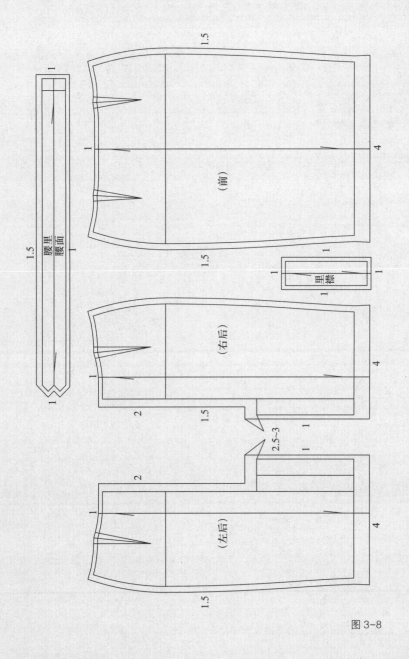

图 3-8

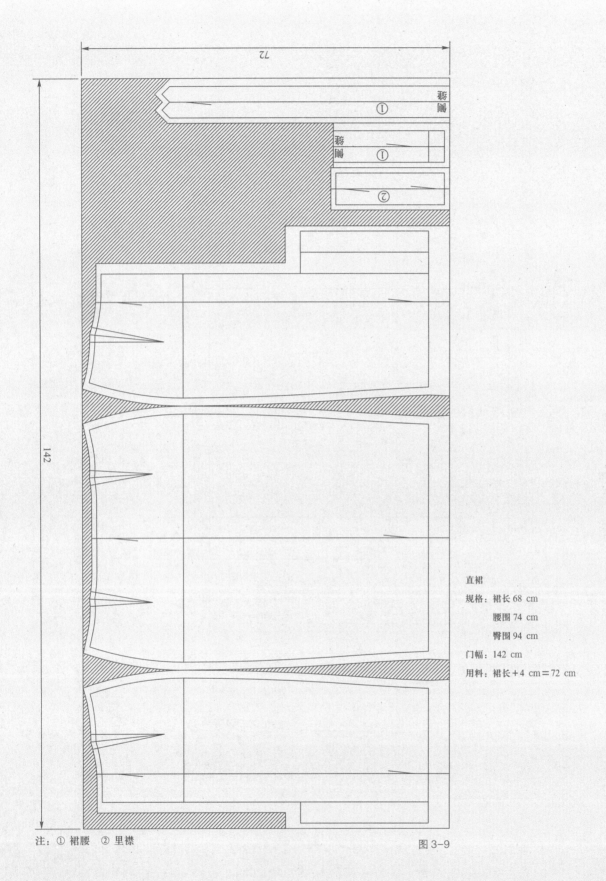

直裙

规格：裙长 68 cm

　　　腰围 74 cm

　　　臀围 94 cm

门幅：142 cm

用料：裙长＋4 cm＝72 cm

注：① 裙腰　② 里襟

图 3-9

第二节　斜裙（四片喇叭裙）

斜裙腰口小，裙摆宽大呈喇叭形状，故又称喇叭裙。斜裙的腰部既不收省也不打裥，是利用斜丝绺裁制而成的喇叭裙，从外形看有外展式、外斜式等，其带有动感的波浪更能体现女性的柔美。

一、制图依据

（一）款式特征与适用面料

款式特征：裙腰为装腰型直腰，裙片前后共 4 片，裙摆宽大，腰部以下呈自然波浪形，右侧缝上端装拉链（图 3-10）。

适用面料：选择范围广，疏松柔软的、较厚的、较薄的面料均可。

图 3-10

（二）测量要点

（1）裙长的测量　此裙可长可短，应考虑与上装的搭配。另外，裙的长度与衣料的厚薄也有关系，一般夏季穿着的薄料可略短，春秋季穿着的较厚的衣料可略长。

（2）裙臀围的测量　由于此款式属非合体型，臀围规格大于人体所需规格，具体控制量应根据款式要求确定。

（3）裙摆围的测量　裙摆宽大，因此不必测量。

（三）制图规格

单位：cm

号型	裙长	腰围	腰宽
160/66A	70	68	3

二、斜裙各部位线条名称

斜裙各部位线条名称，见图3-11。

三、结构制图

（一）斜裙框架制图

斜裙框架制图，见图3-12。

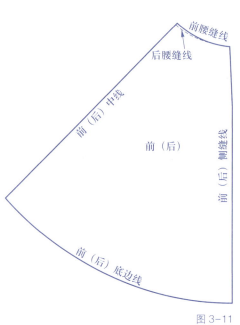

图 3-11

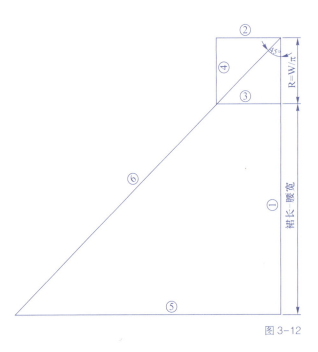

图 3-12

（二）斜裙结构制图

斜裙结构制图，见图3-13。

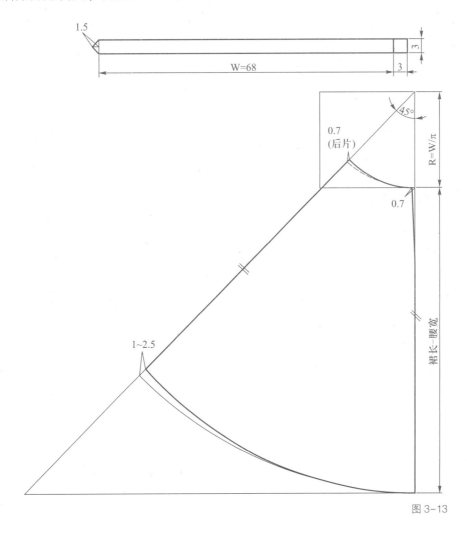

图3-13

四、制图要领与说明

1. 制图规格中的裙腰围与成品的裙腰围有差异的原因

由于斜裙的腰口是斜丝缕易伸展，而缝纫时又因造型需要（波浪均匀适度）要略伸开。因此，制图时应在侧缝处劈去一定的量，量的大小应视面料质地性能而定。此外，还可采取将腰围规格减小的方法，以使成品后的腰围符合原定的规格。

2. 斜裙的角度与腰口弧线计算公式

两片斜裙裙片的夹角通常是90°×2＝180°，四片斜裙裙片的夹角是45°×4＝180°，因此制图时可采用求半径（R）的方法计算腰口弧线，具体公式是设腰口半径为R，则R＝腰围（W）/π。例如，斜裙腰围（W）＝66 cm，则R＝腰围（W）/π＝66/3.14≈21 cm，由此得出腰口半径为21 cm。

3. 裙摆的处理

斜裙因斜丝部位造成前后中缝伸长，致使裙摆不圆顺，因此制图时应将其伸长部分扣除。因面料质地性能不同，伸长的长度也不一样，因此要酌情扣除，一般需扣除 2 cm 左右。

五、斜裙放缝示意图

斜裙放缝，见图 3-14。

六、斜裙排料示意图

斜裙排料，见图 3-15。

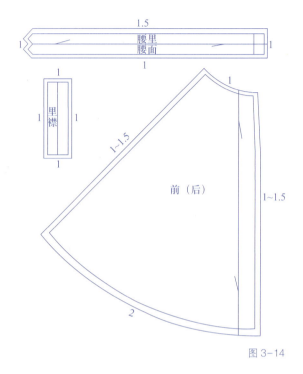

图 3-14

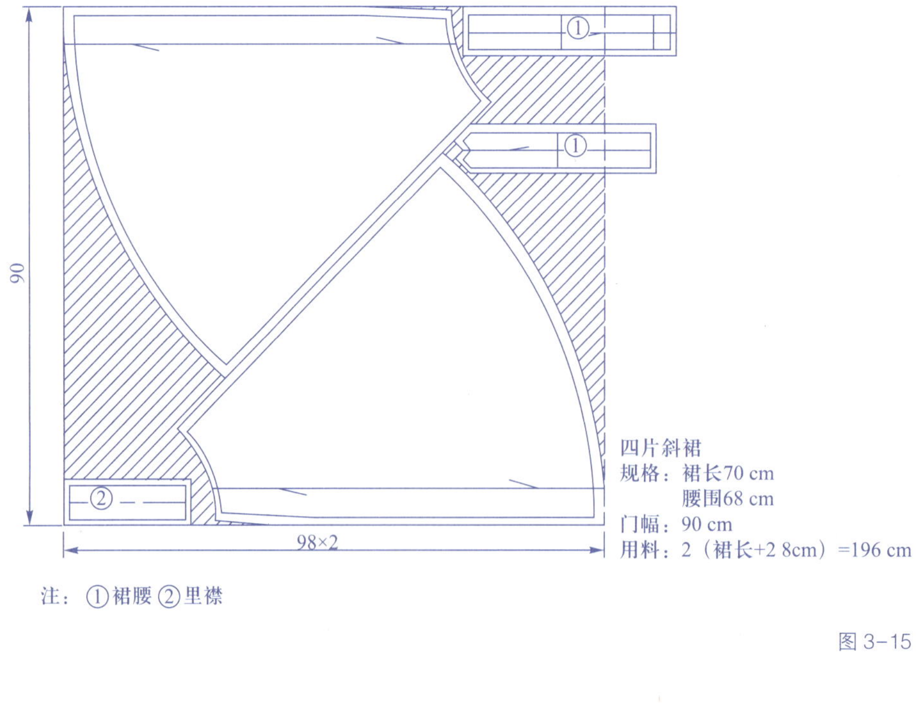

四片斜裙
规格：裙长70 cm
　　　腰围68 cm
门幅：90 cm
用料：2（裙长+2 8cm）=196 cm

注：①裙腰 ②里襟

图 3-15

练习题

1. 按 1 ∶ 1 比例制图，款式按前图所示规格自定。
2. 斜裙的特点是什么？它与直裙有什么区别？
3. 试述裙摆的处理方法。

第三节　女裙款式变化

裙子是女装的重要组成部分，其式样千变万化，适合不同的场合穿着。限于篇幅，本节在裙子的款式变化中仅选择几款经典款式，以说明其变化原理。

一、节裙（两节式）

节裙又称接裙，裙片是由多块裙片拼接而成，既可用直料与横料拼接，也可用斜料与直料拼接；既可用同一面料拼接，也可用两种或三种不同面料（或颜色）镶接而成；还可在裙的下摆及拼接部位镶以花边，如荷叶边等。

（一）制图依据

1. 款式特征与适用面料

款式特征：裙腰为装腰型直腰，两节式节裙的上段形似直裙，但无省（省转移至拼接缝），下段抽细褶，右侧缝上端装拉链（图 3-16）。

适用面料：薄型、柔软面料，如丝绸、仿真丝等。

图 3-16

2. 制图规格

单位：cm

号型	裙长	腰围	臀围	腰宽
160/72B	68	74	94	3

3. 结构制图

两节式节裙结构制图如图 3-17 所示。

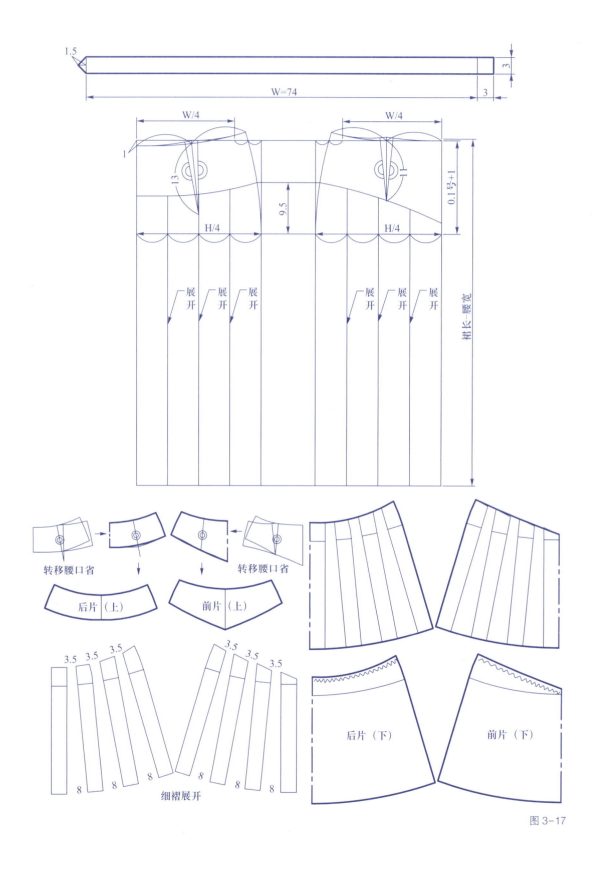

图 3-17

（二）制图要领与说明

1. 抽褶量说明

节裙的抽褶量应按面料的质地性能和所要表现的款式效果来考虑。一般采用断开处原有量的一定倍数来确定，如 1/3 倍、2/3 倍、1 倍等。多节裙各节分别抽褶则各节相应类推。

2. 裙上段腰口省转移方法说明

腰口省的转移方法可采用折叠法，将上段裙片图折去省份后形成的图形即为符合款式要求的结构图。还可采用比值移位法，两种方法的结果是完全一致的。

二、鱼尾裙

鱼尾裙因其下摆形似鱼尾而得名。鱼尾裙一般为纵向分割或弧形分割，有六片式、八片式等。

（一）制图依据

1. 款式特征与适用面料

款式特征：裙腰为装腰型直腰，裙的前后片均设弧形分割线，裙形合体但外形无省（省转移至分割线），右侧缝上端装拉链（图 3-18）。

适用面料：凡立丁、女衣呢等，不宜使用太薄的面料。

图 3-18

2. 制图规格

单位：cm

号型	裙长	腰围	臀围	腰宽
160/72B	78	74	96	3

（二）结构制图

鱼尾裙结构制图如图3-19、图3-20所示。

（三）制图要领与说明

裙摆展宽高度与裙造型变化的关系：裙的造型在纵向分割的前提下，可分为控制臀围与不控制臀围两种类型。在不控制臀围的条件下，裙的纵向分割呈斜直线状态（图3-21）；在控制臀围的条件下，裙的纵向分割呈弧线状态（图3-22）。在弧线状态中，当展宽始点高度处于臀高线处时，裙的下摆展开似喇叭花；当展宽始点高度处于臀高线以下一定位置时，裙的下摆展开似鱼尾，因此裙摆展宽点高度不同会引起裙造型的变化。裙摆展宽高度范围应在臀高线至膝高线之间。

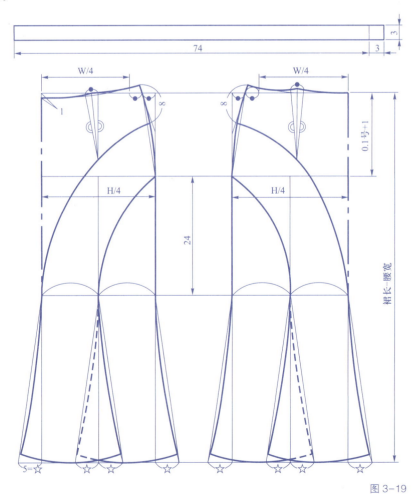

图3-19

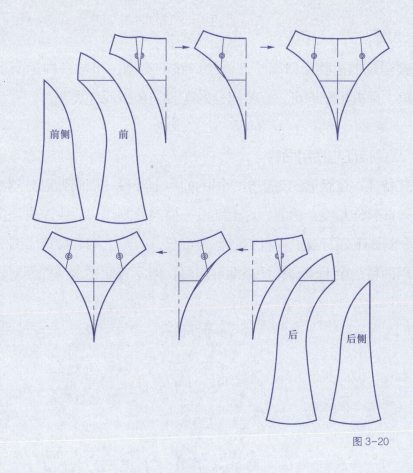

图 3-20

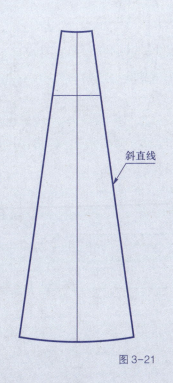

斜直线

图 3-21

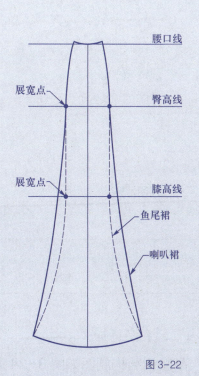

腰口线

展宽点 → 臀高线

展宽点 → 膝高线

鱼尾裙

喇叭裙

图 3-22

前侧　前

后　后侧

三、高腰裙

高腰裙是指裙腰上口高于人体腰口线的裙型，可与多种裙型相配，与直裙或与斜裙、裥裙相配均可。高腰裙分为连腰与装腰两种类型。

（一）制图依据

1. 款式特征与适用面料

款式特征：连腰形式高腰裙，裙的前片上部设一横向弧形分割线，前中左右侧各设一直形分割线，裙的后片上部设一横向分割线，后中左右侧各设一直形分割线，分割线下端开衩。裙身的造型为直裙，右侧上端装拉链（图3-23）。

适用面料：全毛类、化纤类面料均可，但不宜使用太薄的面料。

图 3-23

2. 制图规格

单位：cm

号型	裙长	腰围	臀围	腰宽
160/72B	71	74	94	8

（二）结构制图

高腰裙结构制图如图3-24所示。

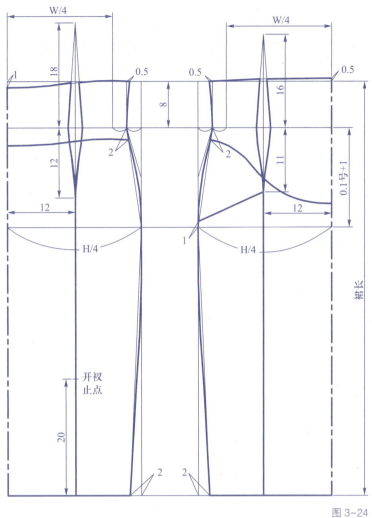

图 3-24

（三）制图要领与说明

1. 开衩高度的定位

直裙开衩高度的定位与人体的活动需要密切相关。开衩高度一般在臀高线下 23 cm 左右，由于臀高线下 9 cm 左右是大腿根部，为避免不雅观，开衩高度显然应低于此部位，但考虑到人体的活动需要开衩又不能过低，因此，在臀高线下 23 cm 左右开衩是较恰当的。如需降低开衩高度，则应视裙的款式要求及人体活动需要而定，此款因左右两边均设开衩，则可相应降低衩的高度。

2. 裙腰造型变化的相关因素及造型变化规律

裙腰造型（包括裤腰造型）一般可分为高腰、中腰和低腰三种类型。裙腰造型变化的相关因素主要是腰口线的高低变化。当腰口线高于人体中腰线时，腰的造型为高腰；当腰口线处于人体中腰线时，腰的造型为中腰；当腰口线低于人体中腰线时，腰的造型为低腰（或无腰）。

裙腰的造型变化呈现以下规律：高腰状态时，裙腰的造型为扇面形；中腰时，裙腰的造型为矩形；低腰时，裙腰的造型为倒置的扇面形。

四、A 字裙

A 字裙是指侧缝线有一定偏斜度的裙型。

（一）制图依据

1. 款式特征与适用面料

款式特征：裙腰为无腰，腰口线下设一横向分割线。前片右侧设一省，省下设一装袋盖的贴袋；左侧设一弧形分割线，分割线下端设一阴裥。后片腰口左右侧各设 2 个省，裙的侧缝线有一定的偏斜度。右侧缝上端加拉链。各部位止口缉线如图 3-25 所示。

适用面料：疏松柔软的、较厚较薄的面料均可。

图 3-25

2. 制图规格

单位：cm

号型	裙长	腰围	臀围
160/72B	55	74	96

（二）结构制图

A 字裙结构制图如图 3-26 所示。

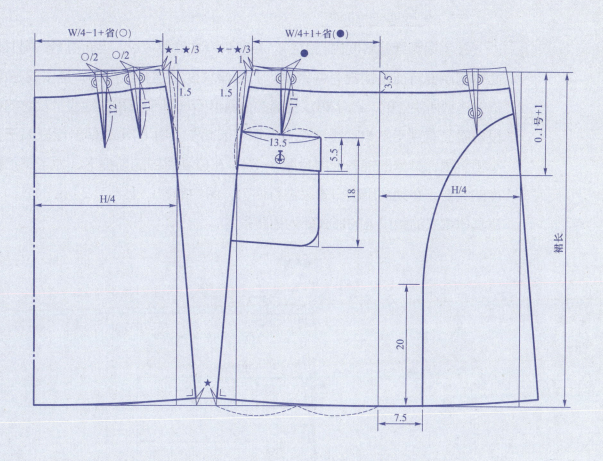

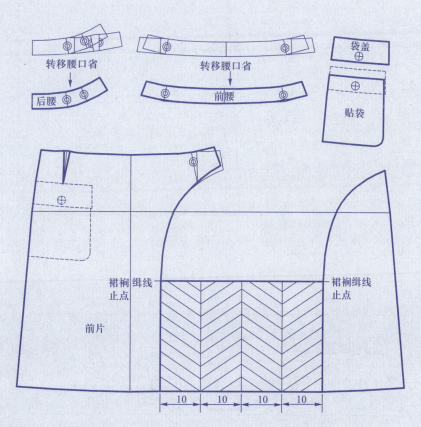

图 3-26

（三）制图要领与说明

　　A 字裙侧缝偏斜度控制范围：A 字裙因其形似"A"字而得名，同时也说明此裙的重要特征是侧缝有偏斜度，但其偏斜度又是有范围的，这主要是由 A 字裙的造型所决定的。A 字裙从侧缝的偏斜度看有别于直裙侧缝线，从它的裙腰口设省看又有别于斜裙的腰口无省无裥，因此 A 字裙的侧缝偏斜度应大于直裙而小于斜裙，具体的控制范围见图 3-27。在控制臀围的前提下，为了满足臀围围度的需要，必须利用腰口省来进行调节，图中的腰口上大于 2 cm 的量，表现在裙具体款式的腰口上的形式即为裙腰省。

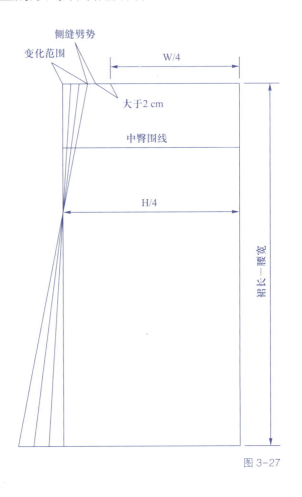

图 3-27

📖练习题

以直裙为基型，绘制 2~4 个变化款式的裙型。

第四章
西裤结构制图

裤是指人体自腰以下的下肢部位穿着的有裆缝的服装。在我国有传统的中式裤和外来的西式裤之分。由于目前普遍穿着西式裤，故本书介绍的裤结构制图均以西裤为例。

西裤属立体型结构，形状轮廓是以人体结构和体表外形为依据而设计的。在西裤制图时，一般应掌握5个控制部位数据，即裤长、上裆长、腰围、臀围、脚口，这些数据是西裤制图时必不可少的规格依据。而款式的变化，只是对控制部位放松、收拢、加长、缩短的程度的变化。

西裤的款式繁多，从不同的角度出发有不同的分类方法。如按穿着对象的年龄，可分为成人裤、童裤等；按穿着对象的性别，可分为男裤、女裤；按形态特征，则可分为长裤、中裤、短裤等；此外，依据流行趋势和倾向来区分的西裤款式更是多种多样，如时装裤、骑士裤、踏脚裤、健美裤等。随着时代的发展，今后必定还会有各类新颖的西裤问世，但就其适体类型来说，不外乎适身型、紧身型、宽松型三种变化。对学习者来说，要掌握其构成原理、制图要领和变化规律，并达到举一反三、灵活应用的目的。

第一节　西裤

西裤是西长裤中的基本类型，属适身型。它的特点是适身合体，裤的腰部紧贴人体，腹部、臀部稍松，穿着后外形挺拔美观。

一、女西裤

（一）制图依据

1. 款式特征与适用面料

款式特征：裤腰为装腰型直腰，前裤片腰口左右反折裥各2个，前袋的袋型为侧缝直袋，后裤片腰口左右收省各2个，右侧缝上端开口处装拉链（图4-1）。

适用面料：化纤类、棉布类、呢绒类等。

2. 测量要点

（1）裤长的测定　裤长一般自体侧髋骨处向上3 cm左右为始点，顺直向下量至所需长度。就长裤而言，裤长的终止点与裤脚口有关，裤脚口偏小，裤长受脚面倾斜角度的制约而不能任意加长；裤脚口偏大，裤长则可适量加长；裤脚口适中，则裤长在前述两者之间。

（2）上裆长的测定　上裆的长度一般随款而异（在满足人体需求的基础上），一般宽

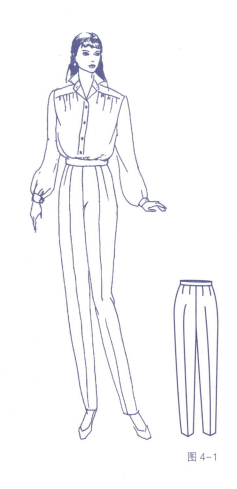

图 4-1

松型西裤适量地加长上裆长度，使人体与裤裆底保持一定的松度。一般紧身型西裤应适量地减短上裆长度，而常规适身型西裤的上裆松量则介于两者之间。

（3）裤腰围的放松量　裤腰围的放松量一般为 1~2 cm 之间。

（4）裤臀围的放松量　裤臀围的放松量因款而异，基本上是紧身型小于适身型小于宽松型。适身型西裤放松量为 7~10 cm 之间。

3. 制图规格

单位：cm

号型	裤长	腰围	臀围	上裆	脚口	腰宽
160/66A	100	68	96	29	20	3

（二）女西裤各部位线条名称

女西裤各部位线条名称，见图 4-2。

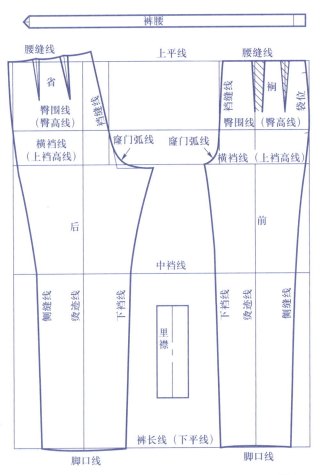

图 4-2

　　　　　　　　　　　　　　　　　　　第四章　西裤结构制图

（三）结构制图

1. 前裤片框架制图顺序（图4-3）

① 基本线（前侧缝直线） 首先作出的基础直线。

② 上平线 与基本线垂直相交。

③ 下平线（裤长线） 取裤长减腰宽绘制，与上平线平行。

④ 上裆高线（横裆线） 由上平线量下，取上裆减腰宽。

⑤ 臀高线（臀围线） 取上裆高的1/3，由上裆高线向上量取。

⑥ 中裆线 按臀围线至下平线的1/2向上抬高4 cm绘制，平行于上平线。

⑦ 前裆直线 在臀高线上，以前侧缝直线为起点，取H/4-1 cm宽度画线，平行于前侧缝直线。

⑧ 前裆宽线 在上裆高线上，以前裆直线为起点，向左量0.04H，与前侧缝直线平行。

⑨ 前横裆大 在上裆高线与侧缝直线相交处偏进1 cm。

⑩ 前烫迹线 按前横裆大的1/2作平行于侧缝直线的直线。

在前裤片框架制图的基础上，绘制前裤片结构图，其制图顺序如图4-4所示：

⑪ 前裆内劈线 以前裆直线为起点，偏进1 cm。

⑫ 前腰围大 取W/4-1 cm+褶（5 cm）。

⑬ 前脚口大 量取脚口大-2 cm，以前烫迹线为中点两侧平分。

⑭ 前中裆大定位线 将前裆宽线两等分，取中点与脚口线相连。

⑮ 前中裆大 以前烫迹线为中点两侧平分。

⑯ 前侧缝弧线 由上平线与前腰围大交点至脚口大点连接画顺。

⑰ 前下裆弧线 由前裆宽线与横裆线交点连接画顺。

⑱ 前裆弧线作图方法，见图4-5。

⑲ 前脚口弧线 在上平线上前烫迹线处进0.5 cm，然后与脚口大点连接画顺。

⑳ 折褶

a. 前折褶 反褶，褶大3 cm，以前烫迹线为界，向门襟方向偏0.7 cm（正褶则向侧缝方向偏）。

b. 后折褶 反褶，褶大2 cm，在前褶大点与侧缝线的中点两侧平分，褶长均为上平线至臀围线的3/4。

㉑ 侧缝直袋位 上平线下3 cm为上袋口，袋口大为15 cm。

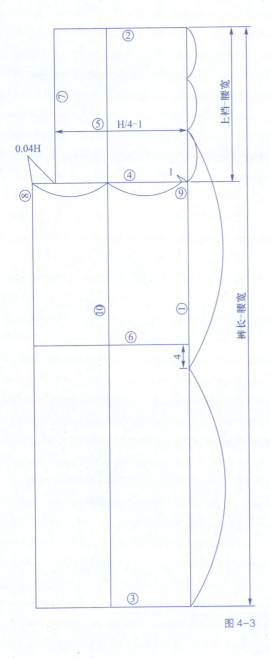

图 4-3

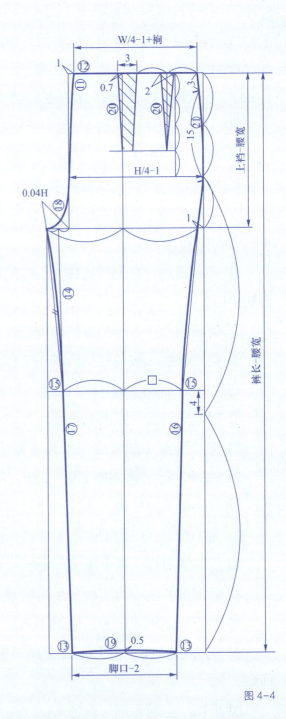

图 4-4

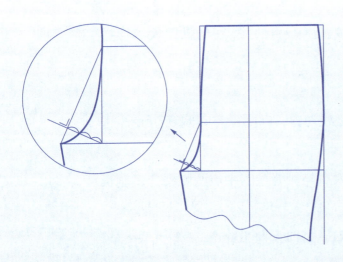

图 4-5

2. 后裤片框架制图顺序（图4-6）

①~⑥ 均与前裤片相同。

⑦ 后裆直线　在臀高线上，以后侧缝直线为起点，取 H/4+1 cm 宽度画线，平行于后侧缝直线。

⑧ 后裆缝斜线　在后裆直线上，以臀围线为起点，取比值为 15∶3.5，作后裆缝斜线。

⑨ 后裆宽线　在上裆高线上，以后裆缝斜线为起点，量取 0.1H。

⑩ 后烫迹线　在上裆高线上，取后侧缝直线至后裆宽线的 1/2，作平行于后侧缝直线的直线。

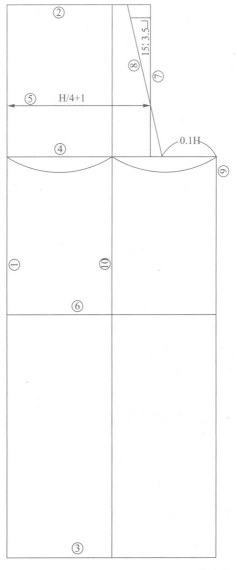

图 4-6

在后裤片框架制图基础上，绘制后裤片结构图，其制图顺序如下（图4-7）：

⑪ 后腰围大　按后侧缝直线偏出1cm定位。

⑫ 后脚口大　按脚口大+2cm定位，以后烫迹线为中点两侧平分。

⑬ 后中裆大　取前中裆大的1/2+2cm为后中裆大的1/2。

⑭ 后侧缝弧线　由上平线与后腰围大交点至脚口大点连接画顺。

⑮ 后下裆缝弧线　由后裆宽线与横裆线交点至脚口大点连接画顺。

⑯ 落裆线　按后下裆线长减前下裆长（均指中裆以上段）之差，作平行于横裆线的直线。

⑰ 后腰缝线（图4-8）。

a. 将直线AB两等分，得P点。

b. 使AP垂直于侧缝弧线。

c. 使CP垂直于后裆缝斜线。

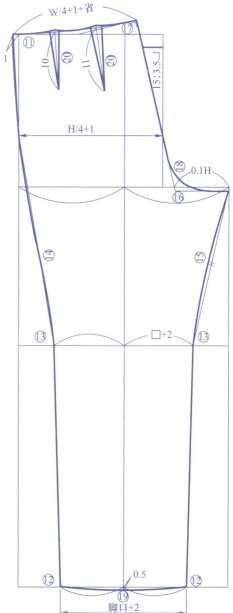

图4-7

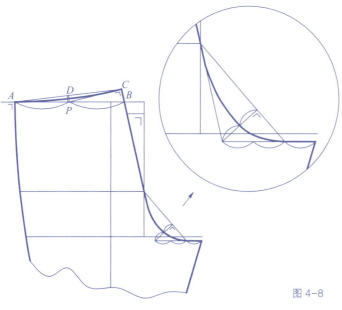

图4-8

d. 连接 AC，然后将 DP 两等分，过此中点，画顺 AC 弧线即为后腰缝线。

⑱ 后裆缝弧线作图方法，见图 4-8。

⑲ 后脚口弧线 在上平线上，后烫迹线处出 0.5 cm，然后与脚口大点连接画顺。

⑳ 后省 以后腰缝线三等分定位，省中线与腰缝直线垂直（图 4-9）。省量确定（图 4-10），近侧缝边省稍小，省长 10~12 cm；近后缝边省稍大，省长 11~13 cm。

3. 零部件制图

女西裤的零部件主要有侧缝袋布、袋垫、里襟、裤腰（以下制图除注明为毛缝制图外，其余均为净缝制图）。

（1）侧缝袋布（图 4-11） 袋口上 4 cm（包括制图中直袋上封口净缝 3 cm + 1 cm 缝份），15 cm 是袋口大，3 cm 是袋口下所留余地。右袋布袋口处上下层大小一致。

（2）袋垫（图 4-12、图 4-13） 左袋垫在袋布袋口处放出 1 cm 作为缝份，下减 1 cm 作为袋布缝份。右袋垫为双层，袋布两边一样齐。

（3）里襟（图 4-14） 里襟位于右侧开口处。里襟长，以袋布袋口处长度为基础稍放长，宽度为 8 cm。

（4）裤腰（图 4-15）。

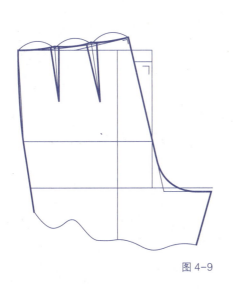

图 4-9

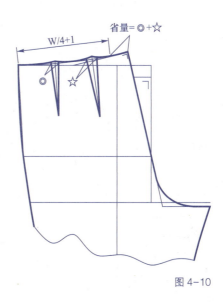

图 4-10

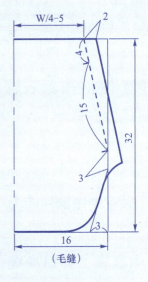

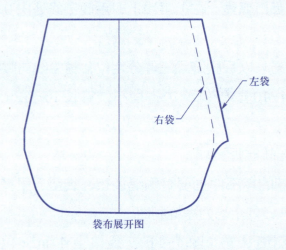

袋布展开图

图 4-11

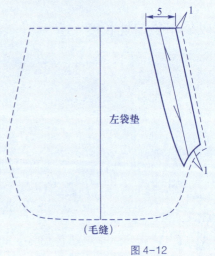

左袋垫

（毛缝）

图 4-12

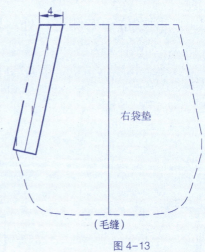

右袋垫

（毛缝）

图 4-13

（毛缝）

图 4-14

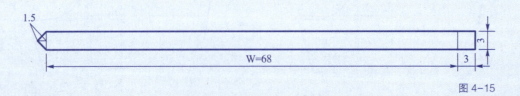

图 4-15

第四章 西裤结构制图

（四）制图要领与说明

1. 后裆缝斜度的确定及后裆缝斜度与后翘的关系

后裆缝斜度是指后裆缝上端处的偏进量。后裆缝斜度大小与臀腰差的大小、后裤片省的多少、省量大小、裤的造型（紧身、适身、宽松）等因素有关。

臀腰差越大，后裆缝斜度越大，反之则越小；后裤片仅一个省或省量较小时，后裆缝斜度应酌情增加；后裤片两个省或省量较大（包括收裥）时，后裆缝斜度应酌情减小。从西裤的造型上看，宽松型西裤由于合体度要求不高而臀围放松量较大，因此，后裆缝斜度应小于适身型西裤，而紧身型西裤由于合体度要求高，后裆缝斜度应大于适身型西裤。

本书后裆缝斜度的确定采用取两直角边比值的方法，根据臀腰差的大小，结合省的多少、省量大小及西裤的造型特点而确定，如出现不同情况按以上原理酌情调节。

后翘是指后腰缝线在后裆缝上的抬高量。后翘是与后裆缝斜度并存的，如果没有后翘则后裆缝拼接后会产生凹角，因此，后翘是使后裆缝拼接后后腰口顺直的先决条件，后裆缝斜度与后翘成正比。

2. 裥、省与臀腰围差的关系

（1）双裥双省式　前片收双裥，后片收双省，一般用于臀腰差偏大（25 cm以上）的体型。

（2）单裥单省式　一般用于臀腰差适中（20～25 cm）的体型。

（3）无裥式　一般用于臀腰差偏小（20 cm以下）的体型。

其他如双裥单省式或单裥双省式等，应根据具体的臀腰差合理地处理。此外，款式因素也是决定西裤裥、省多少的条件之一。

3. 后裆缝低落数值的确定

后裆缝低落数值（图4-16）是因后下裆缝线的斜度大于前下裆缝线斜度引起的，由此造成后下裆缝线长于前下裆缝线，所以需要将后裆缝低落一定数值来调节前后下裆缝线的长度，调至与前后下裆缝线等长即可，同时要考虑面料因素、采用的工艺方法等。

4. 脚口线前片凹、后片凸的原因（图4-17）

因为脚跟倾斜度缓，而脚面有一定的倾斜度，所以脚口线呈前凹后凸状，形成前短后长的斜边。

（五）女西裤放缝示意图

女西裤放缝，见图4-18。

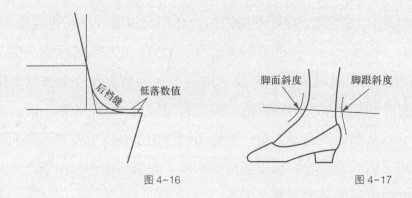

图 4-16 图 4-17

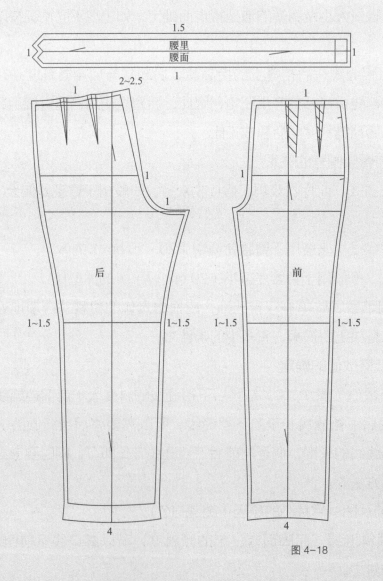

图 4-18

（六）女西裤排料示意图

女西裤排料，见图 4-19、图 4-20。

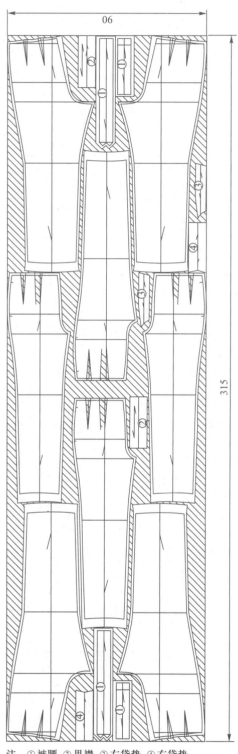

女西裤

规格：裤长100 cm
　　　腰围68 cm
　　　臀围96 cm

门幅：90 cm

用料：3 裤长+15 cm=315 cm （2 条裤子）

注：①裤腰 ②里襟 ③左袋垫 ④右袋垫

图 4-19

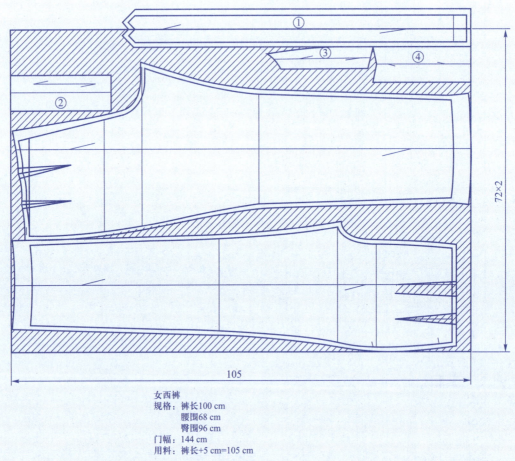

女西裤
规格：裤长100 cm
　　　腰围68 cm
　　　臀围96 cm
门幅：144 cm
用料：裤长+5 cm=105 cm

注：① 裤腰 ② 里襟 ③ 左袋垫 ④ 右袋垫

图 4-20

二、男西裤

（一）制图依据

1. 款式特征与适用面料

款式特征：裤腰为装腰型直腰，前中门里襟装拉链，前裤片腰口左右反折裥各 1 个，前袋的袋型为侧缝斜袋，右前裤片腰口处装表袋，裤带襻 7 根。后裤片腰口左右各收省 2 个，右后裤片单嵌线袋 1 个，平脚口（图 4-21）。

适用面料：呢绒类。

图 4-21

2. 测量要点

（1）裤腰围的放松量　裤腰围的放松量略大于女裤，一般在 2~3 cm 之间。

（2）裤臀围的放松量　男裤适身型的放松量一般在 8~11 cm 之间。

（3）上裆长的测定　男裤上裆低于女裤，因男性腰节高度低于女性。

（4）脚口的测定　男裤的脚口规格要大于女裤。

3. 制图规格

单位：cm

号型	裤长	腰围	臀围	上裆	中裆	脚口	腰宽
170/74A	103	76	100	28	23	22	4

（二）男西裤各部位线条名称

男西裤各部位线条名称，见图4-22。

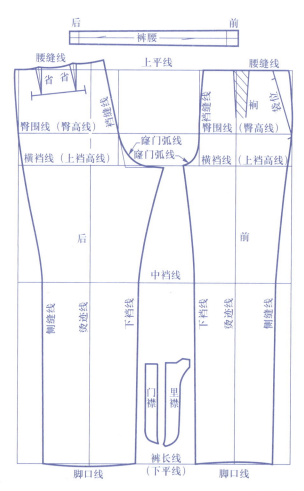

图4-22

（三）结构制图

1. 前后裤片框架制图和结构制图方法、顺序与女西裤大致相同。

（1）男西裤前后裤片框架制图（图4-23）。

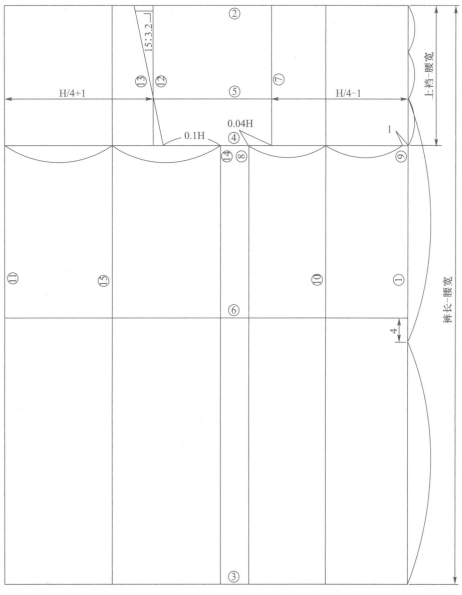

图4-23

（2）男西裤前后裤片结构制图（图4-24）。

男西裤前片
结构制图

男西裤后片
结构制图

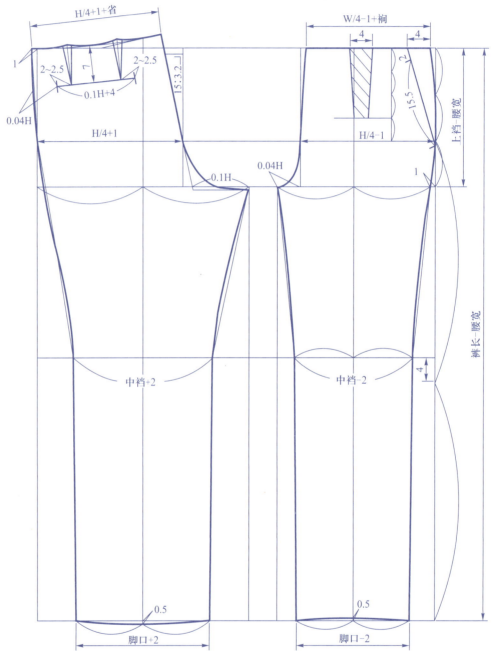

图4-24

2. 零部件制图

男西裤的零部件主要有裤腰、裤带襻、表袋布及垫布、前袋布及垫布、后袋布及嵌线、垫布、门里襟、小裤底、大裤底、贴膝绸等（除注明毛缝制图外，其余均为净缝制图）。

男西裤零部件结构制图

（1）裤腰（两片）长为 W/2，后缝放缝为 2.5 cm，里襟宽 3 cm，腰宽如图 4-25 所示，也可前后一致。

（2）裤带襻（7 根）（图 4-26）。

（3）表袋布及袋垫布　表袋布长为 24 cm，宽为袋口大加 4 cm；袋垫布长为表袋布宽，宽为 4 cm 左右（图 4-27）。

（4）斜袋布及垫布（图 4-28、图 4-29）。

图 4-25

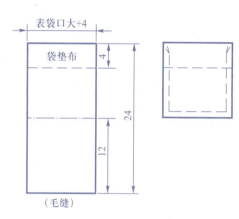

图 4-26

图 4-27

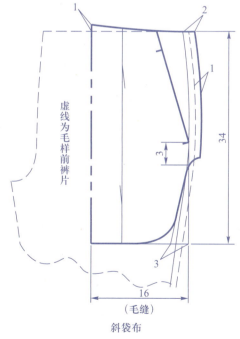

斜袋布

图 4-28

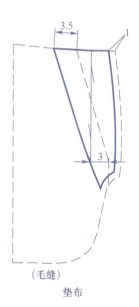

垫布

图 4-29

（5）后袋布及垫布、嵌线　后袋布上口斜度为后裤片袋口斜度，宽度按袋口大加放4 cm（一边放2 cm），袋布净长15~17 cm（近后缝侧），如图4-30所示。垫布及嵌线如图4-31所示。

（6）门、里襟（图4-32、图4-33、图4-34、图4-35）。

①门襟（面、衬各一）门襟衬与门襟面规格相同，门襟衬应用斜料或横料。

②里襟（面、里、衬各一）里襟衬与里襟面规格相同，里襟衬用斜料或横料，里襟里放缝采用斜料。

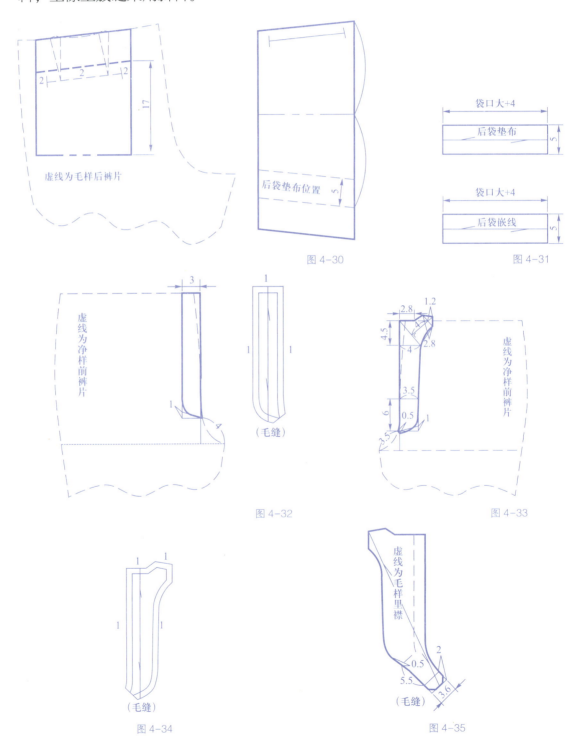

图4-30　　图4-31

图4-32　　图4-33

图4-34　　图4-35

（7）大裤底、小裤底、贴膝绸。

① 大裤底　大裤底上端在臀围线至横裆线的1/2处，下端在横裆线以下9 cm处（图4-36）。

② 小裤底　小裤底连口对折，上端在横裆线以上6 cm处，下端在横裆线以下9 cm处（图4-37）。

③ 贴膝绸　贴膝绸有半膝绸与统膝绸两种。半膝绸如图4-38所示，以中裆高为中心，上下各15～20 cm。

统膝绸从上平线起按裤片形状至中裆高与脚口的2/3处。

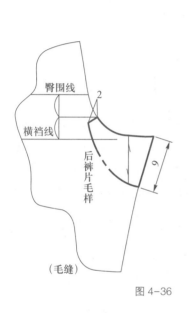

图4-36

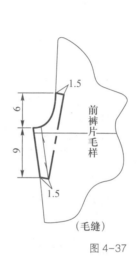

图4-37

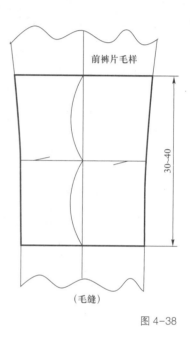

图4-38

（四）制图要领与说明

1. 男女裤在制图上的区别

（1）男、女体型差别（指腰部以下）　男性臀腰差小于女性，因而男性两侧（腰至臀）的弧度小于女性；男性的腰围、臀围、腿围一般大于女性；男性臀部与腹部较女性平。

（2）体型差别反映在西裤制图结构上的区别　在裥、省的收量上男裤小于女裤；前后侧缝的弧度男裤小于女裤；男裤的控制部位规格大于女裤；男裤前裆缝与前侧缝的劈势量小于女裤。

（3）款式上的区别

① 开门　男裤为前开门，女裤有侧开门和前开门两种。

② 裤腰　男裤裤腰一般略宽于女裤裤腰（高腰与宽腰除外）。

③ 后袋　男裤设后袋，女裤一般不设后袋。

④ 裥省　一般男裤前片设裥，而女裤前片也可设省。

2. 前裆缝在腰口处劈势量的控制（以下简称劈势量）

前裆缝在腰口处劈势量与前裤片腰口折裥量大小有关。前裤片腰口折裥量大，则劈势量相应趋小；前裤片腰口折裥量小，则劈势量相应趋大。一般当前裤片腰口为双折裥时，劈势量控制在 0.5~1 cm，当前裤片腰口为无裥时，劈势量控制在 1.5 cm 左右，劈势量一般女裤大于男裤。

男西裤放缝示意图、男西裤排料示意图均参照女西裤。

附：男西裤毛缝裁剪方法示意图如图 4-39 所示。

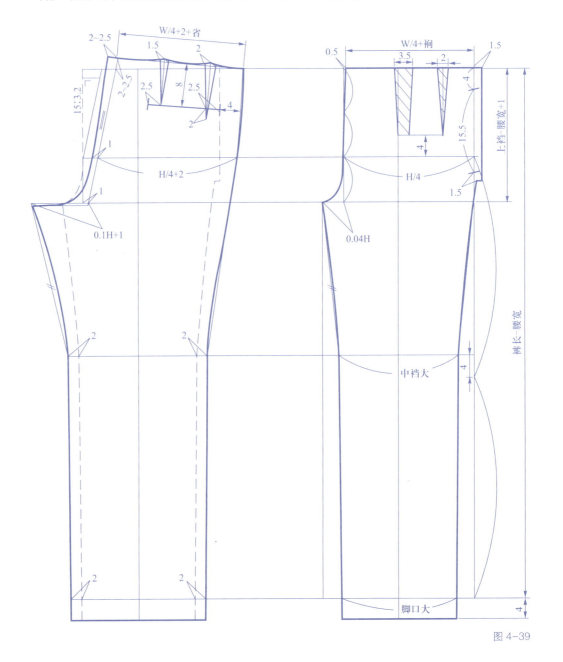

图 4-39

毛缝裁剪是一种比较传统的裁剪方法，在单件裁剪中有所应用，这里作一简单介绍。毛缝裁剪步骤简单，毛缝净缝合二为一，同时后片在前片基础上出图，也使裁剪得到简化，但不适于工业化生产的样板制作。

图 4-39 中后片虚线部分为前裤片外轮廓线示意图。

📖 练习题

1. 按 1:1 比例制图，款式如图 5-21 所示。
2. 试述后裆缝斜度的确定。
3. 简述臀围、腰围与前后裆宽的比例公式。
4. 简述男女裤在制图上的差别。
5. 熟练掌握零部件配法。

第二节　西裤款式变化

西裤的变化主要是通过外形（即适身型、紧身型、宽松型）、裤长及局部（即袋、腰、省、裥等）的变化来体现的。例如牛仔裤属紧身型，宽松裤属松身型，在局部上牛仔裤取贴袋、宽松裤前片多裥等。本节主要介绍牛仔裤、西短裤、宽松裤及低腰紧身裤。

一、牛仔裤

（一）制图依据

1. 款式特征与适用面料

款式特征：贴体紧身。裤腰为装腰型直腰。前片腰口无裥，前袋的袋型为横袋（月亮袋），前中门里襟装拉链。后片拼后翘，后贴袋左右各一。裤腰、门襟、脚口、裤带襻（7 根）、前袋口、后贴袋、后翘、侧缝均缉明线（图 4-40）。

适用面料：牛仔布等。

图 4-40

2. 测量要点

（1）裤长的测定 从腰侧髋骨处向上 1 cm，垂直量至外踝骨下 3 cm 左右或离地面 4 cm 左右。

（2）裤腰围的测量 从髋骨处向上 1 cm，贴腰围量一周。

（3）裤臀围的放松量 因此款属紧身型，放松量不宜过大，一般在 4 cm 左右。

（4）上裆长的测定 上裆长度应比适身型稍短。

3. 制图规格

单位：cm

号型	裤长	腰围	臀围	上裆	中裆	脚口	腰宽
170/74A	101	78	94	26	21	20	4

（二）结构制图

牛仔裤结构制图，见图 4-41。

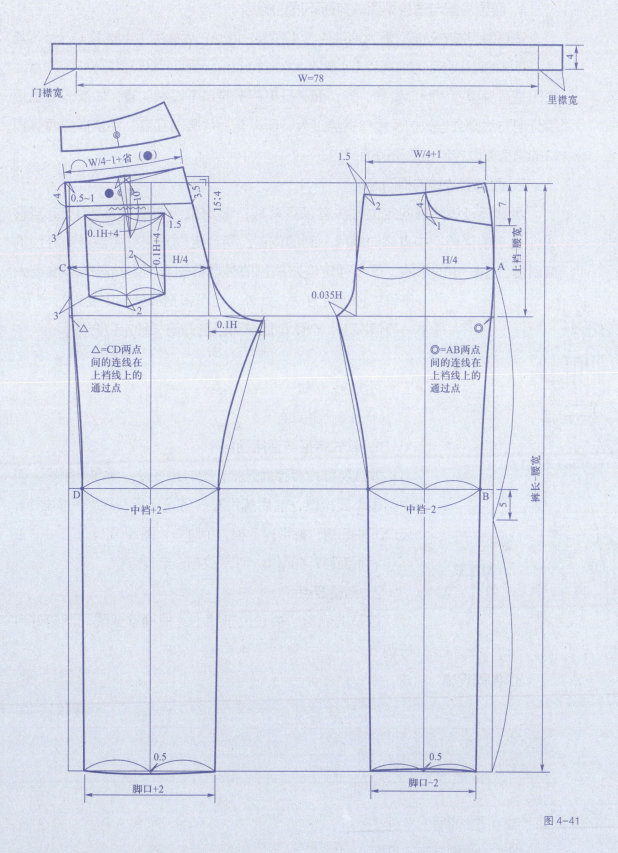

门襟宽

W=78

里襟宽

4

W/4-1+省（●）

1.5

W/4+1

0.5~1

3.5

15:4

7

2

4

1

3

0.1H+4

0.1H+4

1.5

2

H/4

C

0.035H

H/4

A

上裆－腰宽

0.1H

△=CD两点
间的连线在
上裆线上的
通过点

◎=AB两点
间的连线在
上裆线上的
通过点

3

2

△

◎

D

中裆+2

中裆-2

B

5

裤长－腰宽

0.5

脚口+2

0.5

脚口-2

图 4-41

091

（三）制图要领与说明

1. 腰围分配与适身型西裤有所不同的原因

适身型西裤的腰围分配为前裤片 1/4 腰围 −1 cm；后裤片 1/4 腰围 +1 cm。紧身型西裤的腰围分配为前裤片 1/4 腰围 +（0~1）cm；后裤片 1/4 腰围 −（0~1）cm。原因是适身型西裤腰口设裥、省，而紧身型西裤腰口不设裥、省，如按适身型腰围分配方法则会导致前片腰口劈势过大，所以与后片腰围互借，使紧身型西裤腰口的劈势得以控制在适量的范围内。

2. 西裤烫迹线的横向定位

西裤烫迹线的横向定位方法有以下两种：① 定位于前横裆宽居中的位置；② 定位于前横裆宽中点偏向侧缝一侧的位置。两种定位方法主要会对侧缝线的偏斜度产生一定的影响，第一种定位方法侧缝线自臀侧点至中裆高的斜度要大于第二种定位方法。此外，也可根据裤型的需要进行调节。一般情况下，合体型西裤可以选择第二种定位方法。

二、西短裤（女）

（一）制图依据

1. 款式特征与适用面料

款式特征：裤腰为无腰，腰口线下设一横向分割线。前中门里襟装拉链，前后裤片左右各设一袋，袋型为横插袋，袋口下抽细褶，裤带袢 5 根，平脚口（图 4-42）。

适用面料：棉布类，如斜纹布、卡其布等。

2. 测量要点

裤长的测量　裤长位于膝上，根据款式或习惯爱好自行调节。

图 4-42

3. 制图规格

单位：cm

号型	裤长	腰围	臀围	上裆	腰宽
160/72B	36	74	96	26	7

（二）结构制图

短裤的结构制图，见图 4-43。

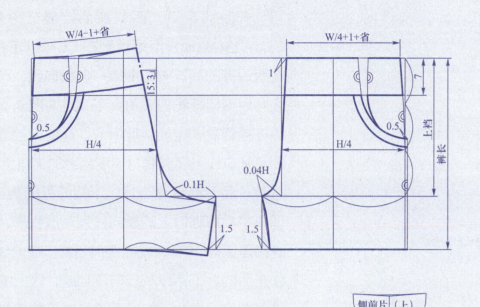

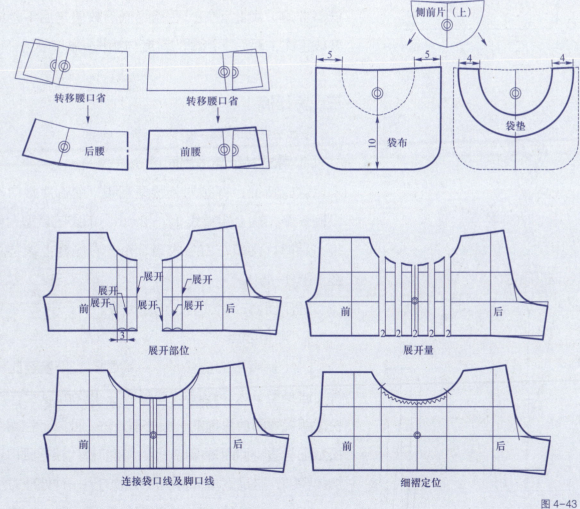

图 4-43

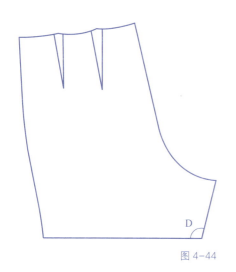

图 4-44

（三）制图要领与说明

西短裤的后裆缝低落数值大于西长裤的原因：

一般情况下，西长裤后裆缝低落数值基本上在 1 cm 之内波动，西短裤则在 1.5~3 cm 的范围内波动。在西短裤的后裤脚口上取一条横向线，可以看到，横向线与后下裆缝线的夹角大于 90°（图 4-44），这是由于后下裆缝有一定的斜度所致，而前下裆缝斜度较小，因此前脚口线上横向线与前下裆缝的夹角接近于 90°。一旦前、后下裆缝缝合后，下裆缝处的脚口会出现凹角。现在将后裤脚口上的横向线处理成弧形，使其与后下裆缝夹角保持 90°，就能使前后脚口横向线顺直连接，但修正后的后下裆缝长于前下裆缝，因此需要增大后裆缝低落数值。由此可知，后裆缝低落数值与后下裆缝的斜度成正比，而后下裆缝的斜度与裤长和脚口大小有关。

三、宽松裤

（一）制图依据

1. 款式特征与适用面料

款式特征：裤腰为装腰型直腰。前裤片腰口左右各设裥 5 个，裥上端缉线 1.5~2 cm，前袋的袋型为侧缝直袋，后裤片腰口左右各收省 2 个，右侧缝上端装隐形拉链（图 4-45）。

适用面料：呢绒类、化纤类等。

2. 测量要点

（1）裤臀围的放松量　裤臀围的放松量要比一般西裤（适身型）大，臀围放松量应在 15 cm 以上，这是宽松型西裤臀围放松量的一般处理方法。此外，在臀围的放松量上与适身型西裤保持一致，在前裤片根据腰口设裥来加放臀围，这是宽松裤臀围放松量的另一种处理方法。

（2）上裆的测定　此款裤装为宽松型，上裆应适量加长。

图 4-45

3. 制图规格

号型	裤长	腰围	臀围	上裆	脚口	腰宽
160/66A	98	68	96	30	18.5	4

（二）结构制图

宽松裤结构制图，见图 4-46。

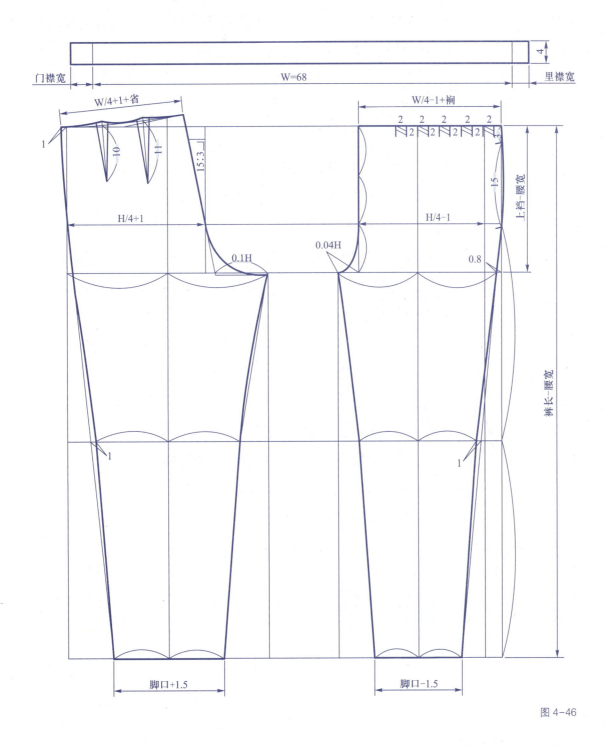

图 4-46

（三）制图要领与说明

1. 前裤片在原臀围基础上另加放的原因

当款式要求多褶时，前腰围大加褶量超过前臀围大时，就需要增加前臀围大，以满足腰部收褶的需要，因此，实际制图臀围大会超过制图规格所设的臀围大。

2. 宽松型后缝斜度直于适身型的原因

臀部宽松，意味着夸张了人体的臀部，这时合体不再是第一要求，其臀围的增大并不是臀围丰满程度的增加。相反，由于宽松型的造型，使它对后缝斜度的要求反而趋直，趋直的程度与臀围的放松量成正比。

四、低腰紧身裤（女）

（一）制图依据

1. 款式特征与适用面料

款式特征：裤腰为低腰型，前中门、里襟装拉链，前、后片左右两侧斜向分割线设置如图4-47所示。前袋为分割型贴袋。后袋为装袋盖（袋盖为后片上部的分割线）的嵌袋。裤的上部贴体紧身，裤脚口展宽呈喇叭形，止口缉线部位如图4-47所示。

适用面料：牛仔布、卡其布等。

2. 测量要点

（1）裤长的测定　从腰侧部髋骨处，垂直量至外踝骨下3 cm左右或离地面4 cm左右。

（2）裤腰围的测量　在髋骨处，贴腰围量一周。

（3）裤臀围的放松量　参照牛仔裤。

（4）上裆长的测定　参照牛仔裤。

图4-47

3. 制图规格

单位：cm

号型	裤长	基型腰围	臀围	基型上裆	上裆	中裆	脚口
160/66A	96	69	92	26	23	20	28

（二）结构制图（图 4-48）

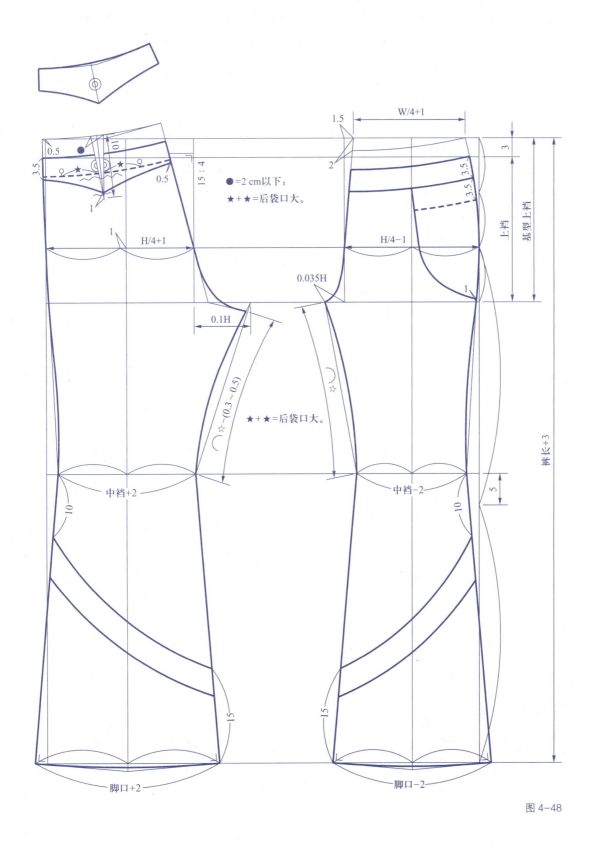

●=2 cm以下；

★+★=后袋口大。

★+★=后袋口大。

图 4-48

（三）制图要领与说明

中裆高度定位与裤造型变化的关系：

中裆高度定位与裤造型变化有密切的关系。本书中裆定位的方法是以臀高线至下平线的距离的中点为基本点，设基本点为零。当中裆高度处于 0~2 cm 之间时，裤造型为宽松型；当中裆高度高于基本点 2~4 cm 时，裤造型为适身型；当中裆高度高于基本点 4~6 cm 时，裤造型为紧身型（图 4-49）。

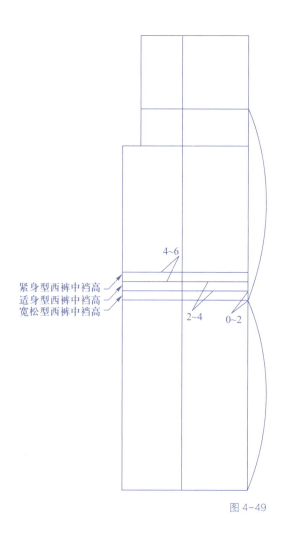

紧身型西裤中裆高
适身型西裤中裆高
宽松型西裤中裆高

4~6

2~4　0~2

图 4-49

📖 练习题

1. 按 1:5 比例，将本章介绍的西裤各款式绘制缩图各 1 张。

2. 试述宽松型、适身型、紧身型裤装的区别主要表现在哪里。

第五章
衬衫结构制图

衬衫是男女上体穿用的衣服。衬衫的基本结构由前后衣片、衣袖、衣领等组合而成，其式样变化繁多，随着流行趋势的发展，不断有新颖的款式问世，女衬衫式样的变化尤为显著。

女衬衫的款式变化主要表现在衣片、衣袖、衣领等部位。衣片的变化，主要是开襟部位、胸省的省型、分割线及下摆的造型变化。衣袖的变化衬衫以独片袖为主，从长度上区分，有长袖、中袖、短袖；从类型上区分，有套肩袖、圆装袖等；从袖口的造型上区分，有袖口装袖头、平袖口等。衣领的变化，主要有无领、坦领、立领、翻驳领等，领型的细节变化，如领角的长短宽窄、方圆尖曲等随流行趋势而定。

男衬衫较女衬衫在变化方面较为稳定，一般表现在局部变化上，如领脚的装与连及下摆的方与圆等。男衬衫工艺精致，平整挺直，领角对称，选料考究。衣领洗涤后，应不起皱，自然如新。

学习衬衫的结构制图，首先要掌握衬衫的基本框架，然后根据式样的变化，从基型图中变化而成。衬衫一般将以下控制部位作为制图时的依据，即衣长、袖长、前后腰节长、领围、胸围、腰围和肩宽。

本章主要介绍男女衬衫的基本式样及男女衬衫的款式变化。

第一节　女衬衫

女衬衫的款式千变万化，式样繁多。下面介绍的女衬衫是较基本的款式，它的特点是适身合体、简洁大方，对中老年女性尤为适宜。

一、制图依据

（一）款式特征与适用面料

款式特征：领型为方形翻驳领。前中开襟、单排扣，钉纽5粒，前片收胸省，前后片腰节处略吸腰。袖型为独片式长袖，袖口装袖头，袖头上钉纽1粒（图5-1）。

适用面料：以薄型织物为主，全棉、丝绸均可。

（二）测量要点

1. 腰节长的测量

一般通过实际测量获得。可在腰部最细处拴一根绳，使其前后左右水平，再从颈肩点起经过胸高点，量至拴绳处所得。在没有测量条件的情况下，也可按身高（号）的1/4计算。

2. 胸高位的测量

胸高位的测量以实际测量数值为准。女上装胸高位的长度是人体颈肩点至乳峰点的距离。具体制图时女上装的胸高位为人体颈肩点至乳峰点的测量值加上穿着层次的厚度（颈肩处的穿着层次）。

图5-1

（三）制图规格

号型	衣长	胸围	领围	肩宽	袖长	前腰节长	胸高位
160/84A	64	96	36	40	56	40	24

二、女衬衫各部位线条名称

女衬衫各部位线条名称，见图5-2。

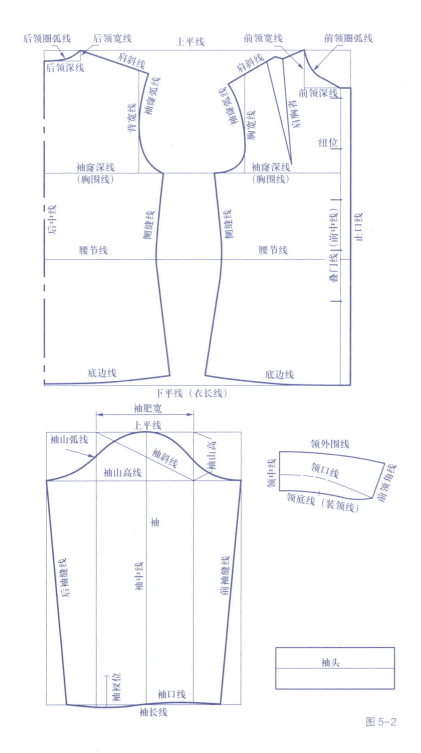

图5-2

三、结构制图

（一）女衬衫前后衣片框架制图

前衣片（图5-3）：

① 前中线（叠门线） 首先画出的基础直线。

② 上平线 垂直于前中线。

③ 下平线（衣长线） 按衣长规格平行于上平线。

④ 腰节线 按制图规格或 1/4 号计算。

⑤ 止口线（叠门宽线） 取 2 cm，由叠门线向右画，作叠门线的平行线。

⑥ 侧缝直线（前胸围大） 取 B/4 + 0.5 cm，由叠门线向左画，作叠门线的平行线。

⑦ 前领深线 取 N/5 由上平线量下，作上平线的平行线。

⑧ 前领宽线 取 N/5 − 0.3 cm，由叠门线向左画，作叠门线的平行线。

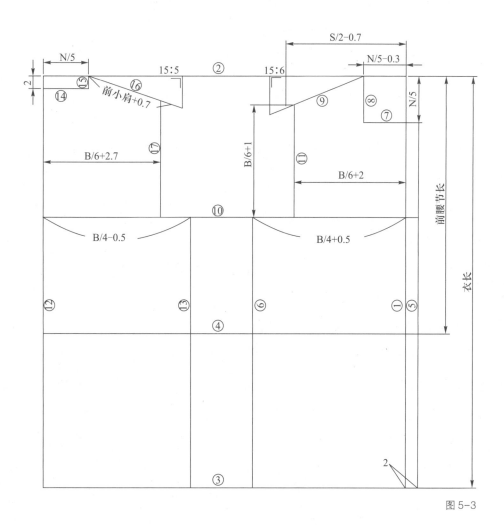

女衬衫前片
结构制图

女衬衫后片
结构制图

图 5-3

⑨ 肩斜线　按 15 : 6 的比值确定前肩斜度，前肩宽取 S/2 - 0.7 cm，由叠门线向左画，在肩斜线上定点。

⑩ 袖窿深线（胸围线）　取 B/6 + 1 cm，由前肩端点量下，作上平线的平行线。

⑪ 胸宽线　取 B/6 + 2 cm，由叠门线向左画，作叠门线的平行线。

后衣片（图 5-3）：

图中上平线、袖窿深线、腰节线、衣长线均由前衣片延伸。

⑫ 后中线　垂直相交于上平线和衣长线。

⑬ 侧缝直线（后胸围大）　取 B/4 - 0.5 cm，作后中线的平行线。

⑭ 后领深线　取 2 cm，由上平线量下，作上平线的平行线。

⑮ 后领宽线　取 N/5，由后中线量进，作后中线的平行线。

⑯ 肩斜线　取 15 : 5 的比值确定后肩斜度，后小肩取前小肩 + 0.7 cm。

⑰ 背宽线　取 B/6 + 2.7 cm，由后中线量进，作后中线的平行线。

（二）女衬衫前后衣片结构制图

前衣片（图 5-4）：

① 前领圈弧线　具体作图方法如图 5-5 所示。

② 肩胸省　具体作图方法和步骤如图 5-6 所示。

a. 胸高点定位　取 24 cm，由上平线量下，作上平线的平行线，在线上取胸宽的 1/2 定点，即为胸高点（图 5-6 ①）。

b. 肩胸省位　取前小肩的 1/3 定点（由领肩点量出），与胸高点连一斜直线，在线上取比值 15 : 2，使三角形的两边相等（图 5-6 ②）。

c. 肩端点移位　连接原肩端点与胸高点，在线上取比值 15 : 2，使三角形的两边相等，得到新的肩端点（图 5-6 ③）。

d. 肩斜线移位　连接 ab，得新的肩斜线（图 5-6 ④）。

e. 胸省展开量同步移位　自 c 点向胸宽线量上 5.5 cm，作上平线的平行线，在线上取肩胸省的展开量（☆），由胸宽线取等量的展开量（☆）（图 5-6 ⑤）。

f. 省尖点定位　省尖点由胸高点量上 2 cm（图 5-6 ⑥）。

③ 袖窿深线（胸围线）移位　连接 d 点与胸高点，在线上取比值 15 : 2，取 e 点作上平线的平行线，得到新的袖窿深线。

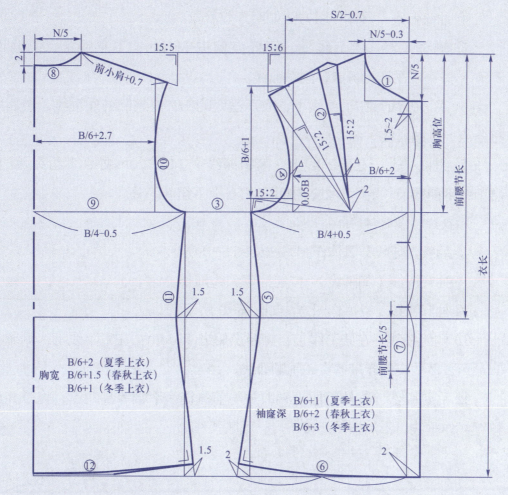

女衬衫省道
转移

图 5-4

图 5-5

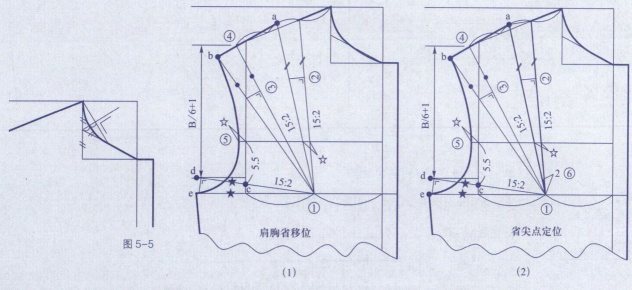

（1）　　　　　　　　　　　　　　（2）

肩胸省移位　　　　　　　　　　　省尖点定位

图 5-6

④ 袖窿弧线　具体作图方法如图 5-7 所示。

⑤ 侧缝弧线　腰节线上，侧缝点偏进 1.5 cm；下平线上，侧缝点偏出 2 cm，然后按图连接各点，画顺弧线。

⑥ 底边弧线　在下平线上，取下摆大的 1/2 点与侧缝作垂线，然后按图连接各点，画顺弧线。

⑦ 纽位　上纽在叠门线上，前领深线下 1.5~2 cm 处；下纽在叠门线上，腰节线下前腰节长的 1/5 处，中间各纽在上下纽间等分。

后衣片（图 5-4）：

⑧ 后领圈弧线　具体作图方法如图 5-8 所示。

⑨ 袖窿深线（胸围线）　按前袖窿深线延长。

⑩ 袖窿弧线　具体作图方法如图 5-9 所示。

⑪ 侧缝弧线　在腰节线上，侧缝点偏进 1.5 cm；在下平线上，侧缝点偏出 1.5 cm，然后按图连接各点，画顺弧线。

⑫ 底边弧线　在侧缝线下端取一与前侧缝线下端等高的点，将等高点与后侧缝线作垂线，然后按图连接各点，画顺弧线。

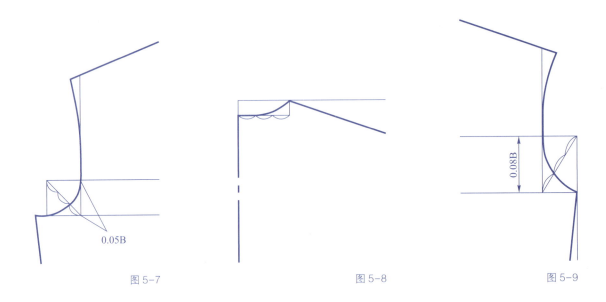

图 5-7　　　　　　　　　　　图 5-8　　　　　　　　　　图 5-9

（三）女衬衫袖片框架制图

女衬衫袖片框架制图，见图 5-10。

① 前袖侧直线　首先画出的基础直线。

② 上平线　垂直于前袖侧直线。

③ 下平线（袖长线）　袖长减袖头宽，平行于上平线。

④ 后袖侧直线（袖肥宽） 取 B/5 作前袖侧直线的平行线。

⑤ 袖斜线 取 AH/2（AH 指袖窿弧线总长）作袖斜线的长度。

⑥ 袖山高线 以袖斜线与后袖侧直线的交点为一端量至上平线，两边等距作上平线的平行线。

⑦ 袖中线 取袖肥宽的 1/2 前移 0.3 cm，作前袖侧直线的平行线。

⑧ 前袖直线 取袖肥宽的 1/2 − 0.3 cm，作前袖侧直线的平行线。

⑨ 后袖直线 取袖肥宽的 1/2 + 0.3 cm，作前袖侧直线的平行线。

⑩ 袖头长 取 B/5 + 4 cm，作基础直线。

⑪ 袖头宽 取 4 cm，垂直于袖头长线。

⑫ 平行于⑩。

⑬ 平行于⑪。

（四）女衬衫袖片结构制图

女衬衫袖片结构制图，见图 5-11。

① 袖口大 取袖头长加抽褶量（一般为 6~8 cm）或取总袖肥宽的 3/4（袖口弧线为前袖口略内凹，后袖口略外凸）。

女衬衫袖片
结构制图

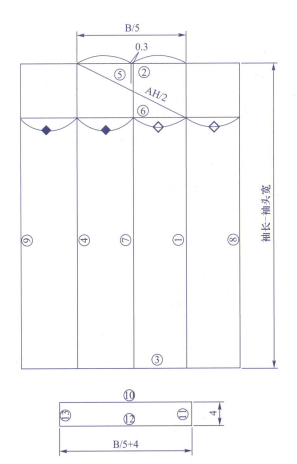

图 5-10

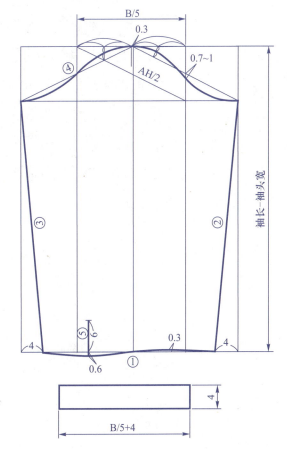

图 5-11

② 前袖底线　袖山高线至前袖口大点作斜线。

③ 后袖底线　袖山高线至后袖口大点作斜线。

④ 袖山弧线　在袖山斜线与前袖侧直线交点向下 0.7~1 cm 处作袖山弧线的转折点，在袖山斜线与后袖侧直线交点处作袖山弧线转折点，按图作等分线取点画顺袖山弧线。

⑤ 袖衩位　在后袖口大的 1/2 处定位，衩长 6 cm。

（五）女衬衫领片框架制图

女衬衫领片框架制图，见图 5-12。

① 标准领口圆　设领脚高为 $h_。$，取 $0.8\,h_。$。由领肩点量进，取前领宽大减 $0.8\,h_。$ 为半径作标准领口圆。

② 驳口线　通过叠门线与领圈弧线的交点（即驳口点）与标准领口圆作切线。

③ 领驳平直线　取 $0.9\,h$。作驳口线的平行线。

④ 衣领松斜度定位。

（六）女衬衫领片结构制图

女衬衫领片结构制图，见图 5-13。

① 后领圈弧长　在领底斜线上取后领圈弧长。

② 领底弧线　与领圈弧线相连，画顺领底弧线。

③ 领宽线（后领中线）　取领脚高（$h_。$）加翻领高（h）作领底弧线的垂线。

④ 前领角线　与前领深线呈一定角度，领角长 7 cm。

⑤ 领外围直线　作领宽线的垂线，相交于前领角线。

⑥ 领外围弧线　与领角长连接画顺领外围弧线。

⑦ 领脚高线　按领脚高在领宽线上取点，画顺领脚高线。

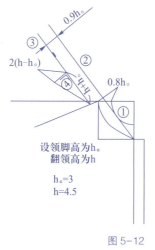

设领脚高为 $h_。$
翻领高为 h

$h_。=3$
$h=4.5$

图 5-12

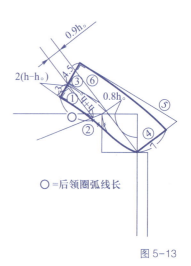

〇 = 后领圈弧线长

图 5-13

四、制图要领与说明

1. 肩斜的确定

肩斜的确定一般有两种方法，一是用角度控制肩斜度确定；二是用计算公式控制肩斜度确定。相比较而言，用角度控制肩斜度比较合理。因为，人体的肩斜度具有一定的稳定性，而计算公式会因胸围、肩宽、领围等因素的变化而变化，所以采用角度控制肩斜度就具有一定的稳定性。由于实际运用中用量角器定角度不太方便，将角度转化成用两直角边的比值来确定肩斜度，既保留了角度确定的合理性，又简化了制图方法。

2. 后小肩线略长于前小肩线的原因

后小肩线略长于前小肩线的原因是通过后小肩的略收缩，满足人体肩胛骨隆起及前肩部平挺的需要。后小肩线长于前小肩线的控制数值与人体的体型、面料的性能及省缝的设置有关，一般在 0.5~1 cm 之间。

3. 上装门、里襟叠门的确定

上装门、里襟叠合后，纽扣的中心应落在叠门线上。服装的门、里襟大小与纽扣的直径有关，纽扣的直径越大，叠门也越大。同时考虑到前中心线上所受到的拉力，因此，门、里襟叠门的最小值应为 1.5 cm，叠门大可用下列公式计算：

前中心线上的叠门大 = 纽扣直径 + (0~0.5) cm

前中心线上的叠门大 ≥ 1.5 cm

4. 上装门襟处的横纽眼外端必须超出叠门线的原因

纽扣的位置一般在里襟的叠门线上，钉好的纽扣缝线总是留有一定的绳状形态。横纽眼的外端如果正好落在叠门线上，那么门、里襟扣上后，门襟上的叠门线势必被纽扣缝线往里襟方向推移，其推移的尺寸，就是纽扣缝线的半径长，因此，要使门、里襟的叠门线重合，必须使横纽眼的外端超出叠门线，超出的规格即纽扣缝线的半径长，一般为 0.2~0.5 cm（图 5-14）。

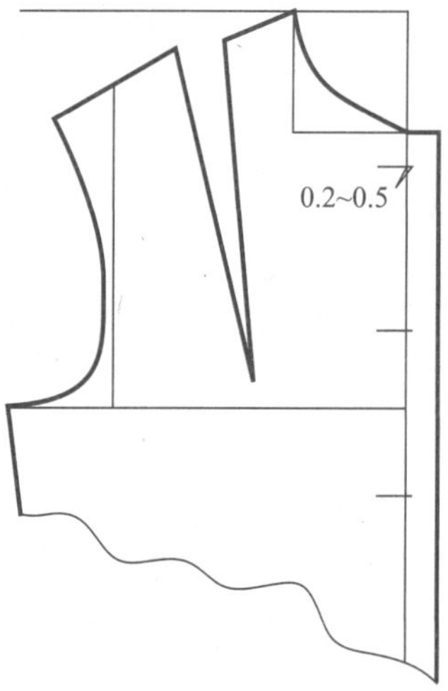

0.2~0.5

图 5-14

5. 利用袖斜线确定袖山高线的优点

袖斜线是指袖肥宽与袖山高线所确定的矩形上的一条对角线，这条对角线的长为袖窿弧线总长的 $1/2 \pm c$（c 为调节常数）。其制图顺序是先确定袖肥宽，再在事先制好的前后衣片上测量袖窿弧线的实际长度，再以上平线顶点为定点，取袖窿弧线总长的 $1/2 \pm c$（即袖斜线长），使袖斜线与袖肥宽线相交，其交点即为袖山高点（图 5-15），这种方法的优点体现在以下两方面：

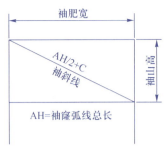

图 5-15

（1）袖山弧线总长与预定的长度容易接近，保证了袖山弧线总长与袖窿弧线总长之差约等于所需的袖山弧线吃势量，因此，大大提高了精确度。

（2）可调节袖肥宽与袖山高的大小，给袖的造型带来了灵活可变性。

6. 上装底边起翘的确定

上装底边起翘是指上装侧缝处的底边线与下平线之间的距离，底边起翘的原因有两个：

（1）人体胸部挺起因素　因为人体胸部的挺起，使在胸部处竖直方向上的底边被一定程度地吊起，要使底边达到水平状态，应将下垂的底边（近侧缝处）去掉。去掉后的底边在平面上展开，就形成了前片的底边起翘。女性由于胸部挺起程度大于男性，在无胸省的情况下，女装的起翘要大于男装。

（2）侧缝偏斜度因素　底边起翘与侧缝偏斜度密切相关，在一定程度上影响着底边起翘量。侧缝偏斜度越大，起翘量越大，反之则越小。

7. 后领宽比前领宽略大的原因

后领宽比前领宽略大是由人体颈部的形状所决定的，由于颈部斜截面近似桃形，前领口处平而后领口有弓凸面弧形，因而形成了衣领的前窄后宽，因此后领宽应比前领宽略大。

8. 衣领依赖于前片领圈制图的合理性

衣领依赖于前片领圈制图的合理性在于：① 领底线与前领圈的转折点位置清楚；② 衣领的造型一目了然；③ 领底线前端的曲线和领圈吻合；④ 领底线凹势的确定有依据。

9. 领驳线基点的确定

领驳线基点是指驳口线与上平线相交的点。确定的方法是在平面结构图中安放一个假想的标准领口圆，然后通过驳口点作一条标准领口圆的切线（即驳口线），使其与上平线相交，这个相交点即为所求的领基点。根据经验和测算，当领脚高大于等于 1.5 cm，小于等于 5 cm 时，标准领口圆的边界至颈肩点的距离应近似 0.8 领脚高，标准领口圆的圆心固定在上平线与前中线（有劈门时应为劈门线）的交点上（图 5-16）。

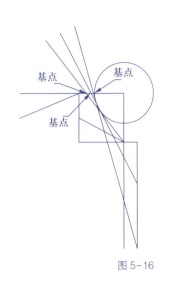

图 5-16

五、女衬衫放缝示意图

女衬衫放缝，见图 5-17。

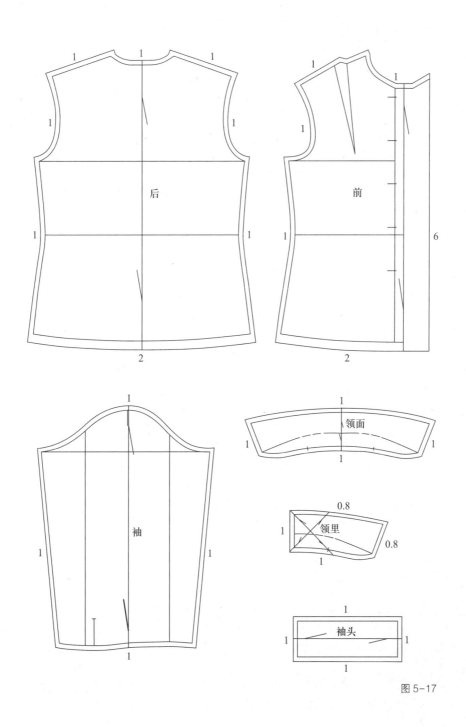

图 5-17

六、女衬衫排料示意图

女衬衫排料，见图 5-18、图 5-19。

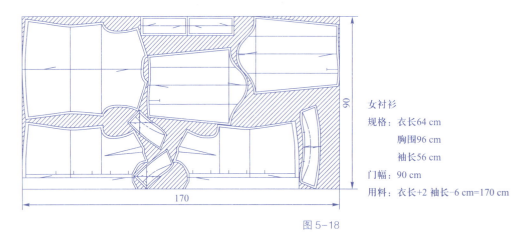

女衬衫
规格：衣长 64 cm
　　　胸围 96 cm
　　　袖长 56 cm
门幅：90 cm
用料：衣长+2 袖长-6 cm=170 cm

图 5-18

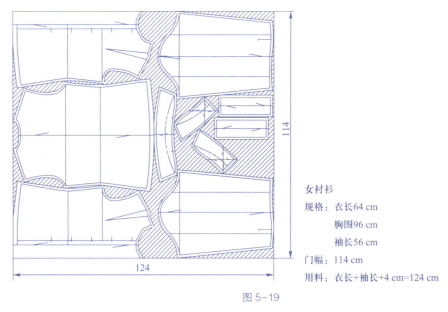

女衬衫
规格：衣长 64 cm
　　　胸围 96 cm
　　　袖长 56 cm
门幅：114 cm
用料：衣长+袖长+4 cm=124 cm

图 5-19

📖 **练习题**

1. 按图 5-1 的款式，以 1：1 与 1：5 的比例制图。

2. 采用等分作图法绘制领圈与袖窿。

3. 如何确定上装底边起翘？

4. 为什么采用衣领依赖于前片领圈制图的方法？

5. 简述领驳线基点的确定方法。

第二节　连衣裙

连衣裙是指上衣与裙子连接在一起的服装，连衣裙可分为腰围剪接式与腰围无剪接式两种。腰围剪接式按剪接位置的不同又可分为低腰、中腰、高腰等；而腰围无剪接式可分为收腰式、扩展式（胸部以下向外扩展）、直腰式等。此外，可将上衣及裙子的结构变化融会于连衣裙的款式变化中。

一、制图依据

（一）款式特征与适用面料

款式特征：此款为腰围剪接式（中腰剪接）长袖连衣裙。领型为立领，领片抽缩成花边形态。上衣为前中开襟，单排扣，钉纽5粒，前片腰节设置胸省＋腰省，后片收腰省，前后衣片侧缝处吸腰，右侧缝装拉链。裙子为以A字裙为基础的裥裙，前后裙片收裥8个（图5-20）。

适用面料：薄型为主，如棉布类、富春纺等，根据穿着季节的不同，也可选用稍厚些的面料，如女衣呢等。

图 5-20

（二）测量要点

（1）衣长的测量　由于款式为腰围剪接式，剪接部位在中腰，因此衣长即为腰节长。

（2）裙腰围的放松量　由于是连衣裙，裙腰围的放松量大于半截裙，一般按人体测量数值加放 5 cm 以上为宜。

（三）制图规格

单位：cm

号型	衣长	胸围	领围	腰围	肩宽	袖长	前腰节长	臀围	胸高位
160/84A	110	92	36	74	39	58	39.5	96	24

二、结构制图

（一）连衣裙前后衣片框架制图

连衣裙前后衣片框架制图，见图 5-21。

（二）连衣裙前后衣片结构制图

连衣裙前后衣片结构制图，见图 5-22。

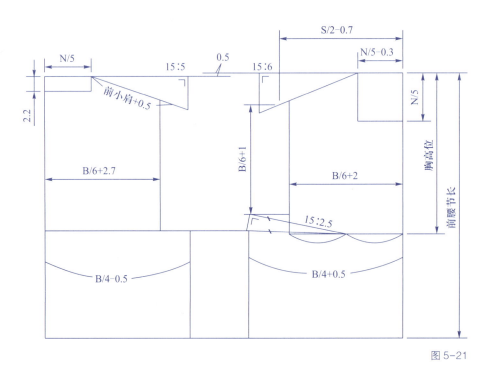

图 5-21

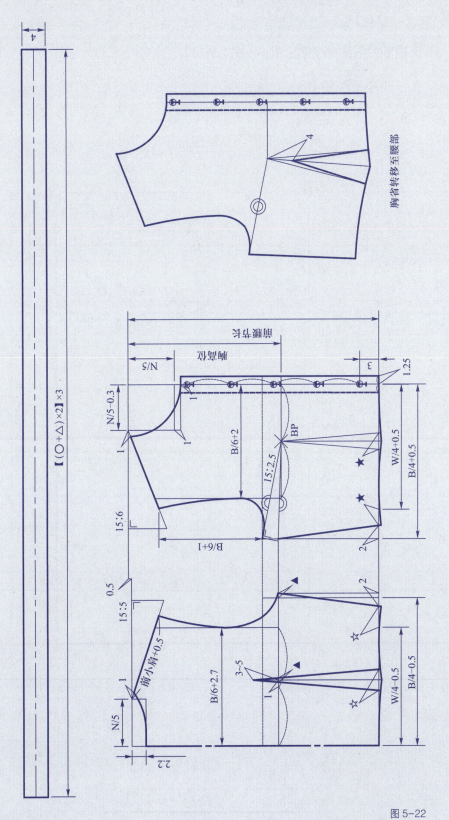

图 5-22

（三）连衣裙前后裙片框架制图

连衣裙前后裙片框架制图，见图5-23。

（四）连衣裙前后裙片结构制图

连衣裙前后裙片结构制图，见图5-24。

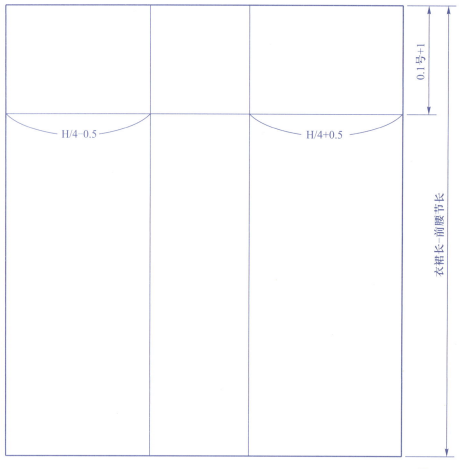

图5-23

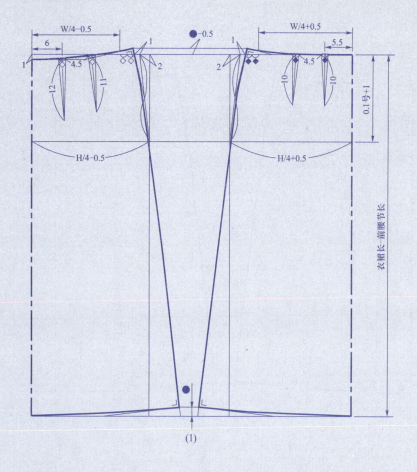

(1)

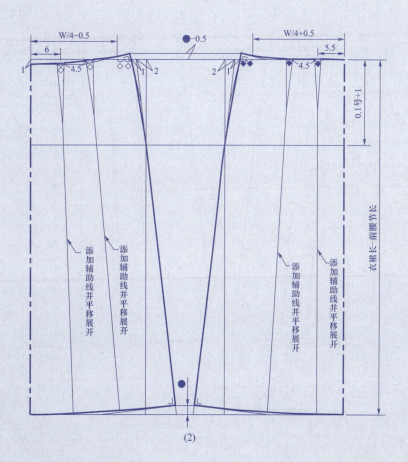

(2)

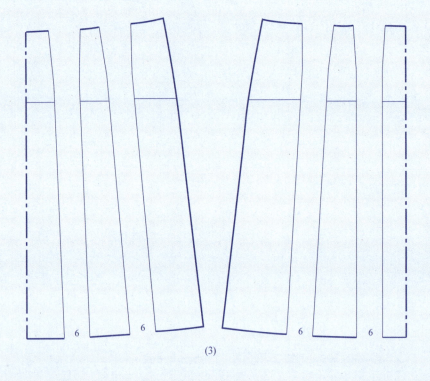

(3)

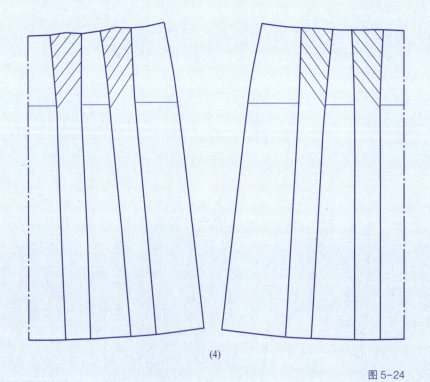

(4)

图 5-24

（五）连衣裙袖片框架制图

连衣裙袖片框架制图，见图 5-25。

（六）连衣裙袖片结构制图

连衣裙袖片结构制图，见图 5-26。

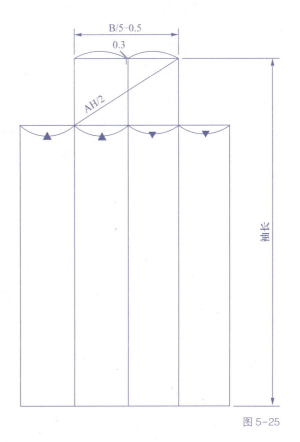

图 5-25

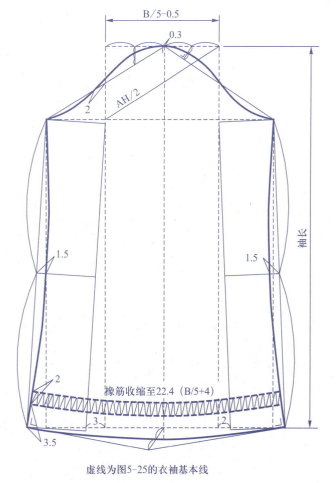

虚线为图5-25的衣袖基本线

图 5-26

三、制图要领与说明

腰围剪接式连衣裙，按其剪接位置的不同可分为低腰剪接式、中腰剪接式及高腰剪接式。

（1）低腰剪接式　剪接位置低于人体腰部，一般在臀高线上下波动。

（2）中腰剪接式　剪接位置在人体腰部，是最常见的式样。

（3）高腰剪接式　剪接位置高于人体腰部，一般在胸围线至腰围线之间波动。

无论采用何种方式，都要求达到比例协调，给人以平衡感。

四、连衣裙零部件配置示意图

（一）前领贴边

前领贴边，见图 5-27。

（二）后领贴边

后领贴边，见图 5-28。

五、连衣裙放缝示意图

连衣裙放缝，见图 5-29。

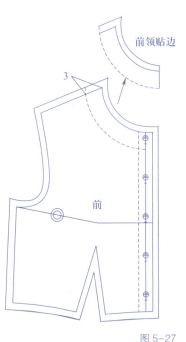

图 5-27

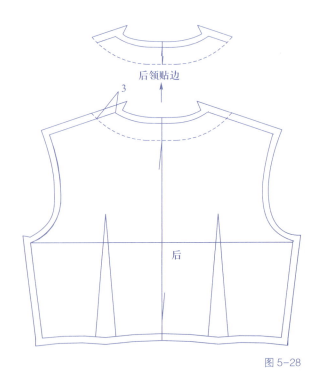

图 5-28

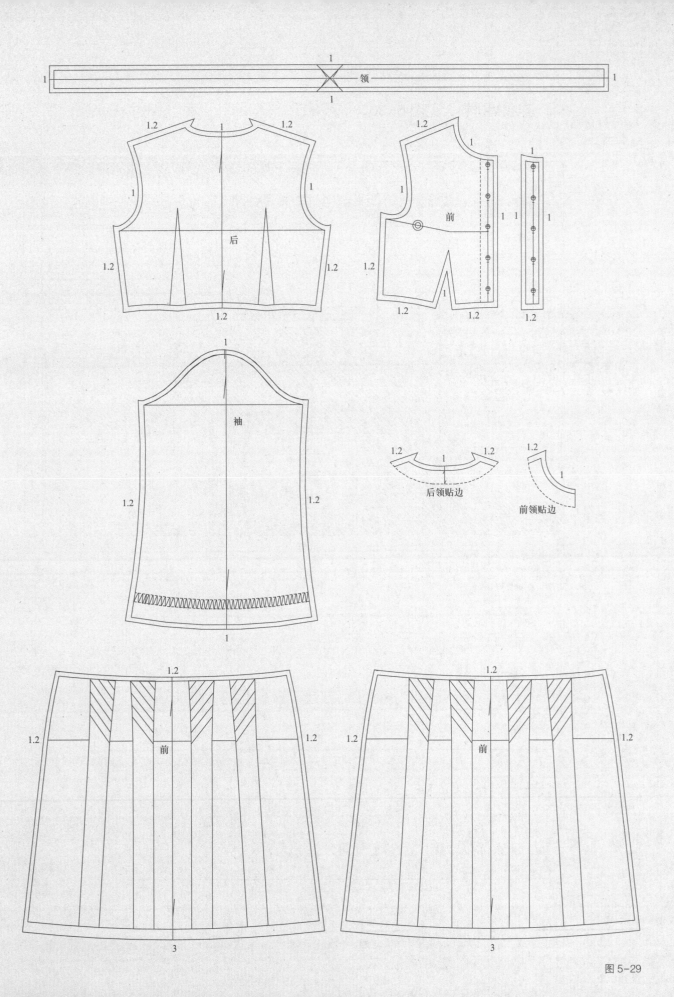

领

后

前

袖

后领贴边

前领贴边

前

前

图 5-29

六、连衣裙排料示意图

连衣裙排料，见图5-30。

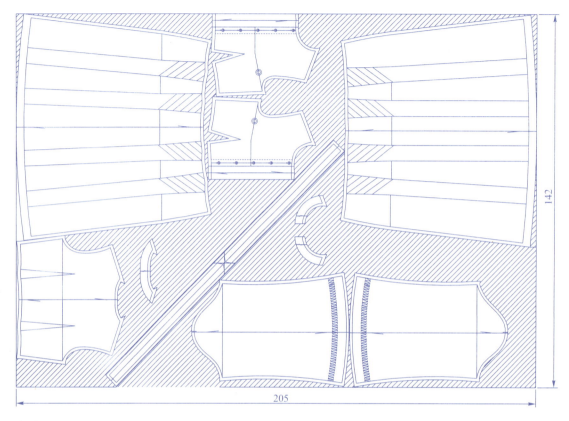

连衣裙
规格：衣裙长=110 cm
　　　胸围=92 cm
　　　袖长=58 cm
　　　裙长=70.5 cm
门幅：142 cm
用料：衣裙长+裙长+24.5=205 cm

图5-30

📖练习题

1. 按1:5比例制图，款式改立领为"U"字形领。

2. 连衣裙按剪接位置的不同可分为哪几种？

第三节　男衬衫

男衬衫的特点是平整挺直，既可作为内衣与西服搭配穿着，也可在夏季作为外衣穿着，是各年龄层次男性的日常服装之一。

一、制图依据

（一）款式特征与适用面料

款式特征：领型为尖式立翻领。前中开襟、单排扣，钉纽6粒，左前片设一胸袋，后片装过肩，平下摆，侧缝直腰型。袖型为一片式圆装袖，袖口收折裥3个，袖口装袖头，袖头上钉纽1粒（图5-31）。

适用面料：以薄型织物为主，全棉、丝绸、聚酯纤维等。

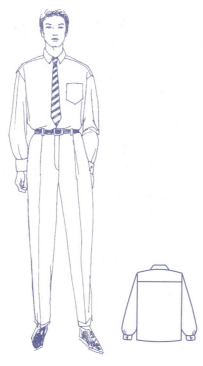

图5-31

（二）测量要点

（1）胸围的放松量　男衬衫胸围的放松量宜稍大，以求穿着舒适。

（2）袖长的测定　男衬衫的袖长规格宜稍长。

（三）制图规格

单位：cm

号型	衣长	胸围	领围	肩宽	袖长	前腰节长
170/88A	71	110	39	46	59.5	42.5

二、男衬衫各部位线条名称

男衬衫各部位线条名称，见图5-32。

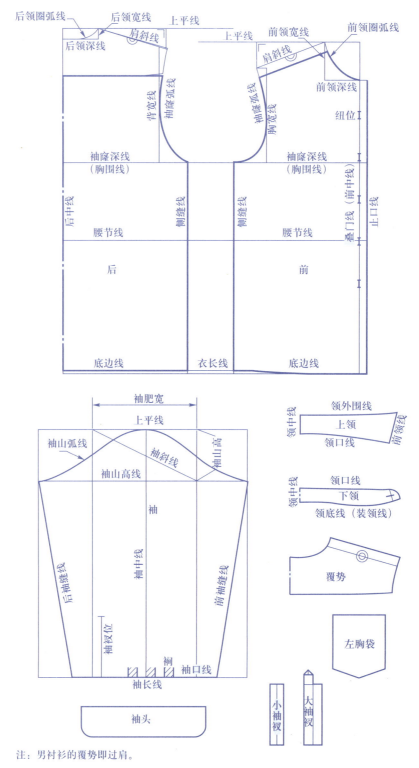

注：男衬衫的覆势即过肩。

图 5-32

三、结构制图

（一）男衬衫前后衣片框架制图

男衬衫前后衣片框架制图，见图5-33。

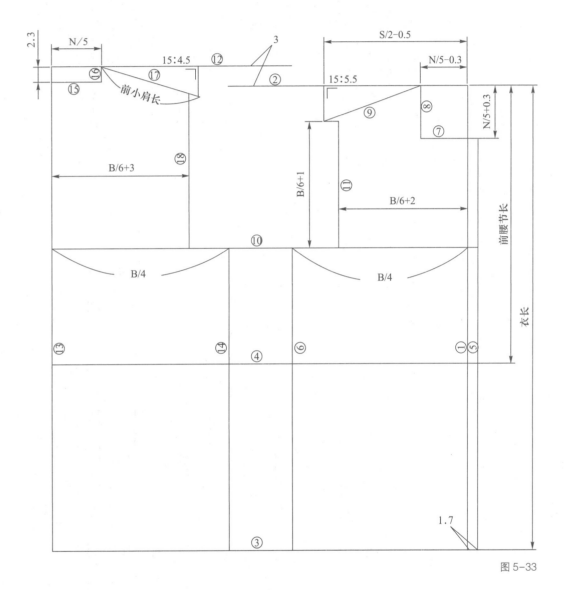

图5-33

（二）男衬衫前后衣片结构制图

男衬衫前后衣片结构制图，见图5-34。

（三）男衬衫袖片框架制图

男衬衫袖片框架制图，见图5-35。

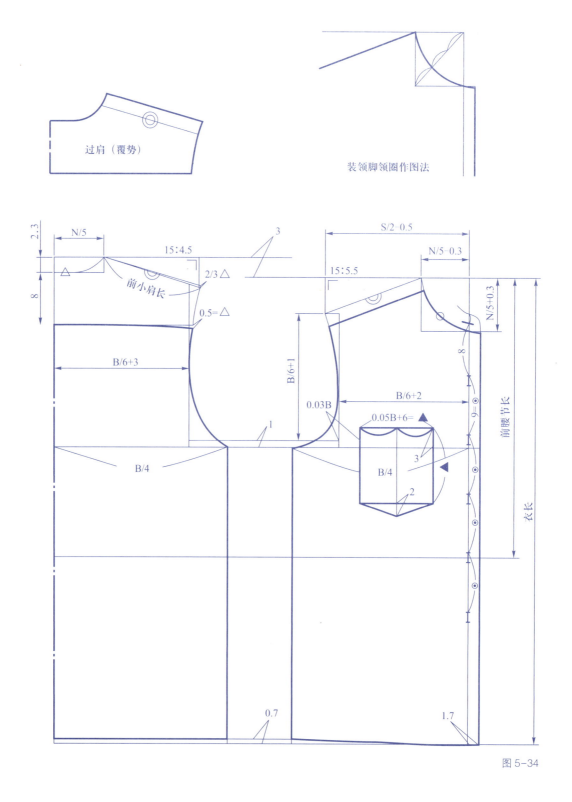

图5-34

第五章 衬衫结构制图

（四）男衬衫袖片结构制图

男衬衫袖片结构制图，见图5-36。

（五）男衬衫领片框架制图

男衬衫领片框架制图，见图5-37。

（六）男衬衫领片结构制图

男衬衫领片结构制图，见图5-38。

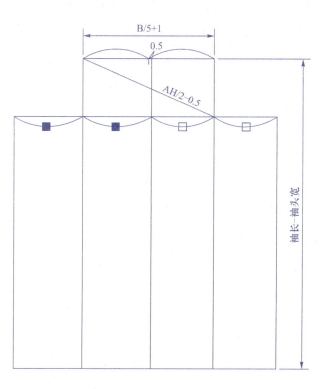

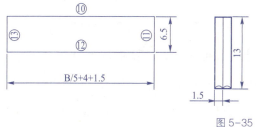

图 5-35

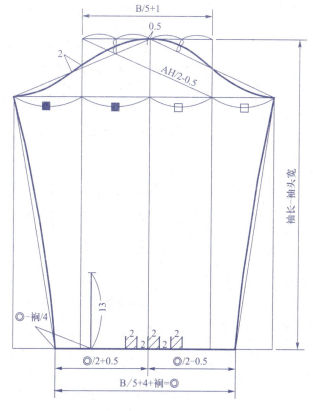

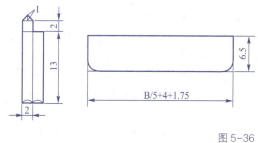

图 5-36

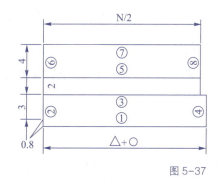

图 5-37

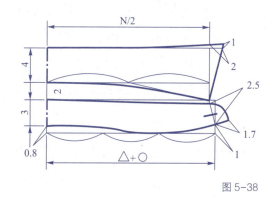

图 5-38

四、制图要领与说明

1. 第一粒纽至第二粒纽与其他纽位相比距离稍短的原因

衬衫在夏季作外衣穿着时，衣领敞开，如第一至第二粒纽位距离与其他纽位一样，就会显得衣领敞口太大，所以要略减短第一至第二粒纽位间的间距。此外，衬衫面料薄而软，衣领硬挺，缩短第一至第二粒纽位可使衣领具有张开的趋势。

2. 男衬衫底边起翘的处理

男衬衫侧缝是直腰型，因此侧缝线与底边线成直角。在这种情况下，仍然需要起翘，是因为人体胸部挺起，使底边摆角处下垂；其次由于衬衫比较宽松，面料的重量也会使底边摆角处有所下垂。因此在侧缝线与底边线成直角的状态下，仍然需要起翘，当然起翘后底边摆角处应保持直角状态，底边线完成后应是S形弧线。

3. 胸袋上口不上斜的原因

一般上装胸袋口近袖窿处为使视觉平衡，均略向上倾斜，但在男衬衫中不采用上斜处理，而是处理成平的袋口。是因为男衬衫属宽松造型，同时上下袋口一样大。在穿着时或多或少会出现视觉上的略下斜。

4. 装领脚衣领的领底线为何呈外弧形

装领脚衣领的领底线呈外弧形与人体颈部的表面形状有关。人体的颈部上细下粗，呈圆台状，略向前倾，如果将人体颈部的表面放在平面上展开，则可见一倒置的扇面形。因此要使领脚与人体颈部形状一致，领脚的平面图形也应为倒置的扇面形，至少领底线应呈外弧形。由于装领脚衣领的领脚与翻领分开取料，因此它不受翻领的制约，按照人体的颈部形状制图，故领底线呈外弧形。

5. 装领脚衣领的领圈形状与连领脚衣领的领圈形状为何不一样

装领脚与连领脚衣领的领圈形状的区别在前领圈。装领脚衣领的领圈，在各段基本均呈弧线状态；而连领脚衣领的领圈，近叠门线处的一段为直线。原因是连领脚衣领的领脚与翻领部分是相连的，翻领放下后，领圈被遮盖住，所以可以将领圈修成各种形状，如西服领的领圈为方角形的领圈，此外，连领脚衣领近叠门线处一段处理成直形，能与衣领前面一段的领底线重合，为工艺装配带来方便。而装领脚衣领的颈部形状要与人体颈根部的形状相贴位，因此装领脚衣领的领圈应处理成均匀的圆弧形。

6. 衬衫袖口开衩位置的确定

袖口开衩的位置定于手臂的外弯线上是比较理想的。如袖口不收裥，则开衩位置定在袖口的 1/4 处；袖口收细褶时，开衩位置也在袖口的 1/4 处（因细褶是均匀分布的）；袖口收裥时，开衩位置定在减去折裥量后的袖口 1/4 处。

五、男衬衫放缝示意图

男衬衫放缝，见图 5-39。

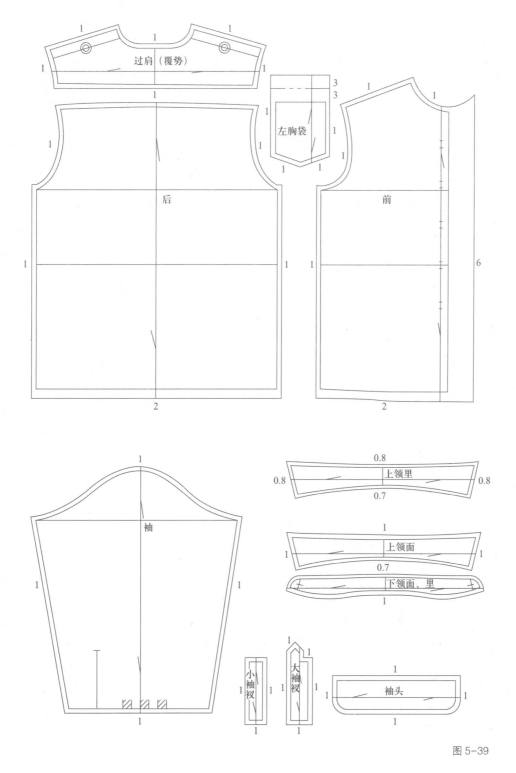

图 5-39

六、男衬衫排料示意图

男衬衫排料，见图5-40、图5-41。

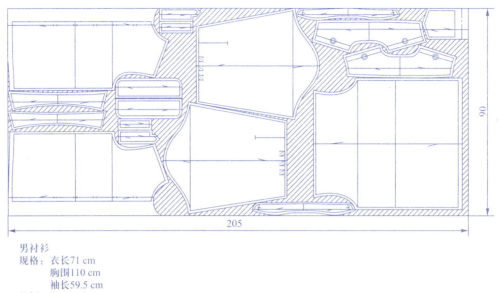

男衬衫
规格：衣长71 cm
　　　胸围110 cm
　　　袖长59.5 cm
门幅：90 cm
用料：衣长+2袖长+15 cm=205 cm

图 5-40

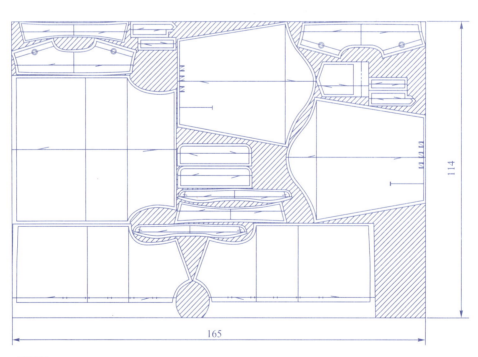

男衬衫
规格：衣长71 cm
　　　胸围110 cm
　　　袖长59.5 cm
门幅：114 cm
用料：2衣长+23 cm=165 cm

图 5-41

第四节　衬衫款式变化

根据男女衬衫的基本款式，在领型、袖型及省型等方面加以变化，使之成为新的款式。下面介绍男女衬衫、连衣裙的款式变化。

一、女衬衫的款式变化（Ⅰ）

（一）制图依据

1. 款式特征与适用面料

款式特征：领型为飘带领。前中不开襟，前片肩线前移 2 cm，肩线下设肩胸省转化的细褶，前后衣片侧缝处吸腰 1 cm，但视觉上呈现为直腰型。袖型为一片式长袖，袖口收细褶，装袖头，袖头上钉纽 1 粒（图 5-42）。

适用面料：各种全棉类，化纤类面料均可。

图 5-42

2. 制图规格

单位：cm

号型	衣长	胸围	领围	肩宽	袖长	前腰节长	胸高位
160/84A	66	98	36	40.5	56	40	24

（二）结构制图

1. 女衬衫前后衣片结构制图

女衬衫前后衣片结构制图，见图5-43。

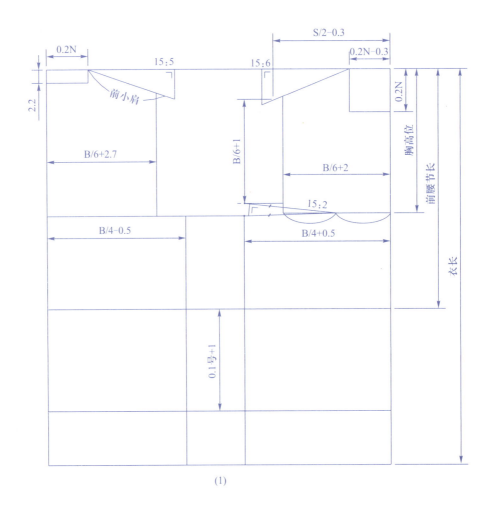

(1)

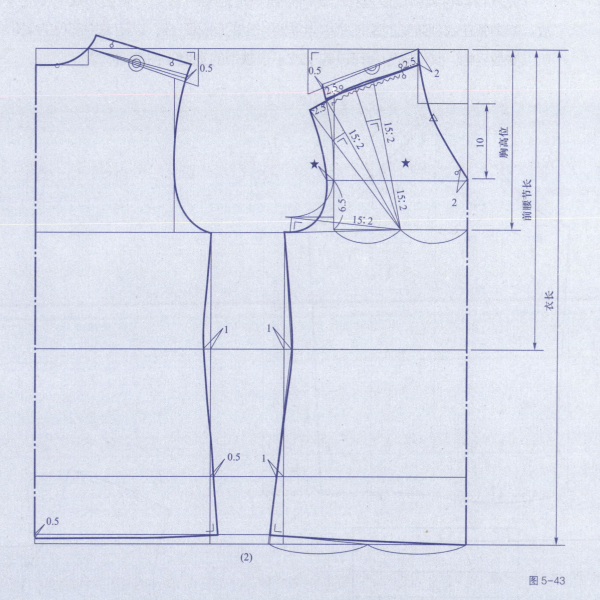

(2)

图 5-43

2. 女衬衫袖片结构制图

女衬衫袖片结构制图，见图5-44。

3. 女衬衫领片结构制图

女衬衫领片结构制图，见图5-45。

（三）制图要领与说明

前中部位装领点需留出一定距离的原因：

此款衬衫将装领点设置在距离前中线一定距离的 A 点，是因为飘带领的缘故。飘带领在衣领装配时距前领中点需要一定的间隔距离，以使前中部位的飘带可以安放妥帖。其间隔距离可以等于或小于飘带的宽度（图5-46）。

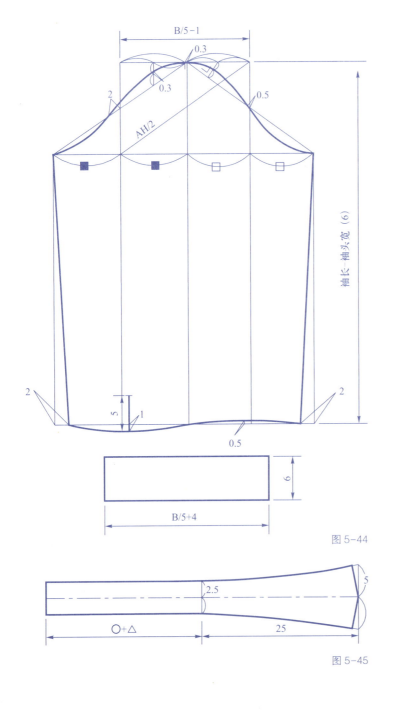

图 5-44

图 5-45

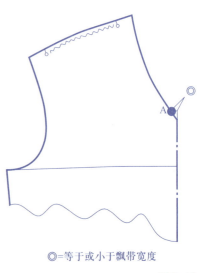

◎=等于或小于飘带宽度

图 5-46

二、女衬衫款式变化（Ⅱ）

（一）制图依据

1. 款式特征与适用面料

款式特征：领型为连身立领，前领造型如图。前中开襟，单排扣，钉纽5粒，前片左右各设一个侧胸省、两个腰节省，后片左右收腰省，前后衣片侧缝处略吸腰。袖型为一片式短袖（图5-47）。

适用面料：各种全棉类、化纤类面料均可。

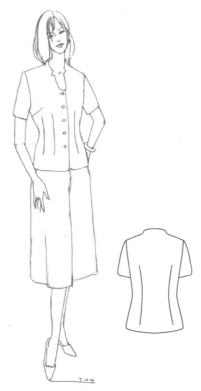

图5-47

2. 制图规格

单位：cm

号型	衣长	胸围	领围	肩宽	袖长	前腰节长	胸高位
160/84A	60	96	36	40	23	40	24

（二）结构制图

1. 女衬衫前后衣片结构制图

女衬衫前后衣片结构制图，见图5-48。

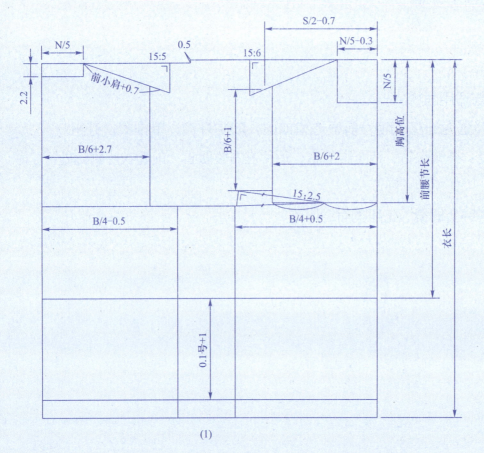

(1)

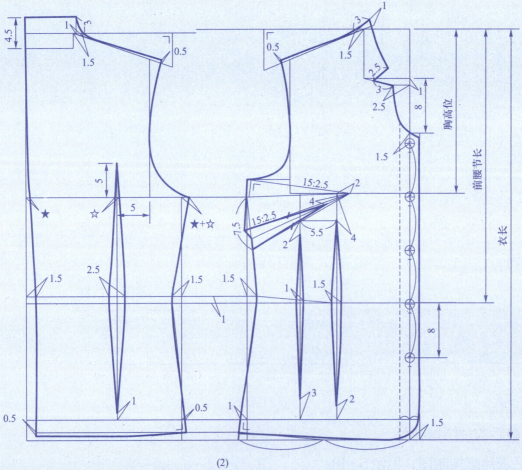

(2)

图 5-48

2. 女衬衫袖片结构制图

女衬衫袖片结构制图，见图5-49。

（三）制图要领与说明

1. 连身立领的类型

（1）衣领与前衣片及后衣片联合（图5-48）。

（2）衣领与前衣片部分联合；衣领与后衣片分离（图5-50）。

2. 连身立领结构制图的要点

连身立领由于衣片与衣领全部或部分相连，在工艺处理时衣领部分需要在领肩点处往上折起，因此在结构制图时领宽应适量外移，具体数据要视款式要求而定（图5-51）。

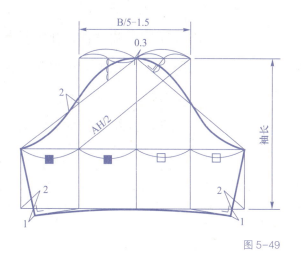

图 5-49

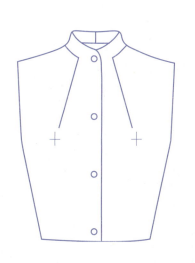 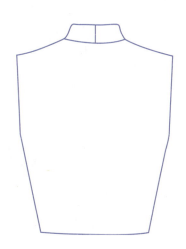 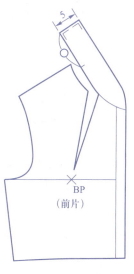

图 5-50

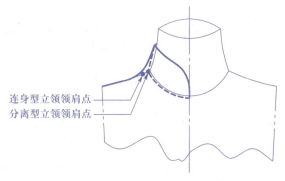

图 5-51

135

三、女衬衫款式变化（Ⅲ）

（一）制图依据

1. 款式特征与适用面料

款式特征：领型为立领，领口装饰花边，领前中钉纽1粒。前中V字形开口，前片由领胸省转化为折裥2个，前后衣片侧缝处吸腰1 cm，但视觉上呈现为直腰型。袖型为一片式长袖，袖山收裥4个，袖口收细褶，装袖头，袖头上钉纽2粒（图5-52）。

适用面料：各种真丝类、化纤类面料均可。

图 5-52

2. 制图规格

单位：cm

号型	衣长	胸围	领围	肩宽	袖长	前腰节长	胸高位
160/84A	62	98	36	40.5	56	40	24

（二）结构制图

1. 女衬衫前后衣片结构制图

女衬衫前后衣片结构制图，见图5-53。

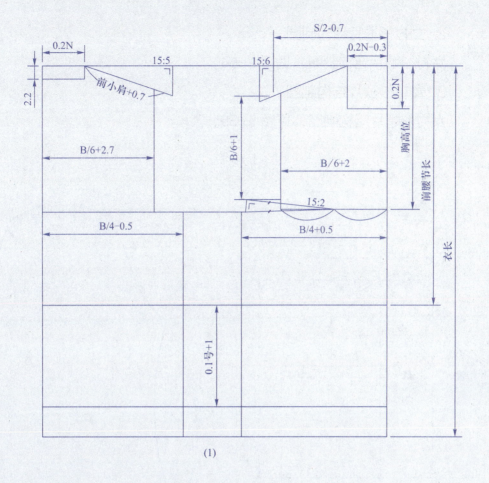

(1)

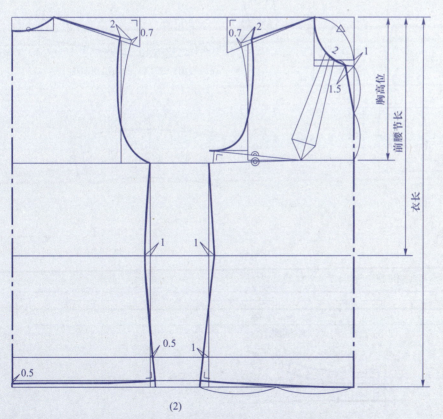

(2)

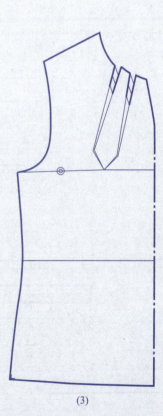

(3)

图 5-53

2. 女衬衫袖片结构制图

女衬衫袖片结构制图，见图5-54。

3. 女衬衫领片结构制图

女衬衫领片结构制图，见图5-55。

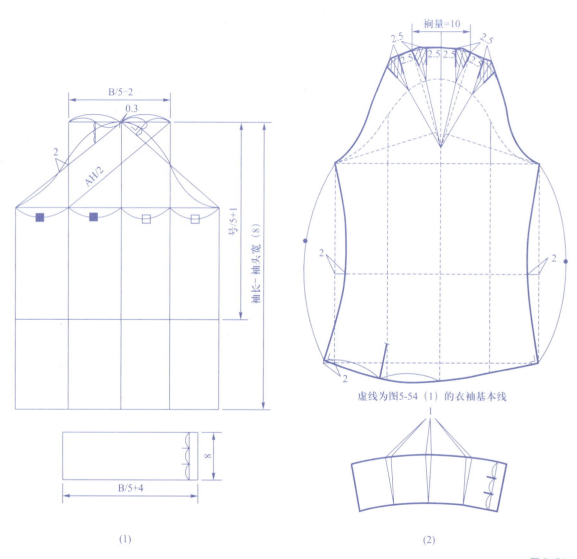

（1）

（2）

虚线为图5-54（1）的衣袖基本线

图 5-54

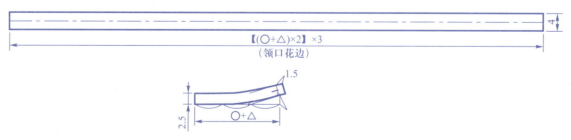

图 5-55

（三）制图要领与说明

泡泡袖造型的结构处理要点

（1）肩宽减窄　泡泡袖造型因袖山弧线褶裥量的收缩，会引起肩部变宽；因而应将肩宽减窄，以使衣袖不致下垂，同时弱化肩部的宽度。

（2）泡泡袖造型的常见类型　① 袖山细褶收缩型；② 袖山折裥收缩型；③ 袖山收省型。

四、连衣裙款式变化

（一）制图依据

1. 款式特征与适用面料

款式特征：无领圆领圈。前后片左右设弧形分割线，腰节线下 10 cm 设横向分割线，前片横向分割线下左右各设一方形袋盖，后片设背缝，袖型为无袖型马甲袖（图 5-56）。

适用面料：丝绸类、化纤类均可。

图 5-56

2. 制图规格

单位：cm

号型	衣长	胸围	领围	腰围	肩宽	前腰节长	胸高位
160/84A	85.5	92	36	75	39	39.5	24

（二）结构制图

连衣裙结构制图，见图5-57。

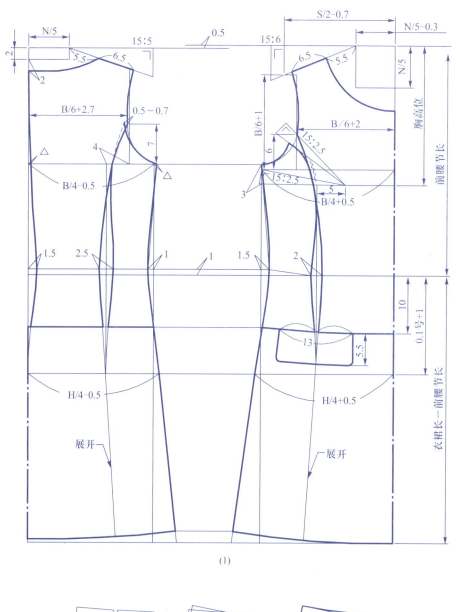

(1)

(2)

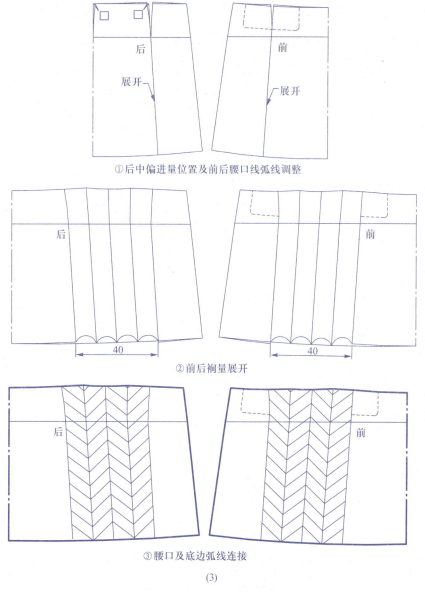

①后中偏进量位置及前后腰口线弧线调整

②前后裥量展开

③腰口及底边弧线连接

(3)

图 5-57

（三）制图要领与说明

1. 无袖类袖型的袖窿深度调节说明

在基本型衣片制图中，一般衬衫类的袖窿深度是以计算公式来控制的，本书选用的计算公式为 B/6 + 1 cm（由前袖肩点量下）。在实际使用中袖窿深的深度是可变的，当款式发生变化时，袖窿深度应随之作相应调节，如宽松类无袖服装，袖窿深应在原有基础上下降一定量，而其作为贴身型服装穿着时，应在原袖窿深的基础上抬高一定量。

2. 前后腰节长度差在女装结构中的处理要点

（1）体型差异　具体表现为：① 乳胸隆起较高时，前腰节长于后腰节；

② 乳胸隆起较低时，前腰节略短于后腰节；③ 乳胸隆起高度处于前述中间状态时，前腰节等于后腰节。①③ 两种情况较为多见。

（2）服装合体程度差异　具体表现为：① 服装合体程度较高时，前腰节长于后腰节；② 服装合体程度（宽松时）较低时，前腰节略短于后腰节；③ 服装合体程度处于前述中间状态时，前腰节等于后腰节。此款连衣裙因合体程度较高而处理为前腰节长于后腰节。第七章两用衫结构制图中的第一节中的款式因合体程度较低而处理为前腰节略短于后腰节。

五、男衬衫款式变化

（一）制图依据

1. 款式特征与适用面料

款式特征：领型为尖式立翻领。前中开襟、单排扣，钉纽 6 粒，左前片装胸袋一个，后片装后过肩，腰节处略吸腰，圆下摆。袖型为一片式圆装短袖（图 5-58）。

适用面料：涤棉、府绸等。

图 5-58

　　　　　　　　　　　　　　　　第五章 衬衫结构制图

2. 制图规格

号型	衣长	胸围	领围	肩宽	袖长	前腰节长
170/88A	71	110	39	46	22	42.5

（二）结构制图

1. 男衬衫前后衣片结构制图

男衬衫前后衣片结构制图，见图5-59。

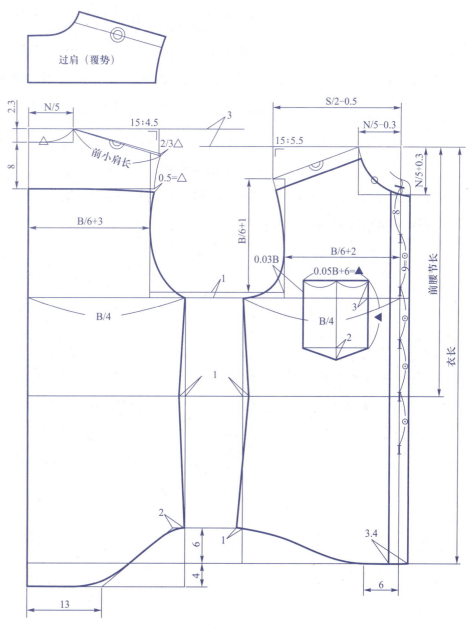

图5-59

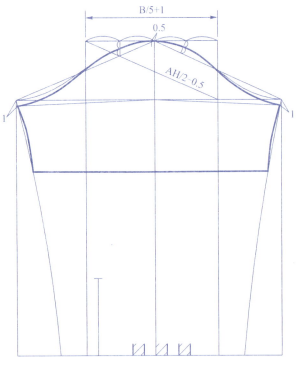

B/5+1

0.5

AH/2-0.5

注：以图5-36男衬衫长袖款为基础款进行的结构制图

图 5-60

2. 男衬衫袖片结构制图

男衬衫袖片结构制图，见图 5-60。

3. 男衬衫领片结构制图

见本章第三节男衬衫领片结构制图。

（三）制图要领与说明

短袖衬衫的袖口线处理：

同为短袖造型，有时袖口呈直线形，有时又呈弧线形，其原因与袖肥宽和袖口的差数有关，在袖肥宽不变的前提下，袖口越小，则袖底线的斜度越大，袖底线与袖口线的夹角比 90° 越大，越容易使袖底线处的袖口产生凹角，将袖口线处理成弧形，可较好地弥补凹角。袖口越大，袖底线的斜度越小，将袖口线处理成直线形，而在袖底线处略带弧形，以保证袖口线与袖底线夹角接近 90°。

从以上的处理方法中可以看出，为了使袖口线与袖底线夹角接近 90°，改变袖口线的形状或袖底线的形状均可。

📖练习题

1. 按 1:1 比例作男女衬衫款式变化的结构图。

2. 为什么要改变袖底线或袖口线的形状？

第六章
两用衫结构制图

两用衫一般指穿着在衬衫或羊毛衫外的上装。两用衫又名春秋衫，属上装的一个种类。

从上装的具体品种来看，女装的款式变化是各类品种中最为自由的一类，其在保持基本结构（衣片、衣领、衣袖）的前提下，既可从整体造型，即宽松型、适身型、紧身型上进行变化；也可从局部造型，即衣片的内部结构、衣领的款式、衣袖的造型及附件上进行变化。男装可将两用衫按其款式不同分为夹克衫、猎装等。

女装的式样造型和制图线条以弧形为主，尤其是外形轮廓的处理和衣缝分割的组合，充分反映了女性的温婉、优雅、飘逸舒展的阴柔之美；而男装的式样造型和制图线条采用直线或水平线为主，方正端庄、粗犷豪放，以充分反映男性坚毅、刚强的阳刚之美。

本章将介绍女装类的两用衫，男装类的夹克衫及猎装。

第一节　女两用衫

女两用衫一般在春秋季穿着，但不包括典型品种如西服、大衣。两用衫因其可跨两季穿着而得名，其式样变化、部位变化不受局限。本节所介绍的是略带宽松、直身式的无领上装。

一、制图依据

（一）款式特征与适用面料

款式特征：领型为无领式 U 字领。前中开襟、双排扣，钉纽 8 粒，前片不设胸省，腰节线下左右各设一双嵌线开袋，后设背缝，侧缝为直型。袖型为二片式圆装袖，袖口开衩，袖口衩上钉 2 粒装饰扣（图 6-1）。

适用面料：薄型呢绒类，如全毛或毛涤呢绒。

（二）测量要点

（1）衣长的测量　因款式要求，衣长应比一般服装长些。

（2）胸围的放松量　春秋季穿着的服装胸围放松量一般在 14~16 cm，此款服装因其造型宽松，放松量宜在 16 cm 以上。

（3）肩宽的规格　结合款式因素略放宽。

图 6-1

（三）制图规格

单位：cm

号型	衣长	胸围	领围	肩宽	袖长	前腰节长	胸高位
160/84A	70	102	39	42	56	40	24

二、女两用衫各部位线条名称

女两用衫各部位线条名称，见图6-2。

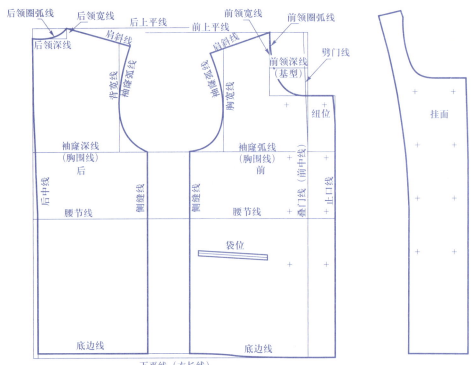

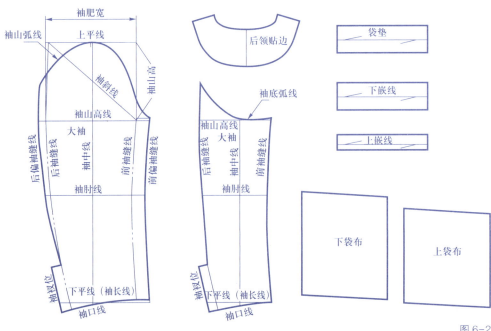

图6-2

三、结构制图

（一）女两用衫前后衣片框架制图

女两用衫前后衣片框架制图，见图6-3。

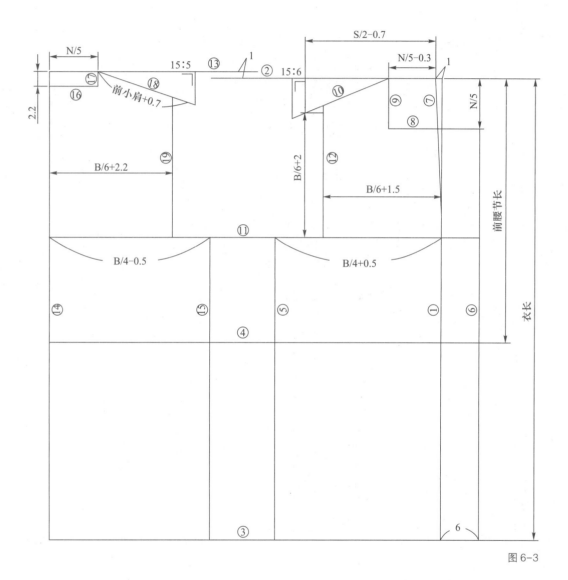

图6-3

（二）女两用衫前后衣片结构制图

女两用衫前后衣片结构制图，见图6-4。

（三）女两用衫袖片框架制图

女两用衫袖片框架制图，见图6-5。

（四）女两用衫袖片结构制图

女两用衫袖片结构制图，见图6-6。

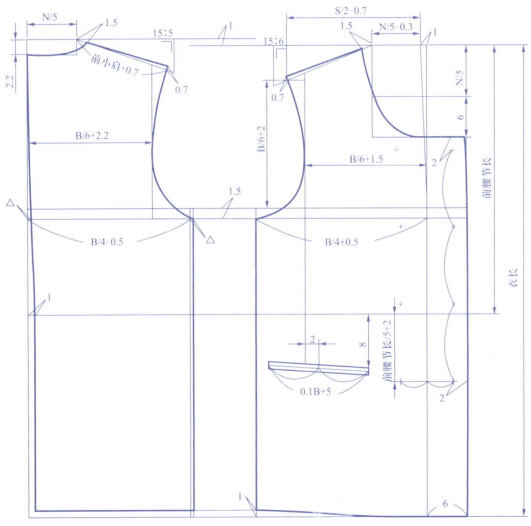

图6-4

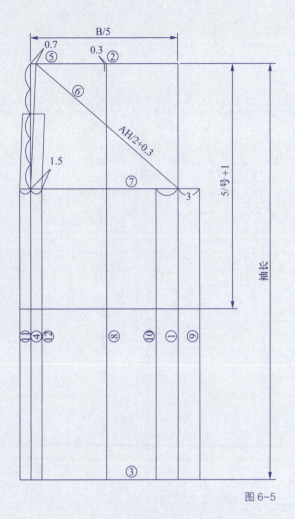

图 6-5

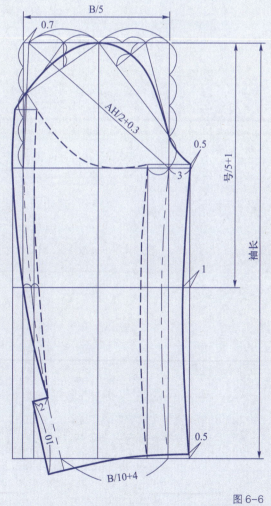

图 6-6

149

四、女两用衫放缝示意图

女两用衫放缝，见图6-7。

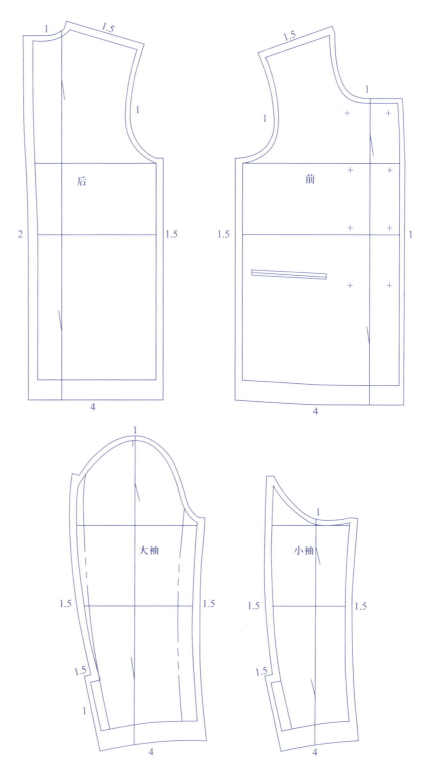

图6-7

五、女两用衫零部件配置示意图

女两用衫零部件配置，见图6-8、图6-9、图6-10。

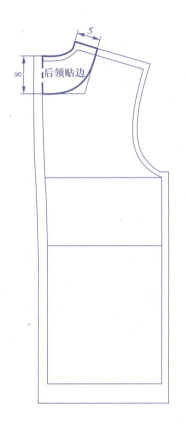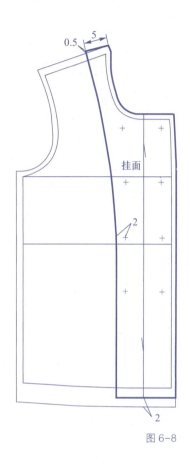

图6-8

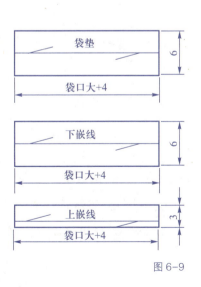

图6-9

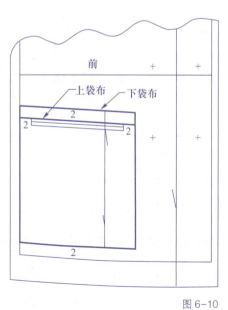

图6-10

六、女两用衫配衬示意图

黏合衬是服装衬料的发展方向，其操作方法比较简便。黏合衬的种类可分为有纺、无纺、厚型、薄型等多种。下面介绍黏合衬在服装上的具体配置部位及方法（以两用衫为例）。

（一）黏合衬配置部位

前片、挂面、后领贴边、袋垫、袋嵌线均为全粘衬；后片上部及下摆贴边、袖口贴边均为局部粘衬（图6-11、图6-12）。

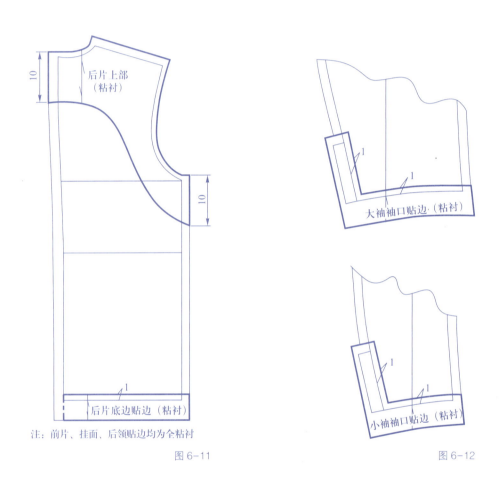

注：前片、挂面、后领贴边均为全粘衬

图6-11

图6-12

（二）粘衬配置方法

全粘衬配置一般有两种方法：

（1）在单件裁剪的条件下　为防止粘衬后收缩，全粘衬部位均周边毛裁，即在常规放缝基础上，再加放一定的量。粘衬完毕后再精裁（裁至常规放缝量）。

（2）在成批生产的条件下　投产前可事先测试面料及衬料的缩率，然后根据缩率按比例加放到黏合部位的样板中。

局部粘衬：局部粘衬可一次完成。

七、女两用衫配里示意图

（一）女两用衫里布配置示意图

女两用衫里布配置，见图6-13。

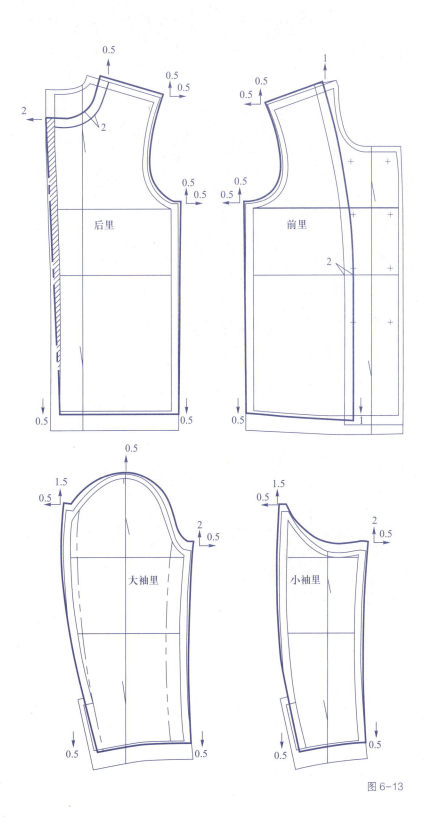

图6-13

（二）女两用衫里布缝份示意图

女两用衫里布缝份，见图6-14。

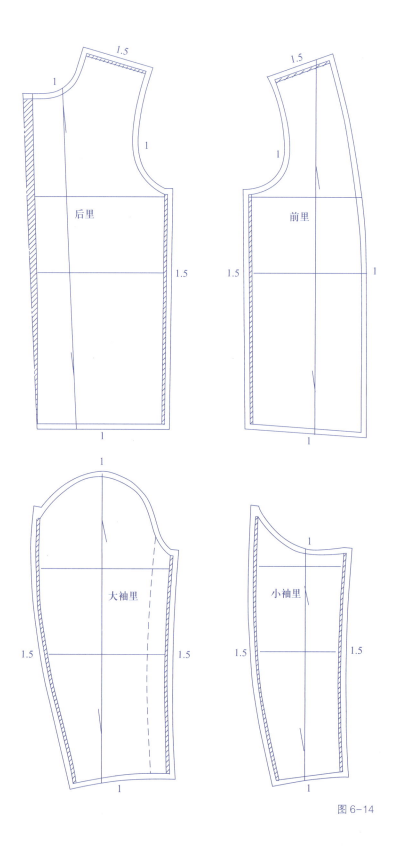

图6-14

八、制图要领与说明

1. 前片不收胸省的条件

对于适身型与紧身型服装来说，在面料没有弹性的情况下，应收胸省以达到服装合体的目的。但对于宽松型服装来说，由于客观上合体要求不高，且围度放松量相对较大，因此，可以收较小的胸省甚至无省。前片不收胸省的条件是胸围的放松量大于适身型服装。

2. 大袋位高低的确定

大袋位的高低以腰节线为参考线。因为腰节线在服装款式的变化中处于相对稳定状态，所以，以腰节线确定袋位较为合理，一般以腰节线的1/5加减定数来确定袋位。如有特殊要求，可根据款式需要而定。

3. 两片袖设前偏量与后偏量的原因

两片袖的拼缝偏离里外侧弯线一定的距离，其目的是为了不使袖拼缝过于显露。前偏量及后偏量的大小，应取决于袖的弯势和面料质地性能。如果款式要求袖片造型具有里外侧弯势，则偏量不宜太大；如果款式要求袖片造型里外侧线呈直线形，则偏量可以较大，一片式衣袖就是达到最大偏量的典型例证。如果面料质地疏松，偏量可以大些；面料质地紧密，则偏量不宜太大。根据传统习惯，男女装均有一定的前偏量，而男装衣袖一般仅在上部有较小的后偏量；女装衣袖则整体有一定的后偏量。一般情况下，前偏量大于后偏量。

4. 肩缝斜度参考垫肩高度而定的原因

当上装装有垫肩时，垫肩高度的增加使人体肩斜度变小，此时应根据垫肩所增加的高度来确定肩缝斜度。一般来说，新的肩缝线与原肩缝在肩端处的距离为7/10垫肩有效高度（即有压力下的垫肩高度）。压力是指上装自身（包括内部的衬、里）重力。

5. 上装劈门产生的原因

劈门是指前中心线（即叠门线）上端偏进的量。当劈至胸围线处时，称胸劈门；当劈至腹围线处时，则称肚劈门。劈门的控制量因人而异。劈门产生的原因是为了更好地满足人体胸（或腹）部表面形状起伏的需要。

6. 里布缝份处加放松量的原因

里布缝份的处理有别于面布，在里布缝份内侧的处理中，后中线、侧线、肩线及前后袖侧线均加放了一定的松量，其作用是加强活动量。具体的处理方法是：

① 松量的控制数值：侧线、肩线、前后袖侧线为0.2～0.5 cm。

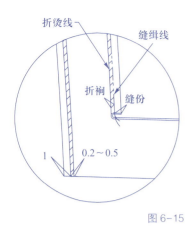

图6-15

② 缝份的控制数值：1 cm。

③ 折烫线的控制数值：缝份 + 松量，如图 6-15 所示。

注：图中阴影（斜线）部分为松量。

根据以上的处理方法，折烫后当人体处于静止状态时，松量不显示；当人体处于活动状态时，松量的作用就会显示出来。松量就相当于在缝份里收了微量的折裥，从而达到有效地加强活动量的目的。

九、女两用衫排料示意图

女两用衫排料，见图 6-16。

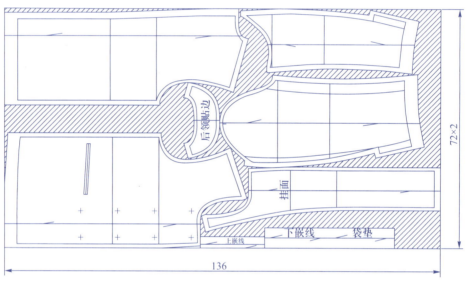

两用衫
规格：衣长70 cm　胸围102 cm　袖长56 cm
门幅：144 cm
用料：衣长+袖长+10 cm=136 cm

图6-16

📖 **练习题**

1. 按 1:5 比例制图，款式如图 6-1 所示。

2. 前片不收胸省时应具备什么条件？

3. 试述上装劈门产生的原因。

第二节　夹克衫

　　夹克是英文"Jacket"的译音，意为短小的服装。在国外是短上衣的通称，因此人们将各类轻便的、春秋季穿着的短上装称为夹克衫。夹克衫的式样一般都比较轻盈活泼，没有固定的款式，适合作为日常便服穿着。

图6-17

一、制图依据

　　（一）款式特征与适用面料

　　款式特征：领型为方型翻驳领。前中开襟，单排扣，钉纽5粒，前片设横向分割线，下设圆底贴袋左右各一，后片设横向分割线并设竖分割线左右各一，下摆装登闩。袖型为一片式圆装袖，袖口装袖头，袖头上钉纽1粒（图6-17）。

　　适用面料：水洗布类、薄型呢绒类等均可。

　　（二）测量要点

　　（1）衣长的测量　一般因款式及个人爱好而异。夹克衫短于一般上衣，此款下摆位于臀围线左右。

　　（2）胸围的放松量　胸围放松量应比一般上衣的放松量大，一般为22~35 cm。

　　（三）制图规格

单位：cm

号型	衣长	胸围	领围	肩宽	袖长	前腰节长	下摆
170/88A	64	114	42	46	60	42.5	108

二、夹克衫各部位线条名称

　　夹克衫各部位线条名称，见图6-18。

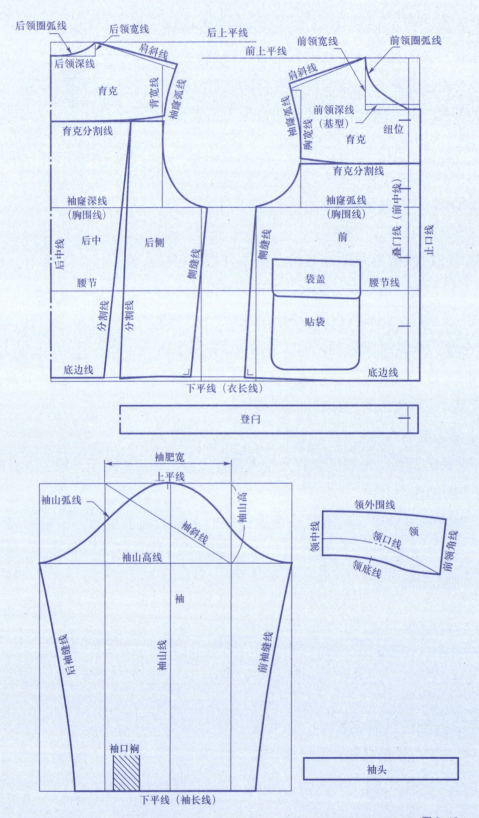

后领圈弧线　后领宽线　后上平线　前领宽线　前领圈弧线
肩斜线
后领深线
肩斜线
育克　背宽线　袖窿弧线　袖窿弧线　前领深线（基型）　纽位
育克分割线　胸宽线　育克
育克分割线
袖窿深线（胸围线）　袖窿弧线（胸围线）
后中线　后中　后侧　侧缝线　侧缝线　前　叠门线（前中线）　止口线
腰节　腰节线
袋盖
分割线　分割线　贴袋
底边线　底边线
下平线（衣长线）

登门

袖肥宽
上平线
袖山弧线　袖斜线　袖山高
袖山高线
后袖缝线　袖山线　袖　前袖缝线

领外围线
领中线　领口线　领
领底线　前领角线

袖口裥

下平线（袖长线）

袖头

图 6-18

三、结构制图

（一）夹克衫前后衣片框架制图

夹克衫前后衣片框架制图，见图6-19。

（二）夹克衫前后衣片结构制图

夹克衫前后衣片结构制图，见图6-20。

（三）夹克衫袖片框架制图

夹克衫袖片框架制图，见图6-21。

（四）夹克衫袖片结构制图

夹克衫袖片结构制图，见图6-22。

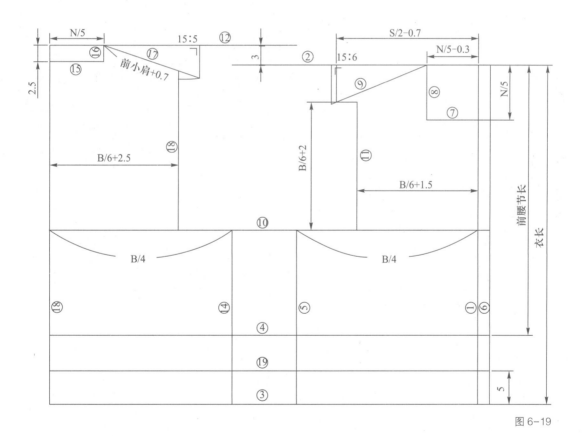

图6-19

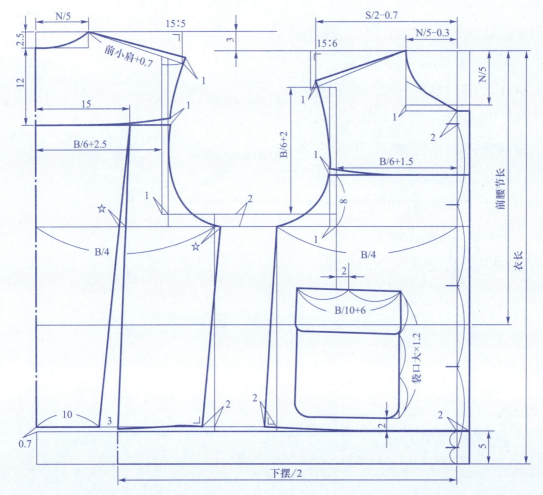

图 6-20

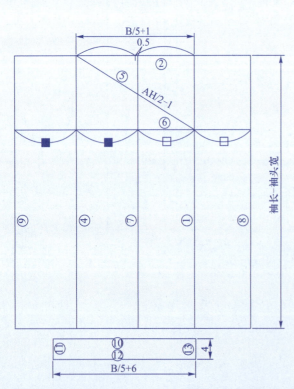

图 6-21

图 6-22

（五）夹克衫领片框架制图

夹克衫领片框架制图，见图6-23。

（六）夹克衫领片结构制图

夹克衫领片结构制图，见图6-24。

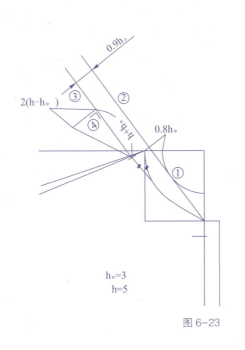

$h_\circ=3$
$h=5$

图6-23

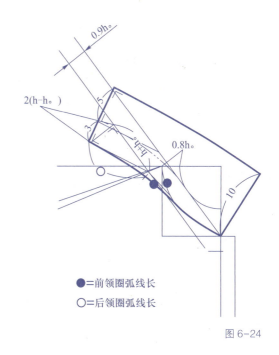

●=前领圈弧线长
○=后领圈弧线长

图6-24

四、制图要领与说明

1. 男上装胸背差的确定

胸背差在制图中有着很重要的作用，处理不当就会产生弊病。胸围与胸背差的变化相关，它们之间的关系可用下列公式表示：

胸背差：$0 \leqslant B/10 - 8 \leqslant 3$

例：此款为男夹克衫，胸围为114 cm，代入上式可得：$114/10 - 8 = 3.4$ cm。

同时规定如果胸背差大于3 cm时，一律作3 cm处理，因此此款夹克衫胸背差应为3 cm。对于挺胸、驼背等特殊体型的胸背差可在上述基础上酌量加减。

2. 男上衣肩斜度的确定

一般合体式的男上衣的前肩斜度为22°（15∶6），后肩斜度为18°（15∶5），如果是宽松型的男上衣就必须调整为前肩斜度小于22°，后肩斜度小于18°。其原因为宽松型服装的宽松量应体现在整件服装中，由于胸围放松量的增加，使胸宽、背宽等相应增加，因此肩斜度也应增加放松量，以使整件服装协调美观。

五、夹克衫放缝示意图

夹克衫放缝，见图6-25。

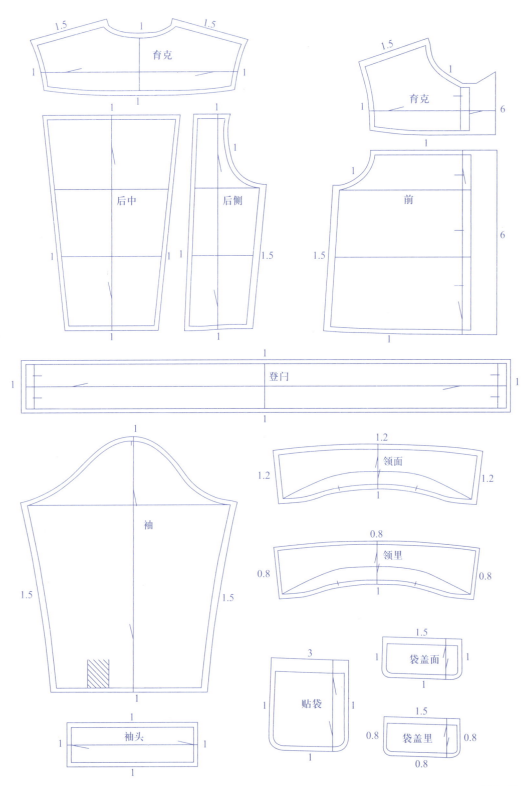

图 6-25

六、夹克衫排料示意图

夹克衫排料，见图 6-26。

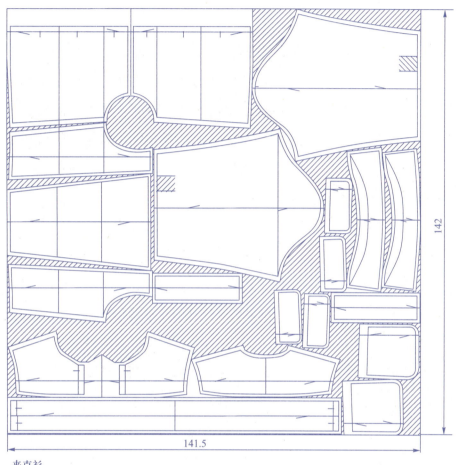

夹克衫
规格：衣长 64 cm
　　　胸围 114 cm
　　　袖长 60 cm
门幅：142 cm
用料：2 衣长+13.5 cm=141.5 cm

图 6-26

📖 练习题

1. 按 1∶1 比例制图，款式如图 6-17 所示。

2. 试述男夹克衫肩斜度为何要比基础肩斜度小？

第三节　两用衫款式变化

两用衫款式变化繁多，本章因篇幅有限，选择四款，以基型为基础，然后变化其款式。

图 6-27

一、女两用衫款式变化（Ⅰ）

分割线是女装中应用最广的一种结构形式，弧形分割是此款的款式特点。通过分割线，原有的省份融入到衣缝中，既满足了实用性的要求，又达到了装饰性的目的。

（一）制图依据

1. 款式特征与适用面料

款式特征：领型为翻驳领（方型领角）。前中开襟，双排扣，设 10 cm 宽的分割线，钉纽共 12 粒。前片左右两侧均为弧形分割线，后片上部设下弧形分割线，后片左右两侧各设一直形分割线，后片设背缝。袖型为两片式圆装长袖（图 6-27）。

适用面料：薄型呢绒类，如全毛。

2. 测量要点

胸围的放松量　因款式因素，加放松量为 10~14 cm。

3. 制图规格

单位：cm

号型	衣长	胸围	领围	肩宽	袖长	前腰节长	胸高位
160/84A	55	100	36	41	58	39.5	24

（二）结构制图

1. 女两用衫前后衣片及领片结构制图

女两用衫前后衣片及领片结构制图，见图 6-28。

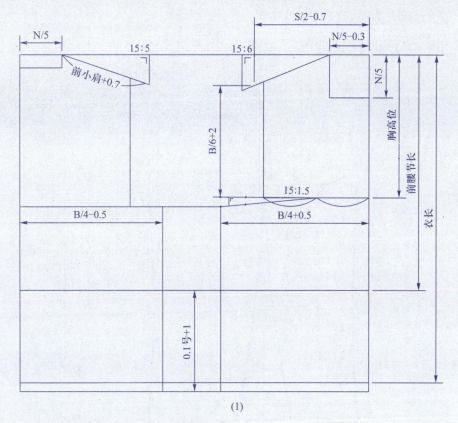

(1)

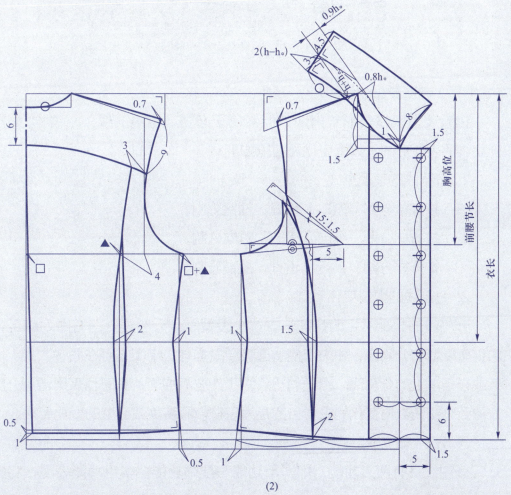

(2)

图 6-28

165

2. 女两用衫袖片结构制图

女两用衫袖片结构制图，见图6-29。

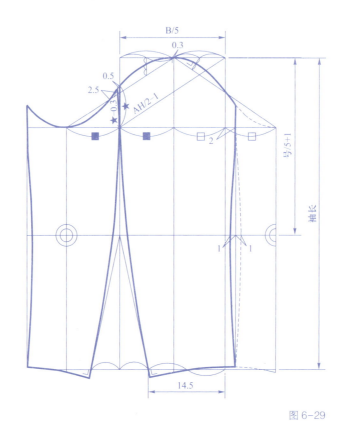

图6-29

（三）制图要领与说明

在服装上以线条形式出现，但不属于必要结构线的线条，被称为分割线。分割线的表现形式、数量变化及功能如下：

1. 分割线的表现形式

（1）按部位分割　领口、肩缝、袖窿分割。

（2）按方向分割　纵向、横向、斜向分割。

（3）按形式分割　平行、垂直、交错分割。

2. 分割线的数量变化

分割线的数量常见的是同一衣片上设置一条分割线。但有时为满足款式要求，可以增加分割线，如为了使腰部吸腰量均匀、平衡，可在同一衣片上增加一条或一条以上的分割线。裙子的裙片为了使波浪均衡，有时也采用增加分割线的方法。分割线数量变化的主要目的是为了符合服装款式造型的变化要求。

3. 分割线的功能

分割线具有两大功能，即实用功能与装饰功能。实用功能表现在将省缝融入分割线中，从而达到合体的目的；装饰功能是指分割线增强了服装的美感。一般来说，具有实用功能的分割线必然具有一定的装饰功能，这也是分割线被广泛应用的原因之一。反之则不然，平面分割即为例证，如男夹克衫一般为平面分割，仅起装饰作用。

二、女两用衫款式变化（Ⅱ）

一件服装中两种或两种以上分割线，被称为组合型分割线。此款运用了腰节横分割与竖分割相结合的组合型分割线，腰节以下部分为波浪形，使款式富有变化的美感。

（一）制图依据

1. 款式特征与适用面料

款式特征：领型为翻驳领（枪驳领）。前中开襟，单排扣，钉纽1粒。腰线以下2 cm处横向断开设分割线，前后片横向分割线以上左右两侧均为弧形分割线，后片横向分割线以上设背缝。袖型为一片式圆装中袖（图6-30）。

适用面料：薄型呢绒类，如女衣呢。

图6-30

2. 测量要点

衣长的测量　受款式因素的制约，衣长控制在臀围线略下为宜，比一般上衣偏短。

3. 制图规格

单位：cm

号型	衣长	胸围	领围	肩宽	袖长	前腰节长	胸高位
160/84A	62	94	36	39	43	40	24

（二）结构制图

1. 女两用衫前后衣片及领片结构制图

女两用衫前后衣片及领片结构制图，见图6-31。

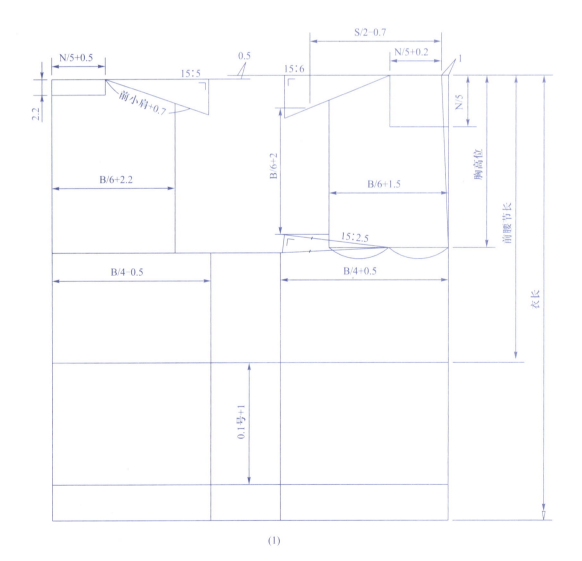

(1)

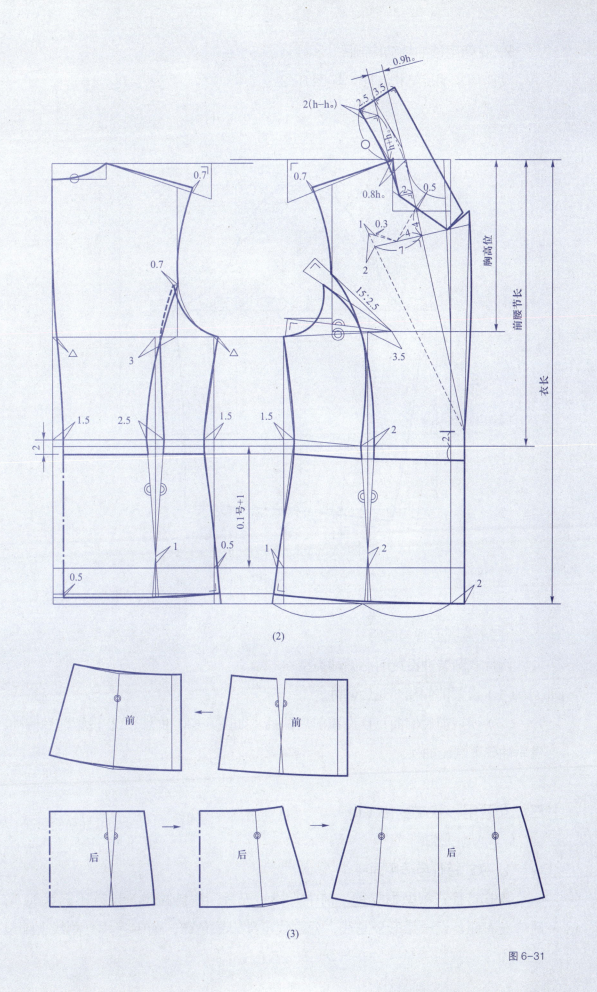

(2)

(3)

图 6-31

2. 女两用衫袖片结构制图

女两用衫袖片结构制图，见图6-32。

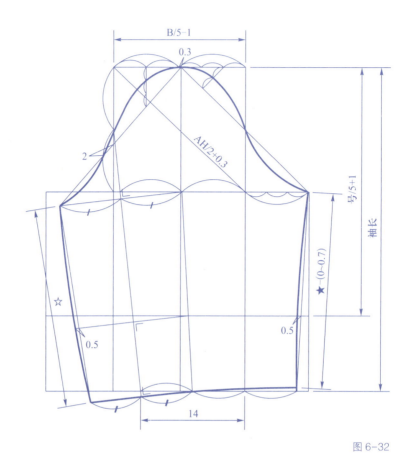

图6-32

（三）制图要领与说明

两片式圆装袖设置前后偏袖类型：

（1）设置前偏袖，无后偏袖。

（2）设置前后偏袖：① 设置前后偏袖（如图6-30袖型）；② 设置前后偏袖，且后袖缝下端设袖衩。

三、女两用衫款式变化（Ⅲ）

（一）制图依据

1. 款式特征与适用面料

款式特征：领型为立领，前中开襟，无叠门型装拉链（拉链不露齿），前后片左右侧各设一弧形分割线，分割线下部设镶色布，前中衣片分割线上部设横向胸省。袖型为两片式圆装袖。前中门里襟、分割线、袖后侧缝均缉止口（图6-33）。

适用面料：薄型呢绒类。

图6-33

2. 测量要点

衣长的测量　受款式因素制约，衣长控制在臀围线左右为宜。

3. 制图规格

单位：cm

号型	衣长	胸围	领围	肩宽	袖长	前腰节长	胸高位
160/84A	55	96	38	40	56	40	24

（二）结构制图

1. 女两用衫前后衣片结构制图

女两用衫前后衣片结构制图，见图6-34、图6-35。

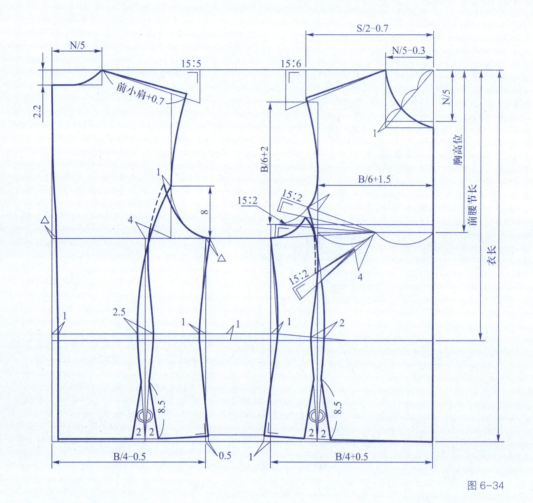

图 6-34

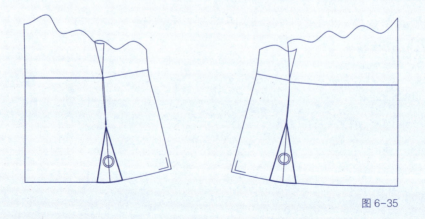

图 6-35

2. 女两用衫袖片结构制图

女两用衫袖片结构制图，见图6-36。

3. 女两用衫领片结构制图

女两用衫领片结构制图，见图6-37。

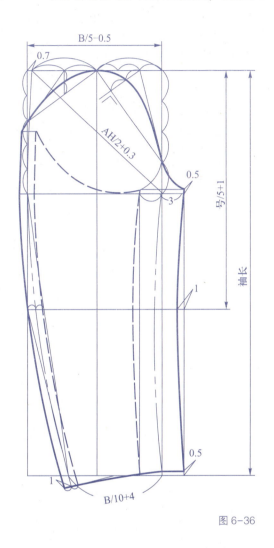

图6-36

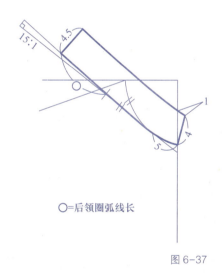

○＝后领圈弧线长

图6-37

（三）制图要领与说明

在前衣片已设置分割线的前提下，再设置胸省的原因：图6-33所示的女装前衣片的弧形分割线偏离胸高点，胸省的量无法完全融入分割线，而款式的合体程度又较高，如不设胸省将不能满足合体的要求，因此就应将分割线未能转移的胸省量以横向胸省的形式表现，以达到合体的要求。

四、男猎装

猎装是由欧美人打猎时所穿的服装演化而来的，现已成为男子服装的常见式样之一。猎装的基本款式是收腰、驳领、贴袋、圆装袖。将腰节、门襟、背衩、袋型、后衣片等部位加以变化，就能使猎装具有不同的特点。

（一）制图依据

1. 款式特征与适用面料

款式特征：领型为尖角型翻驳领。前中开襟，单排扣，钉纽 3 粒，左前片设胸贴袋钉一小纽扣，腰节线下左右各设一贴袋，贴袋均装尖角袋盖，袋盖上各钉一大纽扣，后片横向设尖角分割线，尖角下至腰节设阴裥，后腰部位设装饰腰带，开后衩。袖型为两片式圆装袖，袖口开衩，袖衩上各钉装饰纽 3 粒。领口、门里襟、袋和袋盖、后腰带、分割线均缉明线（图 6-38）。

适用面料：棉布、卡其布、华达呢、化纤织物以及混纺毛织物等。

图 6-38

2. 测量要点

（1）衣长的测量　与一般衣长相比，略长些。

（2）胸围的放松量　控制在 20～25 cm 的范围内。

3. 制图规格

单位：cm

号型	衣长	胸围	领围	肩宽	袖长	前腰节长
170/88A	75	108	40	46	60	42.5

（二）结构制图

1. 猎装前后衣片结构制图

猎装前后衣片结构制图，见图 6-39。

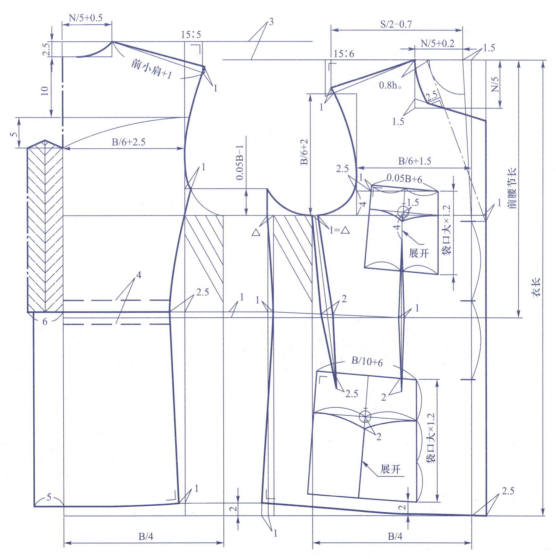

图 6-39

2. 猎装袖片结构制图

猎装袖片结构制图，见图6-40。

3. 猎装领片结构制图

猎装领片结构制图，见图6-41。

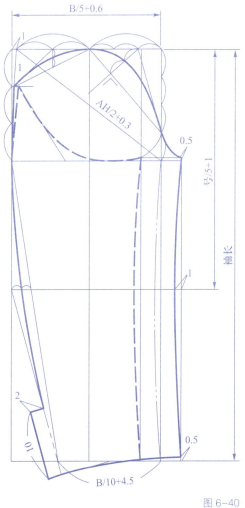

图6-40

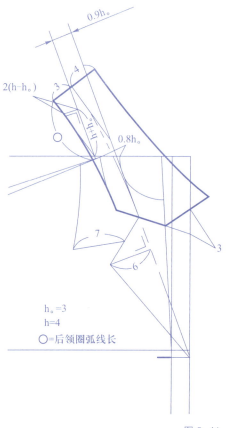

$h_。=3$

$h=4$

○=后领圈弧线长

图6-41

（三）制图要领与说明

贴袋的前侧线与前中线保持平行的原因：

贴袋的前侧线与前中线保持平行的主要原因是为了达到整齐、美观的效果，否则会给人造成视觉上的凌乱感，从而破坏了整体的平衡。与此同时，在无特殊要求的情况下，前中线与袋的前侧线均取经向，以便工艺制作。

📖 练习题

1. 变换分割线重新组合 1、2 个女装款式并绘制结构图。

2. 根据猎装的要求绘制结构图。

3. 试述分割线数量变化的原因。

4. 试述收褶型与波浪型服装的造型特点。

西服旧称洋服，起源于欧洲，在晚清时传入我国。现在，西服已成为必备的国际性服装。尽管时装流行变化无穷，西服始终保持着它的基本造型。

西服的基本造型几乎已成固定的格局，很少有变化，即使随着服装流行趋势的发展，造型款式有所更新，也只是局限在衣领、驳角或衣袋等处的细小、微妙的变化而已。因此，就西服的结构制图而言，既有遵守传统格局、掌握方便的一面，又有制图结构严谨、讲究规范的一面。

男女西服的总体造型基本一致，其区别在于女西服的线条较为柔和，吸腰量与下摆放量均大于男西服，还有一些局部上的区别，如背衩、摆衩为男西服所独有。西服的款式变化主要表现在局部的构造、衣料材质的选择、纹样的不同搭配等方面，不同类型的西服适合不同的身材体型、年龄层次、性格爱好的人们选用。

本章主要介绍男女西服的结构制图及西服的款式变化。

第七章
西服结构制图

第一节　女西服

女西服是变化繁多的女装中一个较为典型的品种，其有着独特的规定性。女西服布局合理、线条流畅、造型优美、适身合体，是女性较为理想的礼服和日常穿着服装。

一、制图依据

（一）款式特征与适用面料

款式特征：领型为平驳头西服领。前中开襟、单排扣，钉组2粒，前片收领胸省、腰省、腋下省，腰节线下左右各设一装袋盖的开袋，后中设背缝，袖型为两片式圆装袖，袖口开衩，钉装饰组2粒（图7-1）。

适用面料：各种全毛、毛涤呢绒类等。

（二）测量要点

（1）衣长的测量　根据款式要求，衣长适中。

（2）胸围的放松量　因西服是合体型服装，放松量不宜过大，一般在12~14 cm之间。

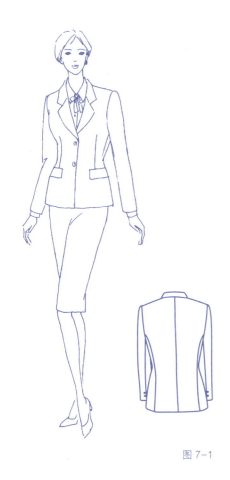

图7-1

（三）制图规格

号型	衣长	胸围	领围	肩宽	袖长	前腰节长	胸高位
160/84A	66	96	36	40	56	40	24

二、女西服各部位线条名称

女西服各部位线条名称，见图 7-2。

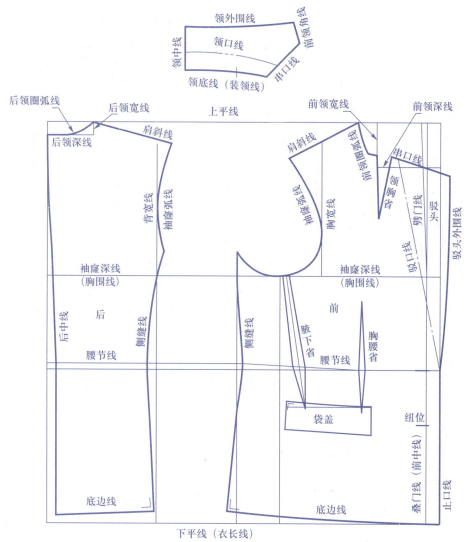

注：衣袖部位线条名称与两用衫同，参见图 6-2 衣袖部分。

图 7-2

三、结构制图

（一）女西服前后衣片框架制图顺序

前衣片（图7-3）：

① 前中线　首先画出的基础直线。

② 上平线　垂直于基础直线。

③ 下平线（衣长线）　按衣长规格绘制，平行于上平线。

④ 腰节线　按制图规格作上平线的平行线。

⑤ 叠门宽线（止口线）　取2.3 cm，由叠门线（即前中线）量进。

⑥ 侧缝直线（前胸围大）　取B/4＋0.5 cm，由叠门线量出。

⑦ 前领深线　取N/5，由上平线量下，作上平线的平行线。

⑧ 劈门线　由前中线进1 cm量出定点。待袖窿深线定位后，将劈门点与前中线和袖窿深线的交点两点连接完成劈门线。

⑨ 前领宽线　取N/5＋0.2 cm，由劈门线量出，作前中线的平行线。

⑩ 肩斜线　按15∶6的比值确定前肩斜度，前肩宽取S/2－0.7 cm，由叠门线量出。

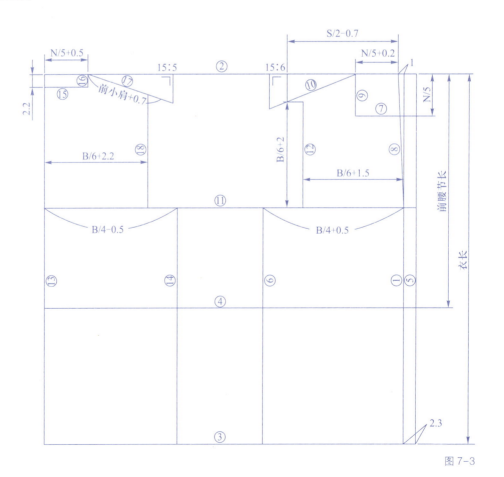

图7-3

⑪ 袖窿深线（胸围线） 取 B/6＋2 cm，由肩端点量下。

⑫ 胸宽线 取 B/6＋1.5 cm，作前中线的平行线。

后衣片（图 7-3）：

图中上平线、衣长线、腰节线均为前衣片各线延伸。

⑬ 后中线 垂直相交于上平线与衣长线。

⑭ 侧缝直线（后胸围大） 取 B/4－0.5 cm，作后中线的平行线。

⑮ 后领深线 取 2.2 cm，由上平线量下，作上平线的平行线。

⑯ 后领宽线 取 N/5＋0.5 cm，由后中线量进，作后中线的平行线。

⑰ 肩斜线 按 15∶5 的比值确定后肩斜度，后小肩长取前小肩＋0.7 cm。

⑱ 背宽线 取 B/6＋2.2 cm，作后中线的平行线。

（二）女西服前后衣片结构制图顺序

注：前后衣片的侧缝线移至背宽线。

前衣片（图 7-4）：

① 前领圈线 在领宽线上取领深的 2/3（由上平线量下）定点，取劈门线与领深线的交点，两点连线，在连线上取 1 cm，由领宽线量进，即为串口线。连接领肩点与串口线近领宽线处的点作弧线完成前领圈线。

② 驳头定位 取 0.8 领脚高（h_0），在上平线上由领肩点量进，作标准领口圆；以腰节线与前止口线相交点为端点，作斜直线与标准领口圆相切。驳头宽为 8 cm，画顺驳头外围线。

③ 领胸省 具体方法和步骤：

a. 胸高点定位 取 24 cm 由上平线量下，作上平线的平行线，在平行线上取胸宽的 1/2，其交点即为胸高点。

b. 领胸省位 在串口线上取 1 cm，由驳口线量出定点，连接胸高点作斜直线。在线上取比值 15∶2，使三角形的两边相等（省长 10～12 cm）。

c. 领圈移位 连接原领肩点与胸高点作斜直线，在线上取比值 15∶2，使三角形的两边相等，得到新的领圈。

d. 肩端点移位 连接原肩端点与胸高点作斜直线，在线上取比值 15∶2，使三角形的两边相等，得到新的肩端点。

e. 肩斜线移位 连接新的领肩点与新的肩端点，得到新的肩斜线（因装垫肩，肩斜线在原有基础上抬高 0.7 cm）。

④ 袖窿深线（胸围线） 连接侧缝直线与原袖窿深线的交点、胸高点作斜直

线，在线上取 15∶2，使三角形的两边相等，得到新的袖窿深线。

⑤ 袖窿弧线　连接相关各点画顺弧线。

⑥ 侧缝线　在腰节线上（腰节线提高 1 cm）自侧缝直线偏进 1 cm，在底边直线上自侧缝直线偏出 1.5 cm，然后连接各点，画顺弧线。

⑦ 底边线　在底边直线与侧缝线交点处向上起翘 2~2.5 cm 定点，与侧缝线垂直，画顺底边线。弧线起始点为近叠门线处前摆围大的 1/3。

⑧ 纽位　上纽，在腰节线上定位；下纽，在腰节线下 9 cm 处定位。

⑨ 腰省位　进出位取胸高点向侧缝偏移 2 cm。省长，上口由胸围线向下 4 cm，下口由大袋位高向下 1 cm；省大，腰节线上收 1 cm。连接各点画出腰省。

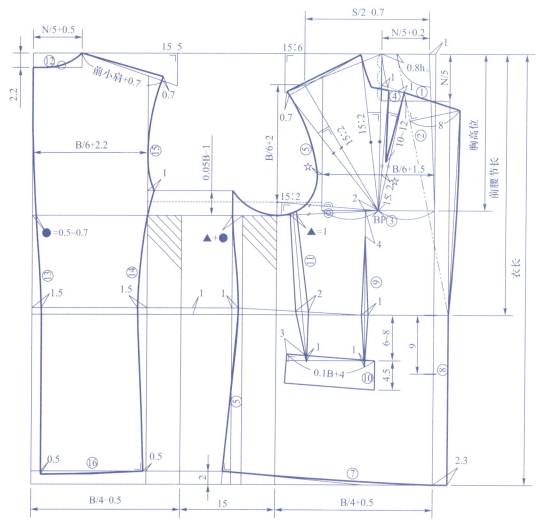

图 7-4

　　　　　　　　　　　　　　　　　　　　　　　　第七章 西服结构制图

⑩ 袋位　袋位高取 6 cm。袋位进出取腰省位向前中线侧偏移 1.5 cm。袋口大取 B/10 + 4 cm。袋盖宽 4.5 cm，袋上口与底边线基本平行。

⑪ 腋下省　进出位按大袋口进 3 cm。省位，上口以胸宽线偏出 5 cm 定位，下口按大袋口下 1 cm 定位。省大，胸围线上收 1 cm，腰节线上收 2 cm，连接各点画出腋下省。

后衣片（图 7-4）：

⑫ 后领圈弧线　作图方法同女衬衫后领圈弧线制图。

⑬ 背缝线　在腰节线上自后中直线偏进 1.5 cm，在底边线上自后中直线偏进 1.5 cm，连接各点，画顺背缝弧线。

⑭ 侧缝线　在腰节线上自侧缝直线偏进 1.5 cm，在底边线上自侧缝直线偏进 0.5 cm，过胸围线与背宽线的交点，连接各点画顺侧缝弧线。

⑮ 袖窿弧线　连接相关各点画顺弧线。

⑯ 底边线　在侧缝线与下平线交点上抬高 2~2.5 cm（与前片起翘同）定点，与侧缝线作垂线，画顺底边弧线。

（三）女西服袖片框架制图

女西服袖片框架制图，见图 7-5。

① 前袖侧直线　首先画出的基础直线。

② 上平线　垂直于前袖侧直线。

③ 下平线（袖长线）　按袖长规格绘制，平行于上平线。

④ 后袖侧直线（袖肥宽）　取 B/5 − 0.5 cm 作前袖侧直线的平行线。

⑤ 袖斜线　取 AH/2 + 0.3 cm，自后袖侧直线偏进 0.7 cm 为起始点，作斜直线交于前袖侧直线。

⑥ 袖山高线　按袖斜线与前袖侧直线的交点为一端量至上平线，两边等距作上平线的平行线。

⑦ 袖肘线　取号 /5 + 1 作上平线的平行线。

⑧ 后袖侧斜线　在上平线上，由后袖侧直线量进 0.7 cm 取点，与袖山高线和后袖侧直线的交点两点连一斜直线。

⑨ 袖中线　取袖肥宽 −0.7 cm 两等分取中点，作垂直于上平线的直线。

⑩ ⑫ 前偏袖直线　取 3 cm 为前偏袖宽，左右两侧相等。

⑪ ⑬ 后偏袖直线　取 2 cm 为后偏袖宽，左右两边相等。

（四）女西服袖片结构制图

女西服袖片结构制图，见图7-6。

① 前袖侧弧线　其一，在袖肘线上，前袖侧直线偏进1 cm取点；其二，取前袖侧直线与袖山高线抬高0.5 cm直线的交点；其三，取前袖侧直线与下平线抬高0.5 cm的交点，连接各点，画顺弧线。

② 袖山弧线　如图7-6所示。

③ 前偏袖弧线　与前袖侧弧线平行。

④ 袖口大　取B/10＋4 cm，在下平线上自前袖侧直线量进。

⑤ 后袖侧弧线　首先，将袖口大点与后袖侧直线和袖山高线的交点连成一斜直线，在袖肘线上，将斜直线与后袖侧直线两等分取中点；然后，取后袖侧斜线与袖山高的2/5（由上平线量下）的交点；最后，取下平线与袖口大的交点，连接各点，画顺弧线。

⑥ 袖口斜线　在下平线上，将袖口大两等分取中点，过该点与后袖侧线作垂线，画顺弧线。

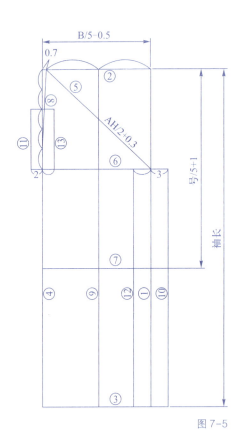

图7-5

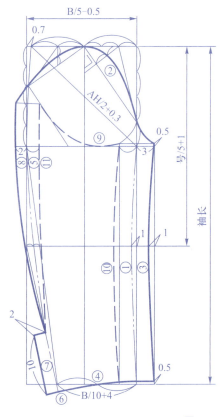

图7-6

　　　　　　　　　　　　　　　　　　第七章 西服结构制图

⑦ 袖衩　长 10 cm，宽 2 cm。

⑧ 后偏袖弧线　画顺弧线。

⑨ 袖底弧线　画顺弧线。

⑩ 小袖片前偏袖弧线　与前袖侧弧线平行。

⑪ 小袖片后偏袖弧线　画顺弧线。

（五）女西服领片框架制图

女西服领片框架制图，见图 7-7。

（六）女西服领片结构制图

领片制图具体步骤同女衬衫，这里不再重复（图 7-8）。

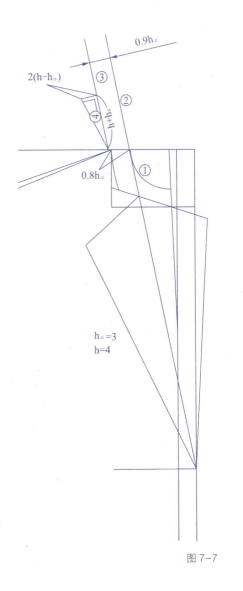

图 7-7

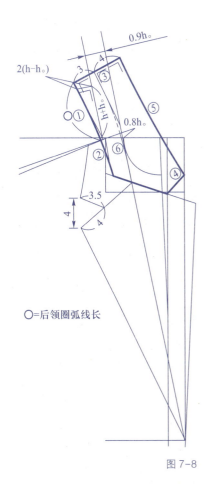

图 7-8

185

四、制图要领与说明

1. 前领圈画成方角形的原因

方角形领圈在开门领中较为多见，因为开门领基本均能遮盖领圈，不会影响领圈的外观效果，同时方角形领圈的角点恰好成为装领的定位标记，使装领时领片与领圈的错位现象得到有效的改善。此外，方角形领圈能增加外观上的平直度，因方角形领圈可使领里和领面的串口线错位，以减少串口线的厚度，因此开门领领圈画成方角形可使服装外观效果趋于完美。

2. 里布后片中线的结构处理方法与适用范围

里布后中线处于人体的受力部位，因人体手臂向前活动时，会使后中线部位受力，因此为了保证服装的外形美观，后中线部位应放出一定的活动量。

根据服装款式的合体程度，里布后中线的结构处理方法有以下三种：

（1）后中线收省形裥　此方法适用于服装合体程度不高的款式，款式上的特点是无后中线。省形裥便于增加活动量。后中线在后领中点处设一定的裥量，裥量至底边线消失。裥量上口一般控制为 3~4 cm。工艺操作时，在上口折叠裥量，然后从上口至下口烫出折痕，如图 7-9（1）所示。

（2）后中线收直形裥　此方法适用于服装宽松程度高的款式，款式上的特点是无后中线，在羽绒服中应用较多。直形裥比省形裥更便于活动量的增加。后中线在后领中点处设一定裥量，裥量从上口至下口大小一致。裥量一般控制为 3~4 cm。工艺操作时，在上口折叠裥量，然后从上口至下口烫出折痕，如图 7-9（2）所示。

（3）后中线中间段收裥　此方法适用于服装合体程度较高或很高的款式，款式上的特点是有后中线，采用此方法的服装在人体处于静态时，里布与面布同样大小，但人体处于动态时，能较好地适应活动量的需要。以后领中点与后中线的交点为起点下移 5~10 cm 定点；自腰节高线与后中线的交点上移 5 cm 定点（可在腰节高线处上移或下移不超过 5 cm），在两点之间偏出 1.5~2 cm 作后中线的平行线。工艺操作如图 7-9（3）所示，缉折形线，在背部自然形成一定的活动量。

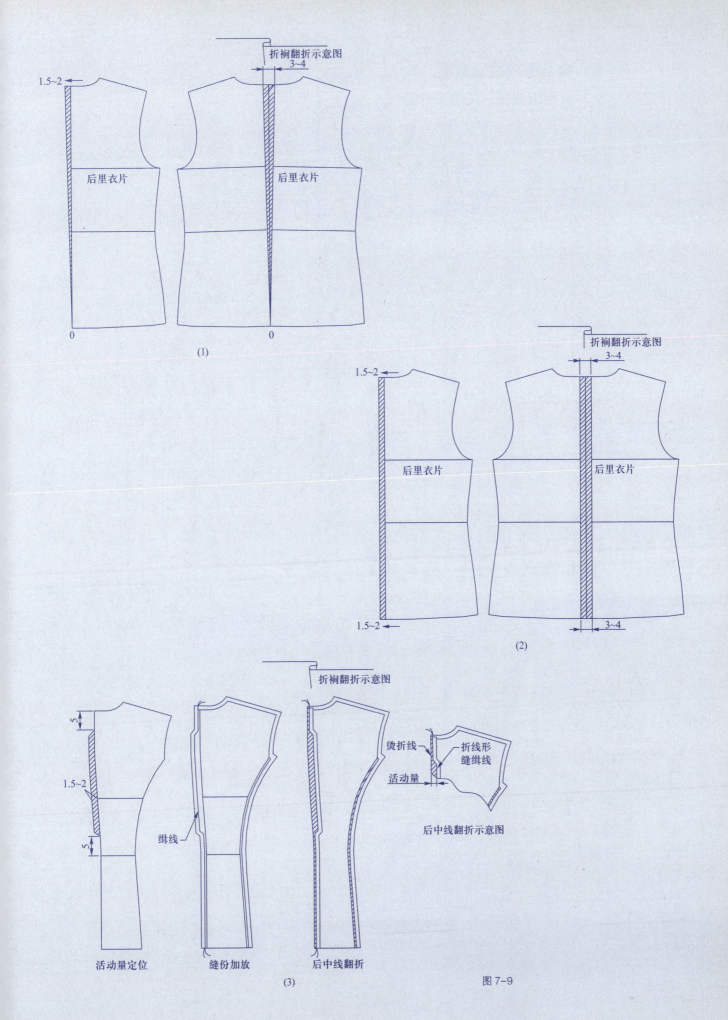

折裥翻折示意图

3~4

1.5~2

后里衣片

后里衣片

0

0

(1)

折裥翻折示意图

3~4

1.5~2

后里衣片

后里衣片

1.5~2

3~4

(2)

折裥翻折示意图

5

1.5~2

5

缉线

活动量定位

缝份加放

后中线翻折

烫折线

折线形缝缉线

活动量

后中线翻折示意图

(3)

图 7-9

五、女西服放缝示意图

女西服放缝，见图 7-10。

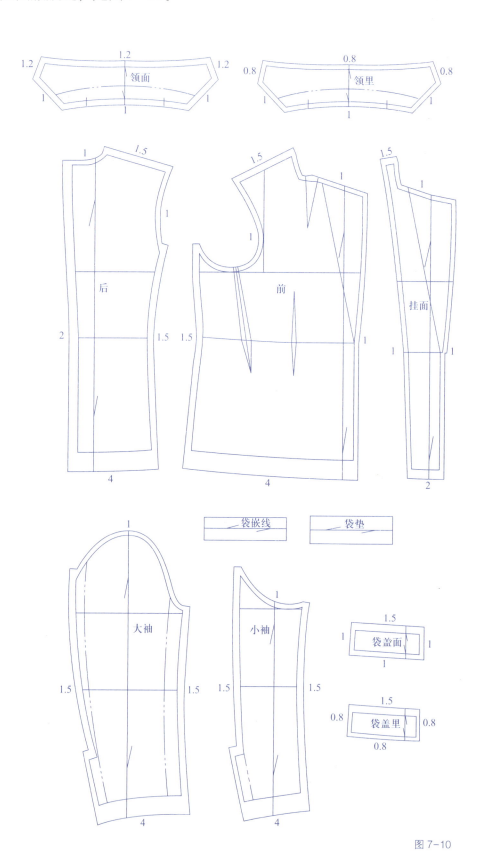

图 7-10

六、女西服配里示意图

（一）女西服挂面配置示意图

女西服挂面配置，见图7-11。

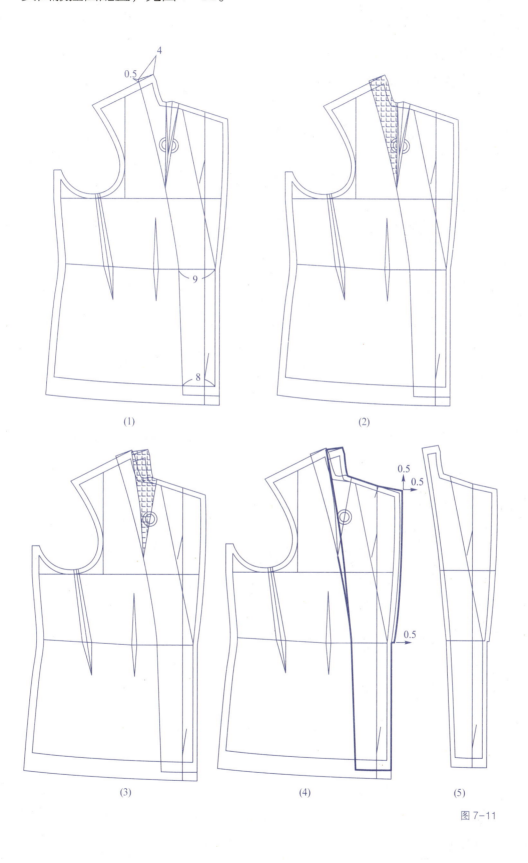

(1)　　　　　　　　　(2)

(3)　　　　　　　　　(4)　　　　　　　　(5)

图7-11

（二）女西服前里配置示意图

女西服前里配置，见图7-12。

（三）女西服后里配置示意图

女西服后里配置，见图7-13。

（四）女西服袖里配置示意图

参见两用衫袖里配置示意图。

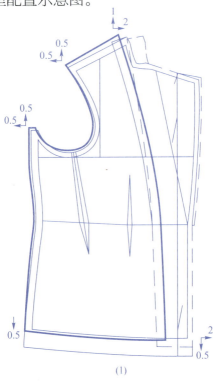

(1)

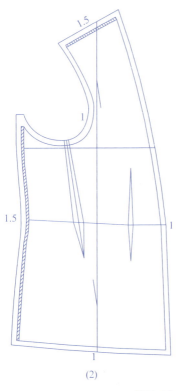

(2)

图 7-12

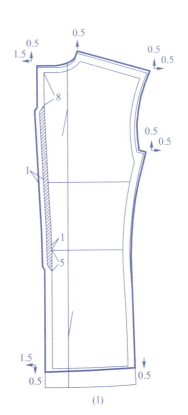

(1)

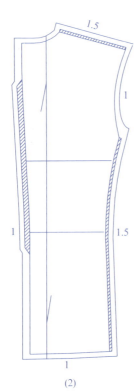

(2)

图 7-13

　　　　　　　　　　　　　　　　　　　　　　第七章 西服结构制图

七、女西服配衬示意图

参见两用衫配衬示意图。

八、女西服排料示意图

女西服排料，见图 7-14。

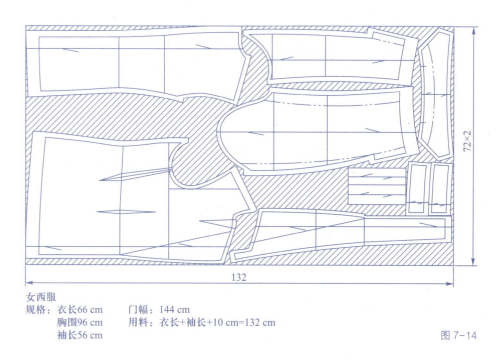

女西服
规格：衣长66 cm   门幅：144 cm
　　　胸围96 cm   用料：衣长+袖长+10 cm=132 cm
　　　袖长56 cm

图 7-14

📖 练习题

1. 按 1：1 比例制图，款式如图 7-1 所示。
2. 试述前领圈为什么画成方角形？

第二节　男西服

男西服是男性典型服装之一。本节所介绍的平驳头、单排扣西服则是男西服款式中最常见的一种。

一、制图依据

（一）款式特征与适用面料

款式特征：领型为平驳头西服领。前中开襟，单排扣，钉纽2粒，前片收腰省、腋下省，左前片设胸袋，腰节线下左右各设一装袋盖的开袋，袋型为双嵌线装袋盖，后中设背缝，有开衩袖型为两片式圆装袖，袖口开衩，钉装饰纽3粒（图7-15）。

适用面料：各种全毛、毛涤呢绒或聚酯纤维等。

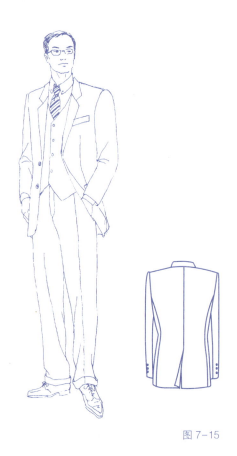

图7-15

（二）测量要点

（1）胸围放松量　因西服适体要求高，其放松量应小于两用衫。

（2）袖长的测量　袖长应比衬衫略短，穿着时西服袖口应比衬衫袖口短（约短衬衫袖头宽的1/2左右）。

（三）制图规格

单位：cm

号型	衣长	胸围	领围	肩宽	袖长	前腰节长
170/88A	77.5	108	40	45	59.5	42.5

二、男西服各部位线条名称

男西服各部位线条名称，见图 7-16。

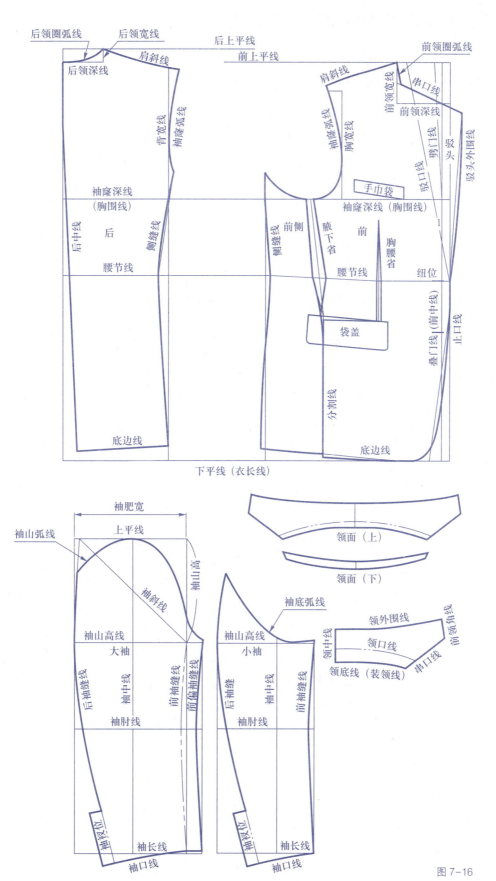

图 7-16

三、结构制图

（一）男西服前后衣片框架制图

男西服前后衣片框架制图，见图 7-17。

（二）男西服前后衣片结构制图

男西服前后衣片结构制图，见图 7-18。

（三）男西服袖片框架制图

男西服袖片框架制图，见图 7-19。

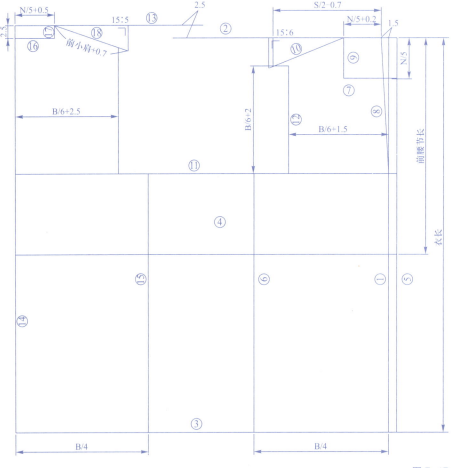

图 7-17

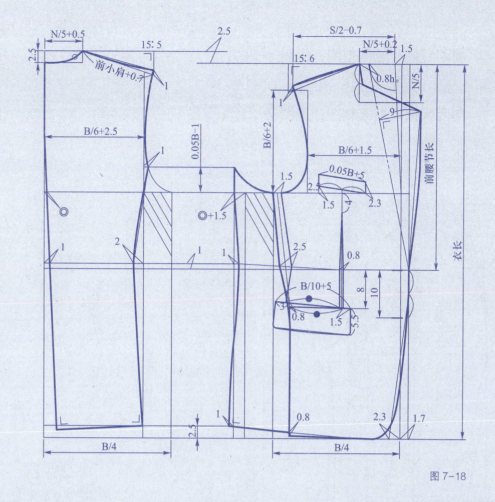

图 7-18

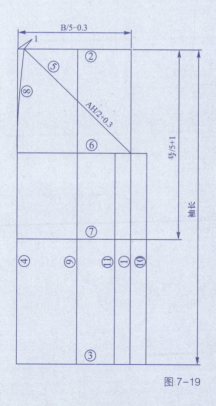

图 7-19

（四）男西服袖片结构制图

男西服袖片结构制图，见图7-20。

（五）男西服领片框架制图

男西服领片框架制图，见图7-21。

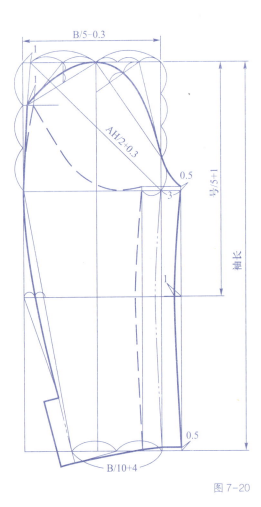

图7-20

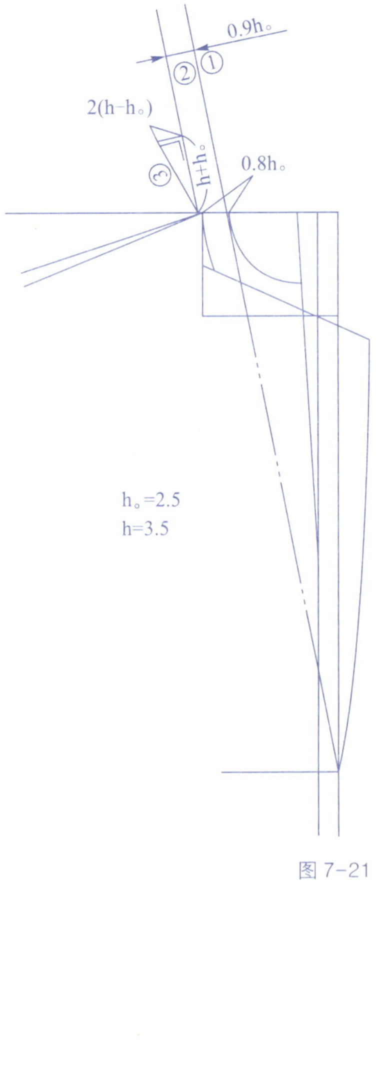

图7-21

（六）男西服领片结构制图

男西服领片结构制图，见图7-22、图7-23。

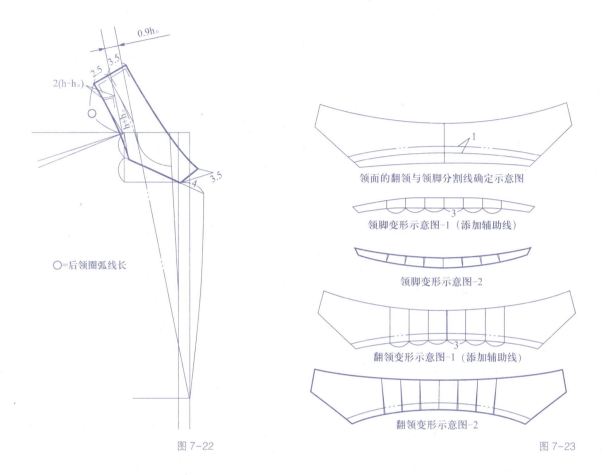

领面的翻领与领脚分割线确定示意图

领脚变形示意图-1（添加辅助线）

领脚变形示意图-2

翻领变形示意图-1（添加辅助线）

翻领变形示意图-2

图7-22   图7-23

四、制图要领与说明

男西服的腋下省延长并直通到底的作用

（1）调节腰省　由于袋口要剖开，原来腰省下端的省尖变成了可随意变化的空档，空档使腰省能够自如地调节，女装也同样适用。

（2）调节省尖处的不平服　由于袋口要剖开，原来的腰省省尖和腋下省省尖消失，从而使大袋处产生自然平服的效果。

（3）调节腹、臀部大小　由于腋下省延长并直通到底，给腹、臀围的调节带来方便。

五、男西服放缝示意图

男西服放缝，见图7-24。

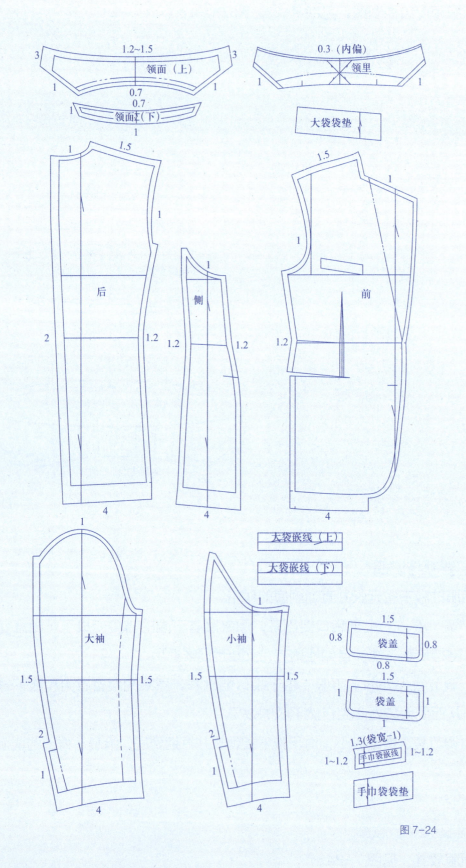

图 7-24

六、男西服零部件配置示意图

（一）男西服挂面配置示意图

男西服挂面配置，见图7-25。

（二）男西服手巾袋配置示意图

男西服手巾袋配置，见图7-26。

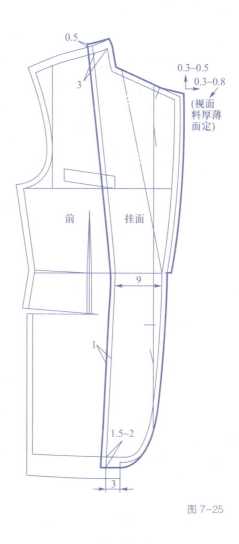

图 7-25

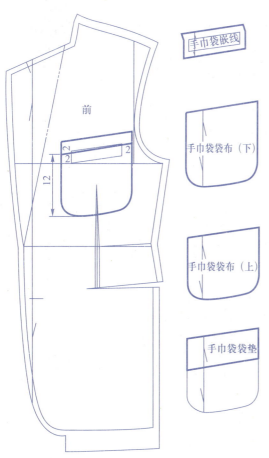

图 7-26

（三）男西服大袋袋盖、嵌线、袋垫及袋布配置示意图

男西服大袋袋盖、嵌线、袋垫及袋布配置，见图7-27。

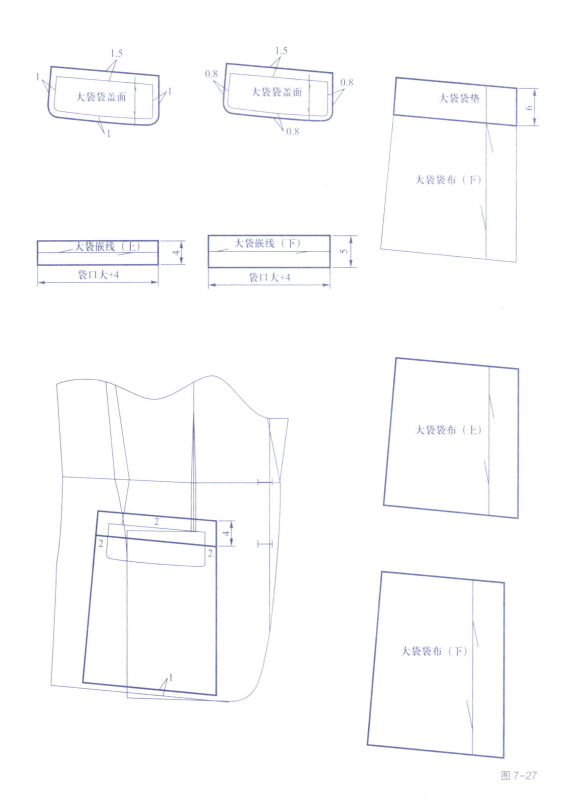

图7-27

（四）男西服里袋嵌线、袋布配置示意图

男西服里袋嵌线、袋布配置，见图7-28。

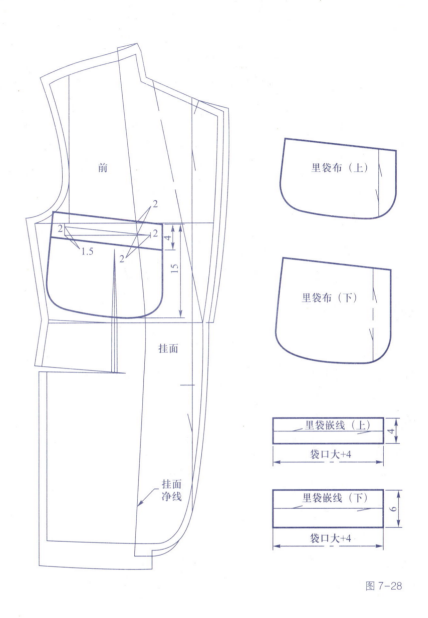

图7-28

七、男西服配里示意图

参见两用衫及女西服配里示意图。

八、男西服配衬示意图

前衣片、挂面为全粘衬配置。

（一）男西服前衣片挺胸衬配置示意图

男西服前衣片挺胸衬配置，见图7-29。

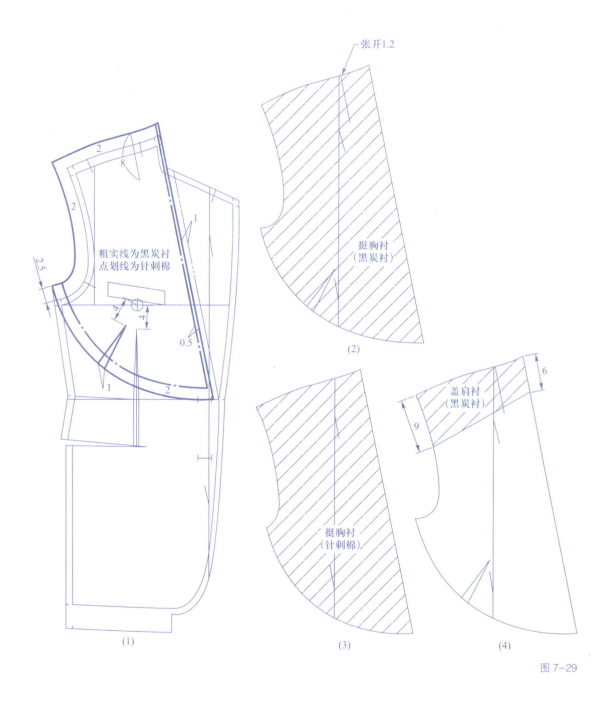

图7-29

（二）男西服后衣片底边衬配置示意图

男西服后衣片底边衬配置，见图7-30。

（三）男西服衣袖袖口衬配置示意图

男西服衣袖袖口衬配置，见图7-31。

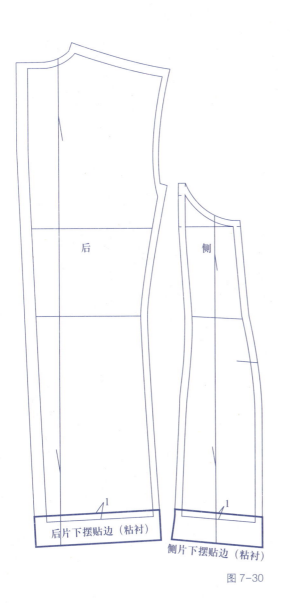

图7-30

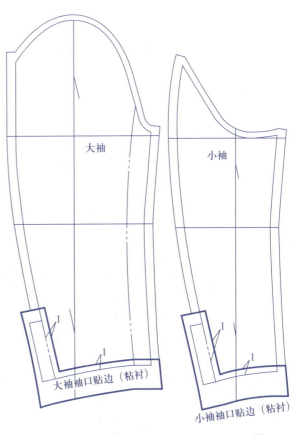

图7-31

九、男西服排料示意图

男西服排料，见图 7-32。

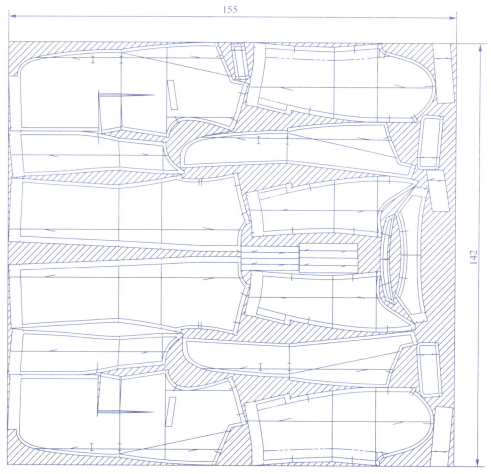

男西服
规格：衣长75 cm
　　　胸围108 cm
　　　袖长58.5 cm
门幅：142 cm
用料：衣长+袖长+21.5 cm=155 cm

图 7-32

十、男西服马夹（背心）结构制图

男西服马夹（背心）结构制图，见图 7-33。

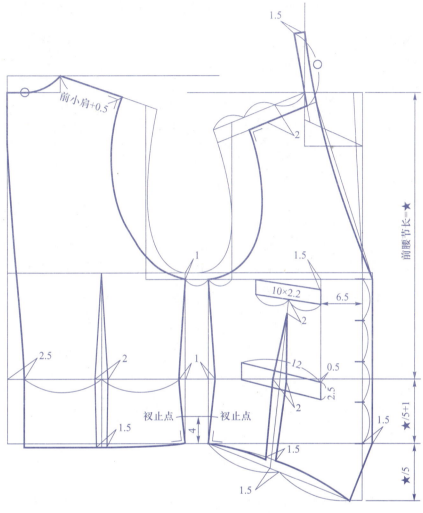

注：按西服结构图配制。

图 7-33

📖 **练习题**

1. 分别按 1∶1 与 1∶5 的比例，制作男西服结构图，款式如图 7-15 所示。

2. 男西服腋下省延长并直通到底有哪些作用？

第三节　西服款式变化

　　西服的款式变化主要表现在局部的变化上，如西服的摆角或圆或方，钉纽数或多或少，袋型或贴或嵌，叠门或单或双，驳头或宽或窄，领角或方或圆。以下介绍两款西服的变化款式。

一、女西服款式变化

（一）制图依据

1. 款式特征与适用面料

　　领型为平驳头西服领。前中开襟，单排扣，钉纽3粒，前片收领胸省、腰省、腋下省，腰节线下左右各设一贴袋，领角、驳角、摆角均为圆角，后中设背缝。袖型为两片式圆装袖，袖口开衩，钉装饰纽2粒（图7-34）。

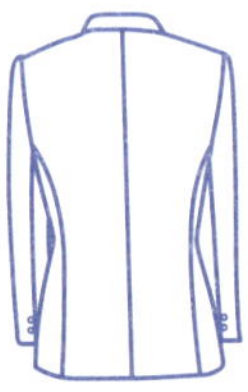

　　适用面料：全毛、毛涤呢绒类面料等。

2. 测量要点

同本章第一节。

图 7-34

3. 制图规格

单位：cm

号型	衣长	胸围	领围	肩宽	袖长	前腰节长	胸高位
160/84A	66	96	36	40	56	40	24

（二）结构制图

1. 女西服前衣片结构制图

女西服前衣片结构制图，见图7-35。

2. 女西服领片结构制图

女西服领片结构制图，见图7-36。因后片、袖片均与第一节同，故此略。

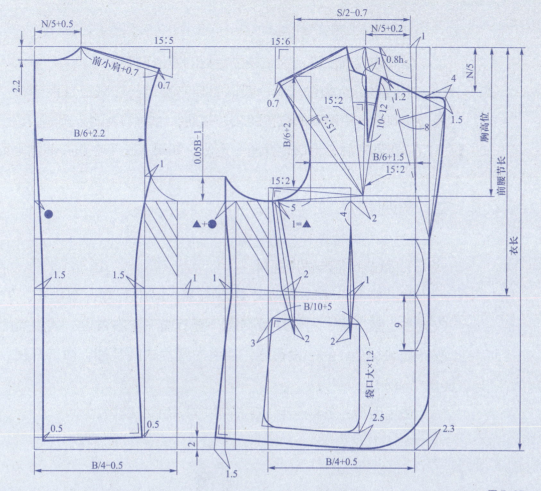

前小肩+0.7

N/5+0.5
2.2
15:5
0.7
B/6+2.2
0.05B-1
1

S/2-0.7
15:6
N/5+0.2
1
0.8h。
0.7
15:2
1
1.2
10-12
B/6·2
4
N/5
1.5
8
胸高位
B/6+1.5
15:2
前腰节长
15:2
5
1=▲
4
2
衣长

▲+●

1.5   1.5   1   1
2   1
B/10+5
3   2   2
9
袋口大×1.2
2.5

0.5   0.5
2
2.3

B/4-0.5
1.5
B/4+0.5

图7-35

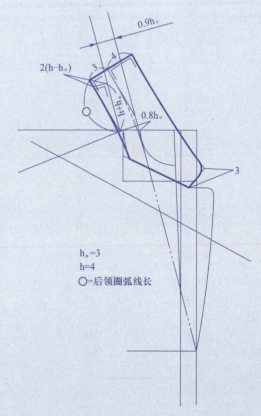

0.9h。
4
3
2(h-h。)
h+h。
0.8h。
3

h。=3
h=4
○=后领圈弧线长

图7-36

207

（三）制图要领与说明

以底边线向上确定距贴袋位定数的方法说明：

本教材确定袋位高低一般以 1/5 前腰节长加减定数来计算，但如遇贴袋在底边线向上一定距离的位置就较为简便，因为贴袋的位置离底边线较近，因此当下口位置确定后，上口也就随之定位，如果衣长不在适中范围则另当别论。

二、男西服款式变化

（一）制图依据

1. 款式特征与适用面料

款式特征：领型为戗驳头西服领。前中开襟，双排扣，钉纽 2 粒，前片收腰省、腋下省，左前片设胸袋，腰节线下左右各设一装袋盖的开袋，袋型为双嵌线装袋盖。后中设背缝，袖型为两片式圆装袖，袖口开衩，钉装饰纽 3 粒（图 7-37）。

适用面料：各种全毛、毛涤呢绒或聚酯纤维等。

图 7-37

2. 测量要点

同本章第二节。

3. 制图规格

单位：cm

号型	衣长	胸围	领围	肩宽	袖长	前腰节长
170/88A	75	108	40	45	58.5	42.5

（二）结构制图

1. 男西服前后衣片结构制图

男西服前后衣片结构制图，见图 7-38。

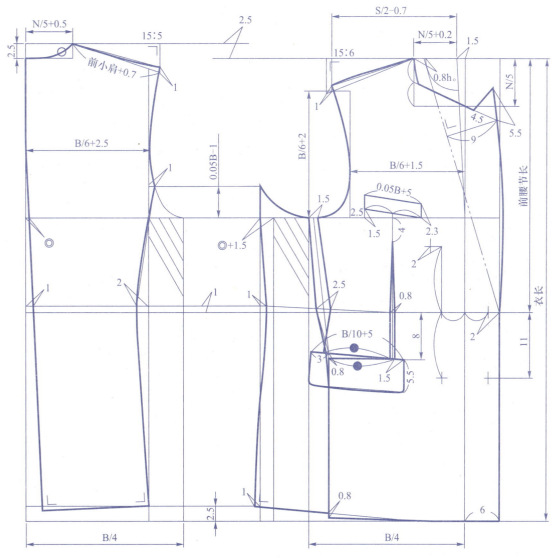

图 7-38

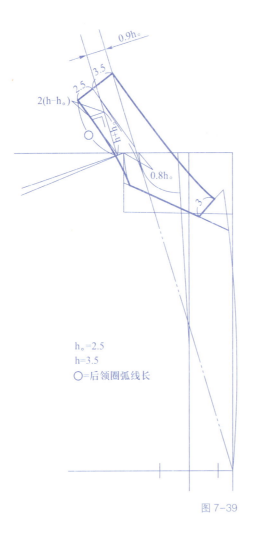

0.9h。

3.5

2.5

2(h-h。)

h+h。

0.8h。

3

h。=2.5
h=3.5
○=后领圈弧线长

图 7-39

2. 男西服领片结构制图

男西服领片结构制图，见图 7-39。

三、制图要领与说明

由胸围推算领圈的不合理性。

对于开门领，以往多采用由胸围推算领圈的方法，虽然这种方法可以减少领围的测量环节，计算较简便，但仍有其不合理性，如：

（1）一般由胸围推算得到的前领宽规格，实际含有劈门，这就给劈门量的确定带来困难，使初学者造成不必要的概念混乱。

（2）由于无明确的劈门线，前肩宽只能从前中线量起，因此形成开门领结构的前肩宽计算公式与关门领结构的前肩宽计算公式不一致，增加了记忆上的负担。

📖 练习题

1. 选择一件西服款式，按 1 : 1 比例绘制结构图。

2. 为什么说由胸围推算领圈是不合理的？

第八章
外套结构制图

外套可分为大衣与风衣，一般在秋、冬季穿着。从外套的外形轮廓看，男外套一般以箱型为主，女外套有箱型、X型、A型等；从袖型看，连肩袖的使用在外套中很广泛，连肩袖又可分为前圆后套，前套后圆等；从领型看，很少使用无领型，其他领型均可。

外套所选用的面料一般为各类呢绒，包括厚型呢绒。

本章将介绍男女外套结构制图的绘制。

第一节 女外套

　　女外套变化繁多，上衣中的各类款式均适用于外套，它与上衣的区别在于长度。从外套本身来说，长外套位置在膝下；中外套位置在膝上 10 cm 左右；短外套位置则在齐中指左右，本节主要讲述的是中外套。

一、制图依据

（一）款式特征与适用面料

　　款式特征：领型为蟹钳式翻驳领，前中开襟，单排扣，钉纽 3 粒，前片腰节线下左右各设一装尖角袋盖的贴袋，后中设背缝。袖型为两片式圆装袖（图 8-1）。

　　适用面料：粗花呢、女式呢等。

（二）测量要点

　　胸围的放松量　按穿着层次加放松量。

图 8-1

（三）制图规格

单位：cm

号型	衣长	胸围	领围	肩宽	袖长	前腰节长	胸高位
160/84A	86	106	40	42	58	41	25

二、结构制图

（一）女外套前后衣片框架制图

女外套前后衣片框架制图，见图 8-2。

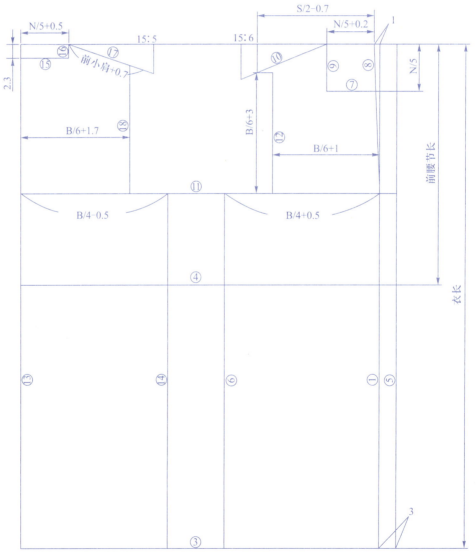

图 8-2

（二）女外套前后衣片结构制图

女外套前后衣片结构制图，见图8-3。

（三）女外套袖片框架制图

女外套袖片框架制图，见图8-4。

（四）女外套袖片结构制图

女外套袖片结构制图，见图8-5。

（五）女外套领片框架制图

女外套领片框架制图，见图8-6。

（六）女外套领片结构制图

女外套领片结构制图，见图8-7。

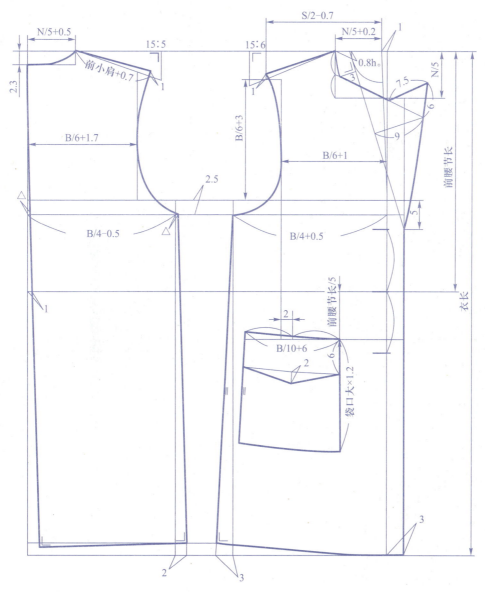

图8-3

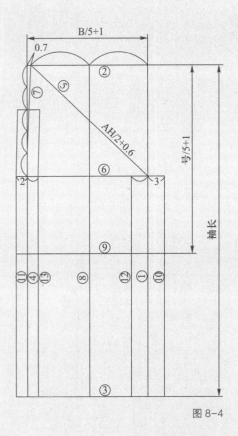

图 8-4

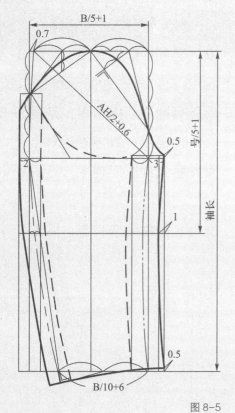

图 8-5

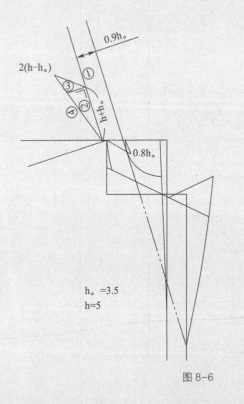

h。=3.5
h=5

图 8-6

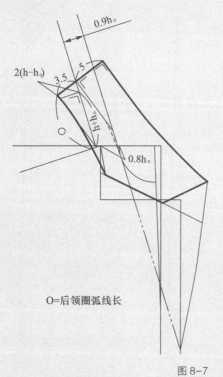

O=后领圈弧线长

图 8-7

三、制图要领与说明

方角形领圈中，将竖直方向的领圈线处理为弧形的原因：

在后领圈基本稳定的前提下，将前领圈竖直方向的领圈线处理成略带弧形的形状，以使前后领圈能圆顺地连接。

说明：大衣部分的部位结构线条名称、放缝、排料等，因与前面介绍的服装大致相同，故不再赘述。

📖 练习题

1. 按 1：5 比例制图，款式如图 8-1 所示。
2. 试述方角形领圈中，前领圈竖直方向的领圈线处理成弧形的原因。

第二节　男外套

男外套的外形以箱型为主，造型平整、简洁，体现男性的阳刚之美。根据穿着季节的需要，面料可厚可稍薄，如春秋季穿着可选用稍薄的缎背华达呢。

一、制图依据

（一）款式特征与适用面料

款式特征：领型为平驳头西服领，前中开襟，单排扣，钉纽 4 粒，前片腰节线下左右各设一装袋盖的贴袋，后中设背缝，下端设背衩。袖型为两片式圆装袖，袖口开衩钉纽 3 粒。领口、门襟、底边、袋盖、袋口、后袖缝、背缝均缉止口（图 8-8）。

适用面料：大衣呢等呢类以及厚型呢绒类等。

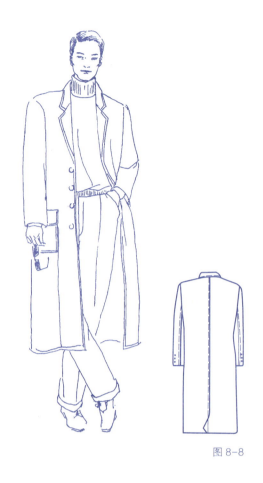

图 8-8

（二）测量要点

肩宽的放松量　肩宽的放松量为 1~2 cm。

（三）制图规格

单位：cm

号型	衣长	胸围	领围	肩宽	袖长	前腰节长
170/88A	110	113	44	48	62	43

二、结构制图

（一）男外套前后衣片框架制图

男外套前后衣片框架制图，见图 8-9。

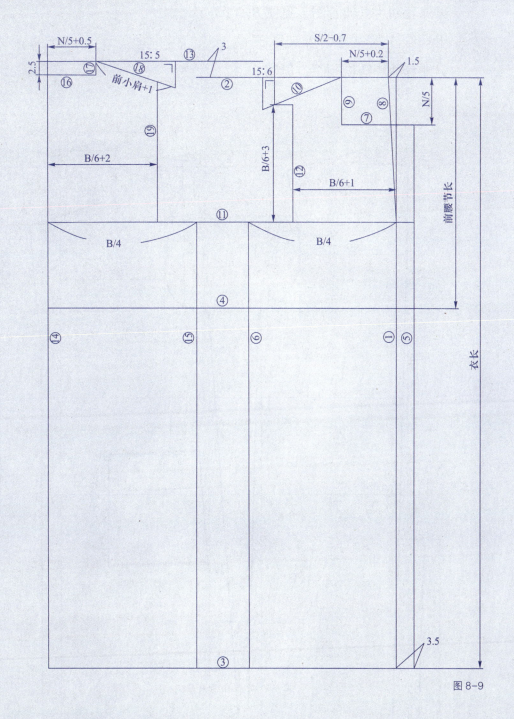

图8-9

（二）男外套前后衣片结构制图

男外套前后衣片结构制图，见图8-10。

（三）男外套袖片框架制图

男外套袖片框架制图，见图8-11。

（四）男外套袖片结构制图

男外套袖片结构制图，见图8-12。

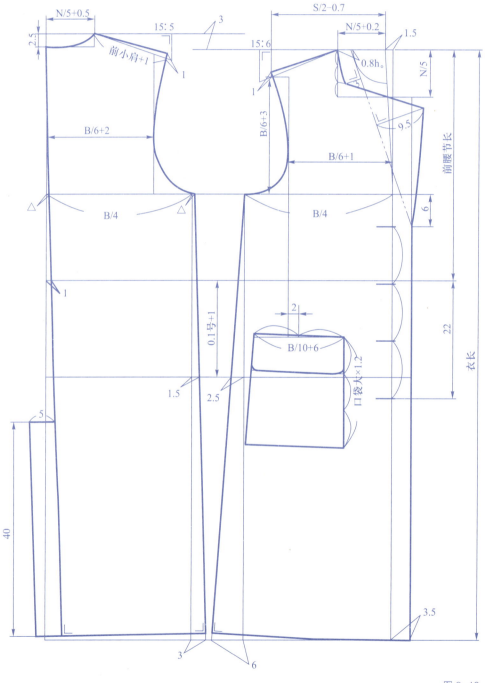

图8-10

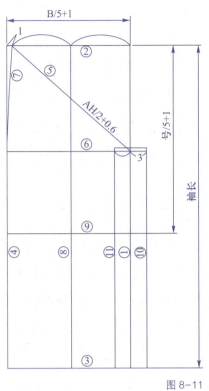

图 8-11

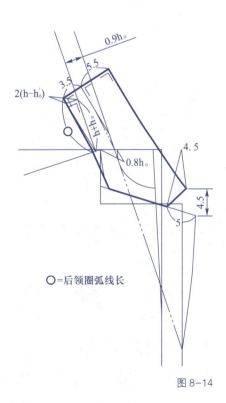

图 8-12

（五）男外套领片框架制图

男外套领片框架制图，见图 8-13。

（六）男外套领片结构制图

男外套领片结构制图，见图 8-14。

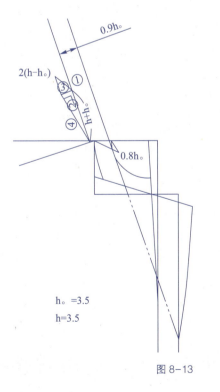

图 8-13

图 8-14

三、制图要领与说明

袖山弧线吃势产生的原因：

袖山弧线大于袖窿弧线的量被称为"吃势"。所谓"吃势"是指某一部位需通过工艺方法使其收缩的量。袖山吃势产生的主要原因在于：

（1）解决里外匀（以缝份倒向衣袖为前提）。在衣袖与衣片装配时，衣片在里圈，衣袖在外圈，外圈与里圈有一定的里外匀，随着面料增厚，里外匀的量也随之增大，里外匀作为整个吃势的一部分存在。

（2）满足手臂顶部的表面形状。由于手臂顶部的略呈球冠形，需要通过工艺收缩来满足手臂顶部表面形状的需要。而工艺收缩是通过袖山弧线由平面转化成立体圆弧形（以缝份倒向衣袖为前提）来完成的，如果袖山弧线的边沿不处理成一定的圆弧形，就容易被缝份向外顶撑，影响袖山的外观效果。这是袖山吃势的又一部分。

（3）保持面料经、纬丝绺垂直。通过工艺收缩使衣袖的经、纬丝绺保持垂直，从而使袖的造型美观。

通过对袖山吃势产生原因的分析，可以推论出袖山吃势的大小与袖山弧线的总长、袖斜线倾角、面料的质地性能、装配形式有关。

📖 **练习题**

1. 按 1 : 1 比例制作男外套结构图，款式如图 11-8 所示。
2. 袖山弧线为什么要有吃势？
3. 袖山弧线吃势的大小与哪几个因素有关？

第三节　外套款式变化

一、女外套的款式变化（大衣）

（一）制图依据

1. 款式特征与适用面料

款式特征：领型为立翻领。前中开襟，双排扣，钉纽 10 粒，前片装袋身直插袋左右各一，袋口设在分割线中，前片上部右面设覆势。前后衣片设弧形分割线，收腰，波浪下摆，前后腰节设装饰腰带。袖型为插肩袖（图8-15）。

适用面料：大衣呢、女式呢等厚型呢绒类。

图 8-15

2. 测量要点

见本章第一节。

3. 制图规格

单位：cm

号型	衣长	胸围	领围	肩宽	袖长	前腰节长	胸高位
160/84A	100	106	40	42	58	41	25

（二）结构制图

1. 女大衣前后衣片结构制图

女大衣前后衣片结构制图，见图8-16。

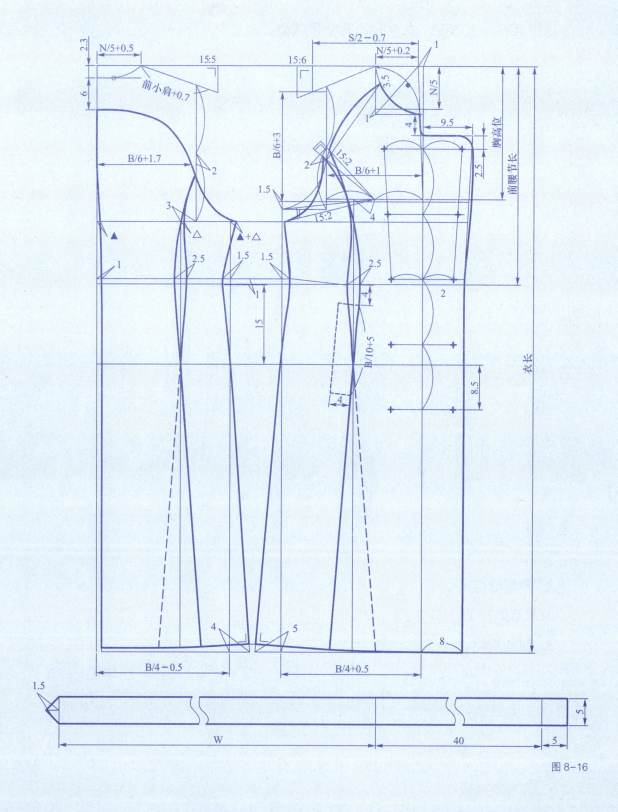

图 8-16

2. 女大衣袖片（插肩袖）结构制图

插肩袖是在前后衣片袖窿部位的基础上出图。

（1）前袖片结构制图顺序（图8–17）。

① 肩斜线　袖肩点抬高1 cm定点与领肩点连接作肩斜线。

② 袖斜线　肩斜线上，袖肩点处外移1 cm定点 S 与 P 点连接作袖斜线。

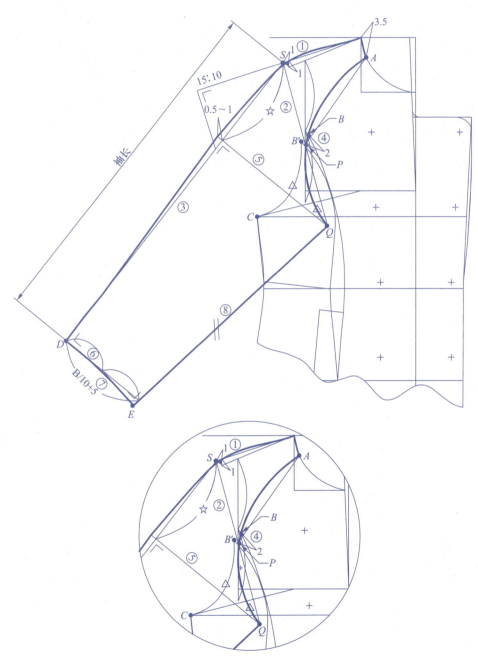

图8–17

③ 袖中线　在肩斜线的延长线上以 S 点为起点取 15∶10 作袖中线，以袖长规格定点 D，画顺弧线。

④ 袖窿弧线　取 $AB + B'C = AQ$，Q 点定位在袖斜线上。

⑤ 袖山高线　通过 Q 点与袖中直线垂直作袖山高线。

⑥ 袖口线　在 D 点作袖中直线的垂线，垂线长取 B/10＋5 cm。

⑦ 袖底线　连接 QE 作袖底线。

⑧ 袖口弧线　取 1/2 袖口大定点作袖底线垂线，画顺弧线。

（2）后袖片（图 8-18）。

① 肩斜线　袖肩点抬高 1 cm 定点与领肩点连接作肩斜线。

② 袖中线　肩斜线的延长线上袖肩点处外移 1 cm 取 T 点为起点取 15∶8 作袖中线，以袖长规格定点，画顺弧线。

③ 袖山高线　在袖中直线上，取前袖山高（☆）以 T 点为起点定点作袖中直线的垂线。

④ 袖窿弧线　取 $JF = JK$ 在袖山高线上定点。

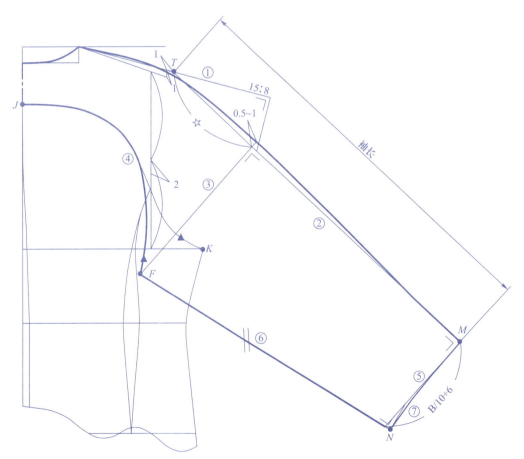

图 8-18

⑤ 袖口线　在 M 点作袖中直线的垂线，在垂线上取 B/10＋6 cm 作袖。

⑥ 袖底线　连接 FN 作袖底线，使 $FN＝QE$。

⑦ 袖口弧线　后袖底线与前袖底线等长定点作垂线，画顺弧线。

3. 女大衣领片（青果领）结构制图

女大衣领片结构制图，见图 8-19。

4. 女大衣覆势结构制图

女大衣覆势结构制图，见图 8-20。

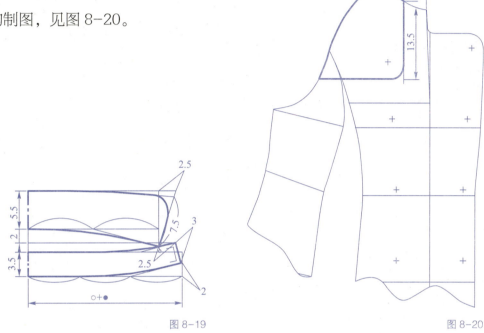

图 8-19　　　　　　　　　　　　　　　图 8-20

（三）制图要领与说明

1. 插肩袖的袖山弧线与袖窿弧线的长度处理

插肩袖的袖山弧线在一般情况下等于或略大于袖窿弧线，其原因是衣袖的组装部位不在肩端。

2. 前后袖长的长度处理

前衣袖长与后衣袖长在一般情况下可等长，但有时在面料条件允许的情况下，也可处理成后衣袖长略长（约 0.5 cm），主要是两袖缝拼接后，后衣袖长则略有吃势，可使成型后的袖中线不后偏，此处理方式需注意后袖底线的同步加长。

二、女外套的款式变化（风衣Ⅰ）

（一）制图依据

1. 款式特征与适用面料

款式特征：领型为关门式翻驳领（圆形领角）。前中开襟，单排扣，钉纽 10

粒，前后片腰节部位横向断开，前后片上部收裥两个，前后片下部收细褶。左右两侧缝设口袋各一，后中上部设背缝。袖型为二片式合体型圆装袖（图8-21）。

适用面料：女衣呢等呢绒类均可。

图8-21

2. 制图规格

号型	衣长	胸围	领围	肩宽	袖长	前腰节长	胸高位
160/84A	110	102	38	41	58	41	24.5

（二）结构制图

1. 女风衣前后衣片及领片结构制图

女风衣前后衣片及领片结构制图，见图8-22。

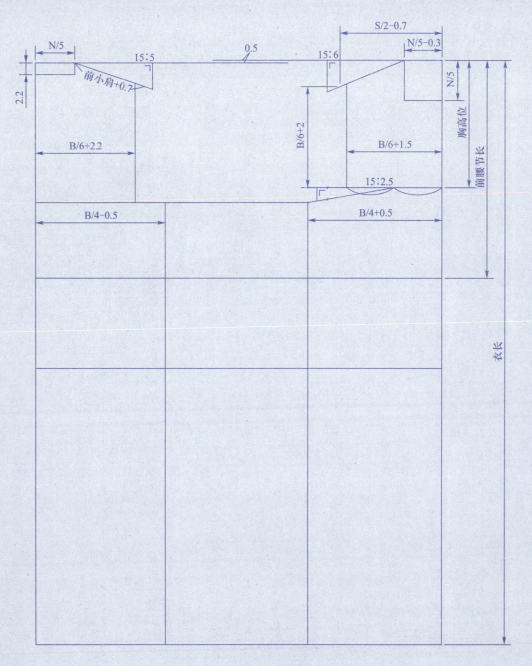

(1)

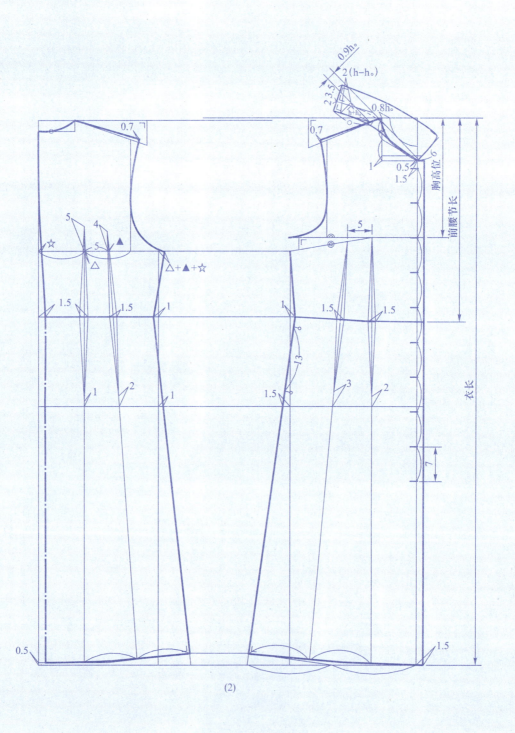

(2)

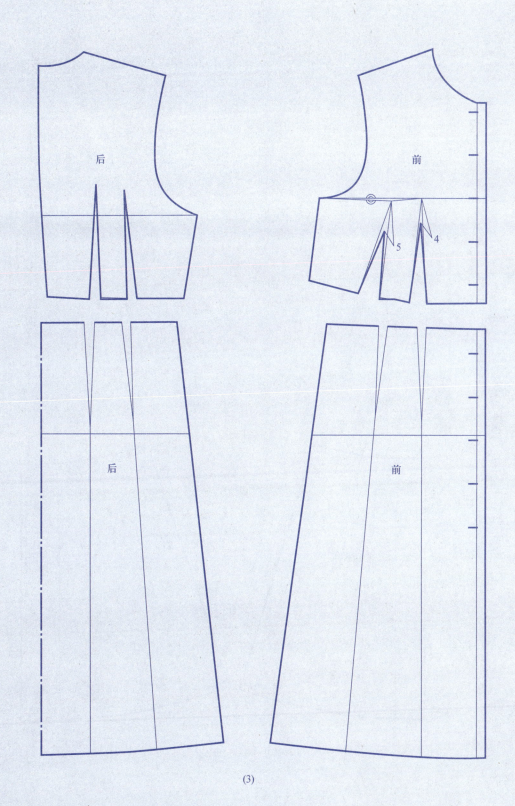

后　　前　　后　　前

(3)

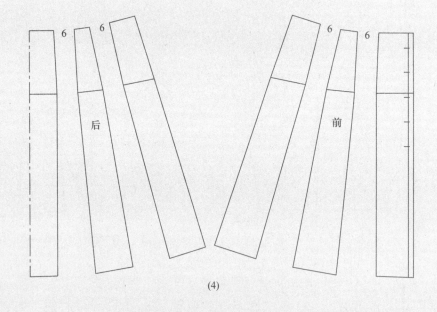

(4)

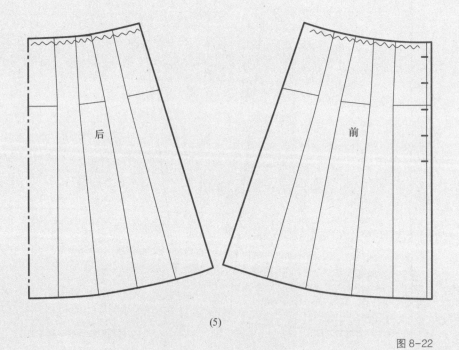

(5)

图 8-22

2. 女风衣袖片结构制图

女风衣袖片结构制图，见图8-23。

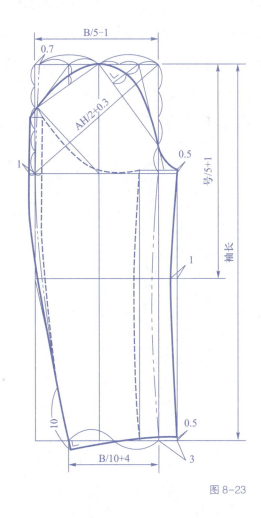

图 8-23

（三）制图要领与说明

外套的种类与用途

外套可分为大衣和风衣，其区别主要是面料不同，大衣一般选择较厚的呢料，如女衣呢、羊绒；风衣可选择较薄的面料，如卡其布、化纤类面料，由于面料不同的缘故，大衣的御寒性较好，风衣则具有飘逸感。同时在结构制图中，考虑到风衣穿着层次较少，所以选用的袖窿深及胸背宽的制图公式均参照两用衫（春秋衫）类服装。

三、女外套的款式变化（风衣 II）

（一）制图依据

1. 款式特征与适用面料

款式特征：领型为开门式翻驳领，造型如图（前领设置领角 1 cm）。前中开襟，双排扣，钉纽 6 粒，前后片上部设横向分割线，前后片左右两侧设直形分割线，前后侧片腰节线处设横向分割线，前片腰节线下左右两侧直形分割线上设口袋各一，衣摆饰蕾丝（宽 10 cm）。袖型为二片式合体型圆装袖，袖口设袖衩（图 8-24）。

适用面料：各类偏厚的牛仔布、卡其布或化纤类面料均可。

图 8-24

2. 制图规格

单位：cm

号型	衣长	胸围	领围	肩宽	袖长	前腰节长	胸高位
160/84A	86	100	38	40.5	58	41	24

（二）结构制图

1. 女风衣前后衣片及领片结构制图

女风衣前后衣片及领片结构制图，见图 8-25。

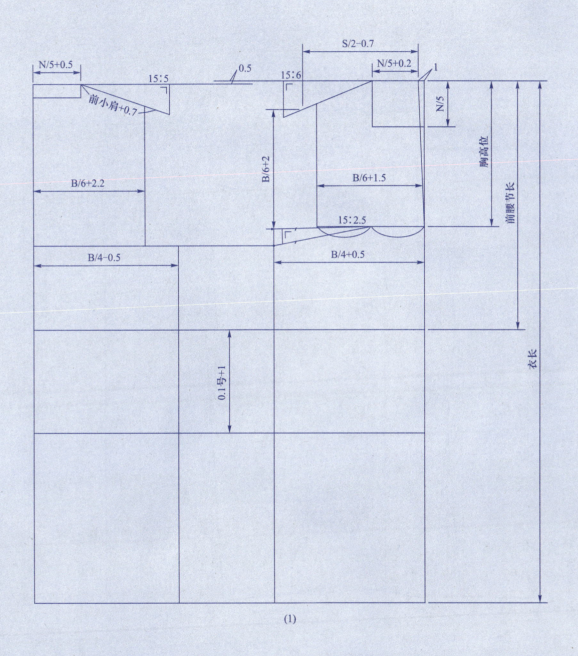

(1)

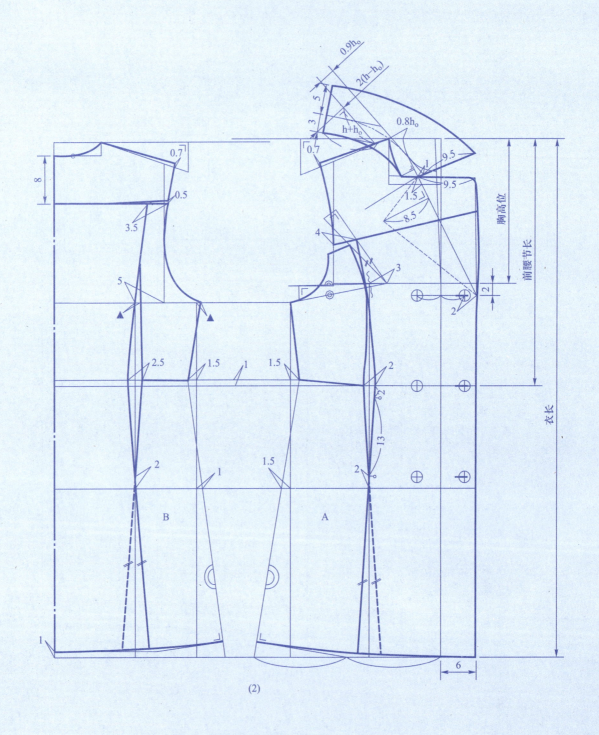

(2)

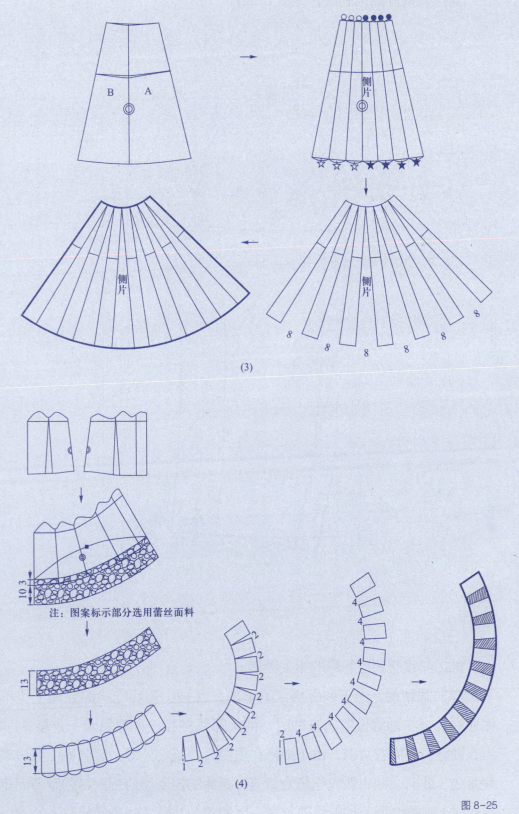

(3)

注：图案标示部分选用蕾丝面料

(4)

图 8-25

2. 女风衣袖片结构制图

女风衣袖片结构制图，见图8-26。

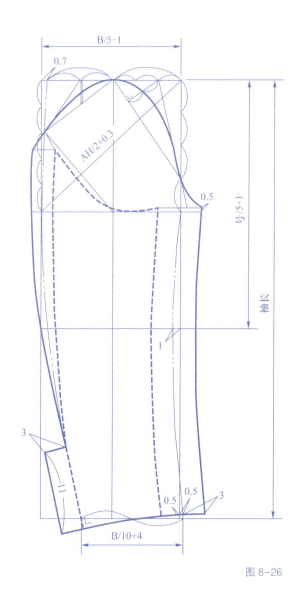

图8-26

（三）制图要领与说明

袖山弧线吃势控制量的相关因素：

同为圆装袖，由于装配形式的不同，在袖山弧线吃势的处理上也不同。具体地说，当衣袖缝份倒向衣袖时，袖山弧线应长于袖窿弧线一定量（即吃势）；当衣袖缝份倒向衣片时，由于袖缝在里圈，衣缝在外圈，因此袖山弧线略小于袖窿弧线，此时，袖山弧线吃势为负值。具体的控制量应视面料的厚薄而定。具体操作时，应酌情调节袖斜线的长度，以使衣袖装配达到最佳状态。

四、男外套的款式变化（大衣）

（一）制图依据

1. 款式特征与适用面料

款式特征：方形立翻领。前中开襟，双排扣，钉纽6粒，前片腰节线下左右各设一斜插袋。前片左右各设一直形分割线（腰部连腰带），后片上部设尖形分割线，后片左右各设一直形分割线，前后侧片展开成波浪形下摆，后片设装饰腰带。袖型为前套后圆形，前袖口装袖衩（图8-27）。

适用面料：大衣呢等呢类。

图 8-27

2. 测量要点

见本章第二节。

3. 制图规格

单位：cm

号型	衣长	胸围	领围	肩宽	袖长	前腰节长
170/88A	110	113	44	48	62	43

（二）结构制图

1. 男大衣前后衣片结构制图

男大衣前后衣片结构制图，见图8-28。

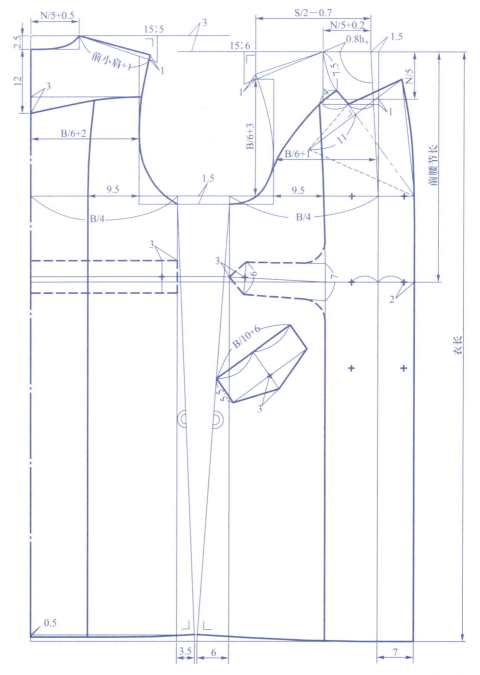

图8-28

2. 男大衣袖片结构制图

男大衣袖片结构制图，见图 8-29。

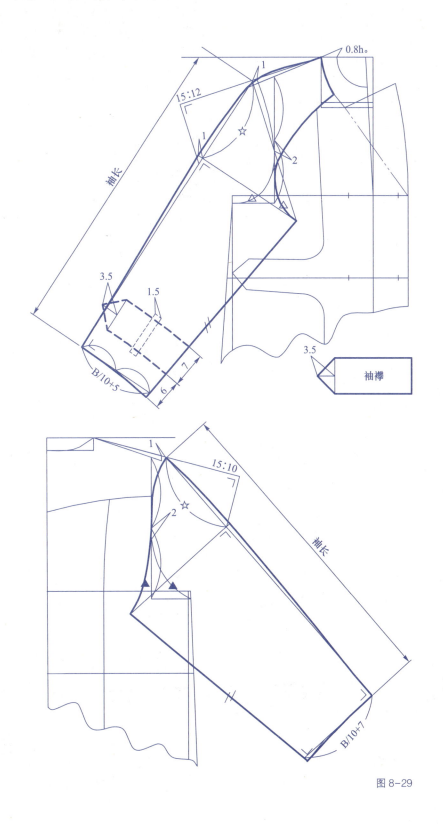

图 8-29

239

3. 男大衣领片结构制图

男大衣领片结构制图，见图 8-30。

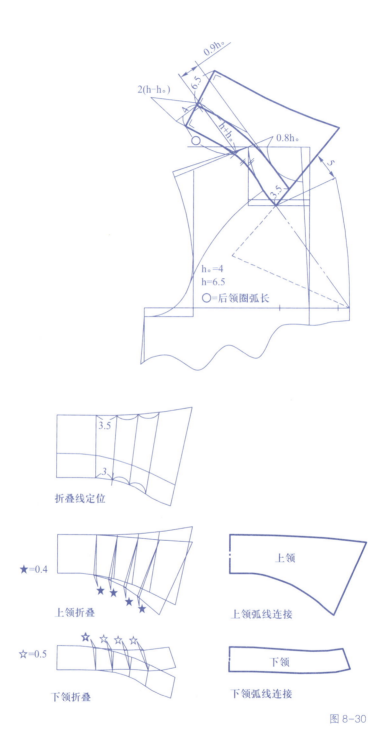

$h_○=4$
$h=6.5$
○=后领圈弧长

折叠线定位

★=0.4

上领折叠

上领弧线连接

上领

☆=0.5

下领折叠

下领弧线连接

下领

图 8-30

　　　　　　　　　　　　　　　　第八章 外套结构制图

4. 男大衣前后侧片展开图

男大衣前后侧片展开图，见图 8-31。

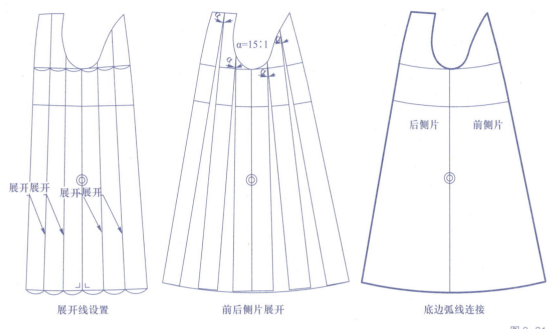

展开线设置　　　　　前后侧片展开　　　　　底边弧线连接

图 8-31

（三）制图要领与说明

袖窿肩端点处的前后肩缝夹角的处理：

由于人体的手臂在腋围处向前运动的幅度远大于向后运动的幅度，在结构制图时，背宽总是大于胸宽。因此，袖窿肩端点处前肩缝夹角保持 85° 左右，后肩缝夹角保持 95° 左右，这种处理方法适用于合体型的服装。

📖 **练习题**

1. 设计一款女大衣并绘制 1:1 结构图。
2. 简述套肩袖袖中线倾斜度是如何确定的。
3. 试述前后肩缝夹角保持在什么角度最为恰当，为什么？

中山服的特点是紧封的衣领端正严肃，四个对称的衣袋给人以稳定的感觉，腰部略有收拢，后片不设背缝。整件服装的造型均衡、整齐、庄严、朴实，已经成为我国有代表性的男装之一。此外，中山服的另一特点是选料面广，不论是一般的棉布、卡其布或高档面料都可用来缝制。中山服的用途广泛、实用性强，平时学习工作可以作为便服，节假日或外出访友又可作为礼服。

结构制图时，中山服肩部的宽度和斜度定点为关键，过宽、过窄、太平、太斜都会直接影响整件上衣的外观造型和审美效果。同时应注意控制规格，以使服装适身合体，各类零部件如衣领、衣袋的配置，应与衣片的长宽形成一定的比例，以取得相互间的和谐。

本章介绍的内容主要有呢中山服以及由中山服变化而来的军便服、学生服。

第九章
中山服结构制图

第一节　中山服（呢）

中山服的面料选用面广，由此而使呢中山服与布中山服有一些区别，本节的内容以呢中山服为主，在"制图要领与说明"中将对两者的区别加以说明。

一、制图依据

（一）款式特征与适用面料

款式特征：领型为立翻领。前中开襟，单排扣，钉组5粒，前片四贴袋，装袋盖，收胸腰省、腋下省，后片平后背。袖型为两片式圆装袖，袖口开衩钉组3粒。领口、袋盖、胸袋、门里襟止口缉明线（图9-1）。

适用面料：全毛、毛涤、呢绒类等毛呢料。

（二）测量要点

（1）胸围放松量　中山服的胸围放松量大于西服，由于穿着层次一般多于西服，因此活动幅度要求大，合体程度低于西服。

（2）袖长测量　中山服的袖长，应以能盖住衬衫袖口为宜。

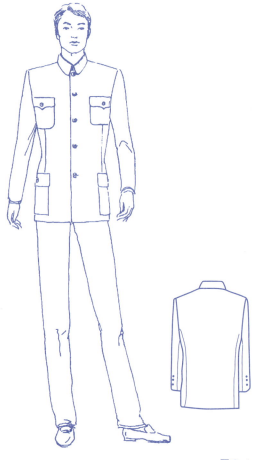

图9-1

（三）制图规格

单位：cm

号型	衣长	胸围	领围	肩宽	袖长	前腰节长
170/88A	75	108	41	45	60	42.5

二、中山服各部位线条名称

中山服各部位线条名称，见图 9-2。

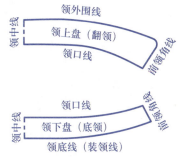

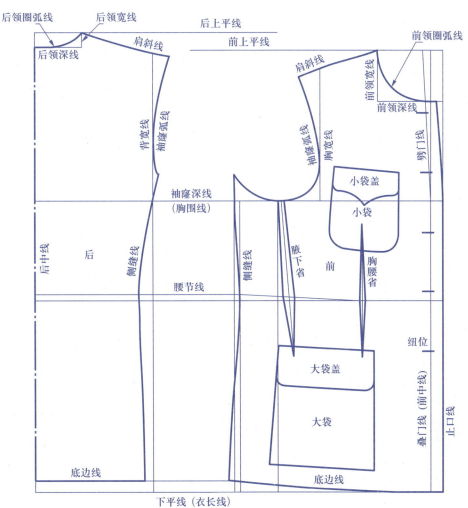

图 9-2

三、结构制图

（一）中山服前后衣片框架制图

中山服前后衣片框架制图，见图9-3。

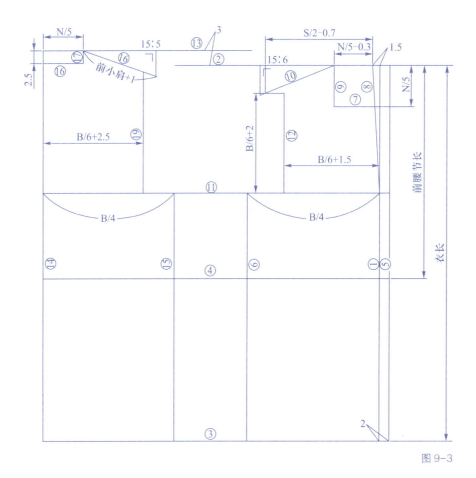

图9-3

（二）中山服前后衣片结构制图

中山服前后衣片结构制图，见图9-4。

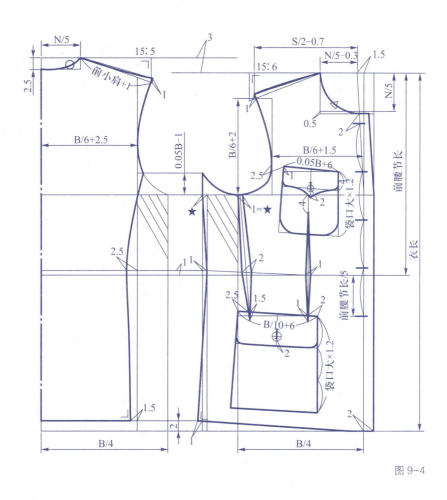

图9-4

245

（三）中山服袖片框架制图

中山服袖片框架制图，见图9-5。

（四）中山服袖片结构制图

中山服袖片结构制图，见图9-6。

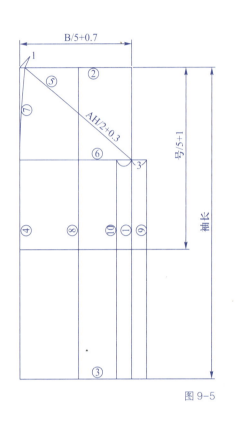

图 9-5

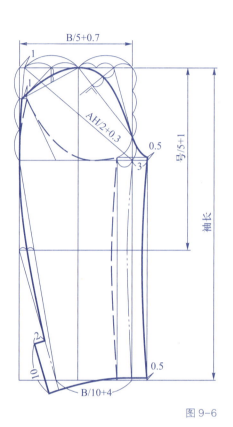

图 9-6

（五）中山服领片框架制图

中山服领片框架制图，见图9-7。

（六）中山服领片结构制图

中山服领片结构制图，见图9-8。

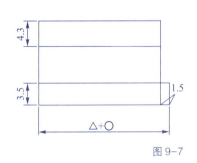

图 9-7

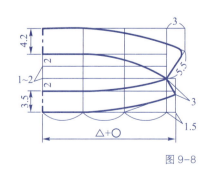

图 9-8

四、制图要领与说明

1. 在领围相同的情况下，中山服前后领宽小于西服的前后领宽的原因

在领围相同的情况下，中山服的前后领宽往往小于西服的前后领宽约0.5 cm左右，这是因为不同衣领造型的需要。中山服与西服在颈肩点处的穿着位置不同，中山服的穿着位置基本在颈肩点处而西服的穿着位置在颈肩点外。中山服的穿着位置处于颈肩点上，正好使其领脚与人体颈部保持一致，达到中山服衣领的造型要求。而西服正面部分的领、驳头与衣片处于同一近似的平面上，如果不将颈肩点稍外移，就会使前段衣领出现弯曲而不能达到西服领的造型效果。

2. 呢中山服与布中山服在结构制图上的区别

由于采用的面料不同，穿着的要求不同，引出了下列的不同点：

（1）从胸围放松量角度看，同规格净胸围者，呢料中山服放松量小于布料中山服，一般呢料中山服为16～20 cm，布料中山服则为20～22 cm，原因是呢料中山服适体要求高于布料中山服。

（2）制图方法基本相同，某些部位根据款式要求有所变化，具体表现在：

① 袖窿深的确定　布中山服袖窿浅于呢中山服。如呢中山服的袖窿深为1/6胸围＋2 cm，布中山服相应变化为1/6胸围＋1.5 cm。

② 袖肥宽的确定　布中山服袖肥宽大于呢中山服。如呢中山服的袖肥宽为1/5胸围＋0.7 cm，布中山服相应变化为1/5胸围＋1 cm。

③ 袖山高的确定　布中山服的袖山高浅于呢中山服，本教材采用先确定袖肥大，再以袖斜线确定袖山高的方法，只要袖肥调节好，袖山高就会相应变化，无须公式确定。

④ 劈门的确定　布中山服劈门小于呢中山服，主要是由合体程度确定的，合体程度高，劈门相对大，反之，则相对小。

⑤ 垫肩与胸衬　布中山服一般不放垫肩也不放胸衬，而呢中山服则一般均有放置。

⑥ 偏袖量与偏袖线凹势　由于布中山服不采用归拔工艺，偏袖量与偏袖线凹势均应略小于呢中山服。

以上这些区别点，主要是由合体程度的高低引起的，呢中山服的合体程度要高于布中山服。

3. 上装袋口后袋角略抬高的原因

上装（男衬衫除外）结构制图中，不论是胸袋还是大袋，其袋口的后袋角

（近袖窿及侧缝一端）均抬高 0.8 ~ 1.5 cm，其原因是：

① 由于人体胸部的挺起，使上装位于胸部竖直方向处的部分被略带起，从而使上装面料的纬向线在视觉上出现前高后低的状态，还有面料的悬垂性或多或少地影响着袋口，因此必须在制图时将袋口线后袋角处略抬高。对于挺胸凸肚者，后袋角抬高的量应适当增加；对于平胸驼背者，后袋角抬高的量应适当减少。

② 假如实际的袋口与袋底相等，那么在视觉上就会产生上大下小的感觉，要使视觉得到平衡，袋底应比袋口大（一般为 2 cm 左右）。为了使贴袋的形状保持美观，应将后袋角略抬高。

4. 袋盖周围略呈外弧形的原因

制图中，将袋盖周围处理为略呈外弧形是为了使成品后的袋盖方正。如果将袋盖画成直线，成品后的袋盖就会内凹，影响袋盖的造型效果，其原因是：

① 缝纫缩率　缝缉时，缉线处面料会产生轻微的皱缩，使袋盖周围的直线呈内弧形。

② 袋角上易翻足，中央翻不足　翻袋盖时，一般容易在袋角处撑足，而中间部分却不容易翻足，产生角上突出，中央凹进的现象。

因此，为了防止出现袋盖周围向内弯曲的现象，应在结构制图时将袋盖周围处理为略呈外弧形。

📖 **练习题**

1. 按 1：1 比例绘制中山服结构图。
2. 为什么中山服的领宽小于西服的领宽？
3. 试述呢中山服与布中山服的区别表现在哪几个方面？
4. 为什么中山服袋口的后袋角应略抬高？
5. 简述袋盖周围略呈外弧形的原因。

第二节　中山服款式变化

中山服的款式变化主要是指在基本造型不变的前提下，作局部如领、袋、门襟以及摆围大小的变化，由此形成了军便服、青年服、学生服等款式，下面介绍军便服与学生服的结构制图。

一、军便服

（一）制图依据

1. 款式特征与适用面料

款式特征：除4个贴袋改开袋，装袋盖，袖口无袖衩外，其余均同中山服（图9-9）。

适用面料：仿毛面料及全毛或毛涤、呢绒类均可。

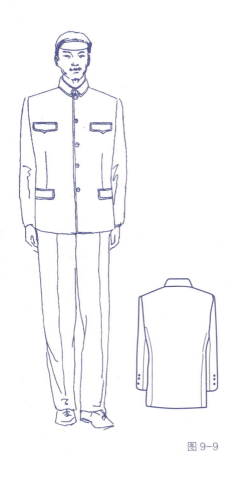

图9-9

2. 测量要点

见本章第一节。

3. 制图规格

号型	衣长	胸围	领围	肩宽	袖长	前腰节长
170/88A	75	108	41	45	60	42.5

（二）结构制图

军便服前后衣片结构制图（图 9-10）。

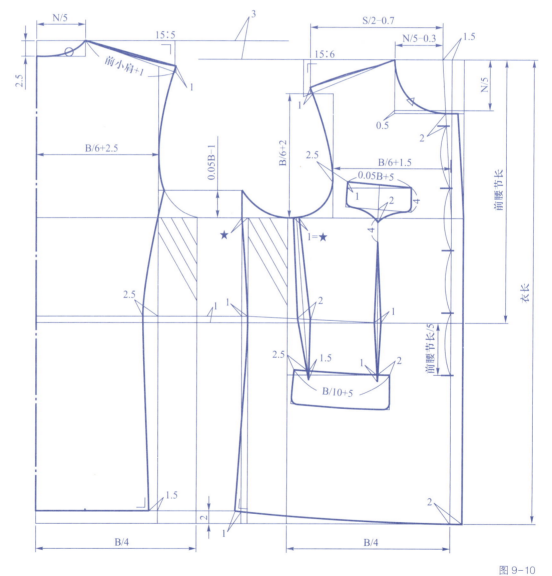

图 9-10

（三）制图要领与说明

中山服与军便服的不同点说明：

（1）中山服4个贴袋，军便服4个开袋。

（2）呢中山服袖口有袖衩，军便服袖口无袖衩。

（3）中山服袋盖开纽眼，军便服袋盖不开纽眼。

二、学生服

（一）制图依据

1. 款式特征与适用面料

款式特征：领型为立领，无翻领，左前片胸袋1个，前片腰节线下左右各设一装袋盖的大袋，袋盖上不开纽眼，袖口无袖衩，其余均同中山服（图9-11）。

适用面料：同军便服。

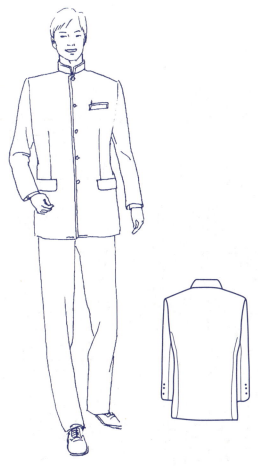

图9-11

2. 测量要点

见本章第一节。

3. 制图规格

单位：cm

号型	衣长	胸围	领围	肩宽	袖长	前腰节长
170/88A	75	108	41	45	60	42.5

（二）结构制图

1. 学生服前后衣片结构制图

学生服前后衣片结构制图，见图9-12。

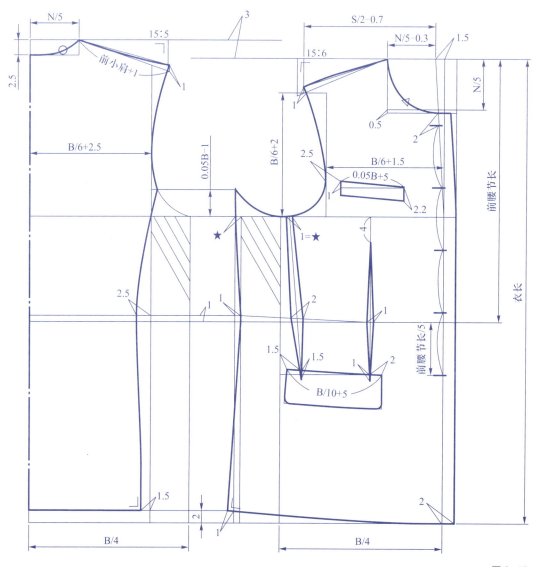

图9-12

2. 学生服领片结构制图

学生服领片结构制图，见图9-13。

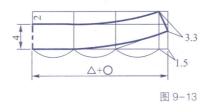

图9-13

（三）制图要领与说明

中山服与学生服不同点的说明：

（1）中山服衣领与学生服衣领不同，学生服衣领只有立领部分，无翻领。

（2）中山服4个贴袋，学生服借鉴了西服的袋型为开袋，其中左前片上面一个胸袋，前片下面两个大袋。

（3）呢中山服袖口有袖衩，学生服则无袖衩。

（4）中山服袋盖开纽眼，学生服袋盖不开纽眼。

📖 **练习题**

1. 按1:1比例绘制军便服及学生服结构图。

2. 简述中山服与军便服、学生服的异同。

狭义的中式服装，指中华民族的传统服装，由整片衣料构成，上衣的前后衣片和袖片连在一起，唯独衣领是分割组合的，裤子无侧缝，上下装均无省。成型后的中式服装除了衣领是立体的，其余都在同一平面上，基本上属于平面造型。

中式服装通常在结构制图前，先将衣料的幅宽对折，然后再长短对折，上面两层略为偏出，在此基础上制图。

中式服装一般分对襟与偏襟两种款式。对襟式可按常规制图（图10-1、图10-2）；偏襟式在衣料一折四之前必须先挖襟（有关挖襟知识将在第二节中作详细介绍）。

如图10-3所示有助于直观地比较中式服装与西式服装结构上的主要差异。由于西式服装属于立体造型，采用分肩缝、开袖窿、收省打裥等方法，因此西式服装较中式服装更符合人体。

装袖罩衫，一般称之为中西式结合服装，因其肩部与衣袖经过改良，吸收了西式服装的组装形式，体现了中装西式化的特点。

第十章
中式服装结构制图

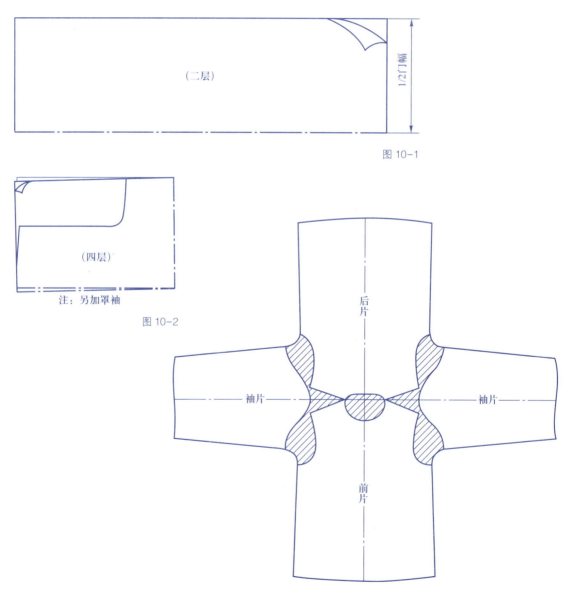

（二层）

1/2门幅

图 10-1

（四层）

注：另加罩袖

图 10-2

后片

袖片　　　　袖片

前片

图 10-3

第一节　男式对襟暗门襟罩衫

一、制图依据

（一）款式特征与适用面料

款式特征：领型为中式立领，前领口一副直脚纽，前中暗门襟，钉6粒纽，侧缝直插袋，开摆衩，后中设背缝，袖型为连袖无肩缝（图10-4）。

适用面料：府绸、薄花呢等。

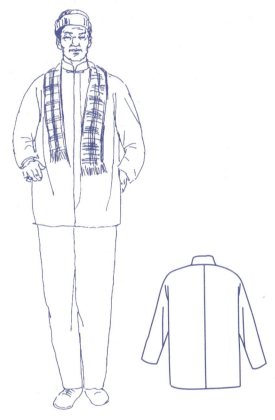

图 10-4

（二）测量要点

（1）衣长的测量　根据棉袄长度加放2 cm。

（2）胸围放松量　根据棉袄尺码放大1.5 cm。

（3）出手　根据棉袄尺码放长1~2 cm。

（4）领围　根据棉袄尺码放大1 cm。

（5）摆围　根据棉袄尺码放大3~4 cm。

（三）制图规格

单位：cm

号型	衣长	胸围（上腰）	领围	出手	摆围	前腰节长	袖口
165/88A	76	117	42	83	129	42	18.5

二、结构制图

（一）中式罩衫框架制图

中式罩衫框架制图，见图 10-5。

制图说明：挂肩由肩部折转线量下 B/5＋4 cm，作直线垂直背中线。

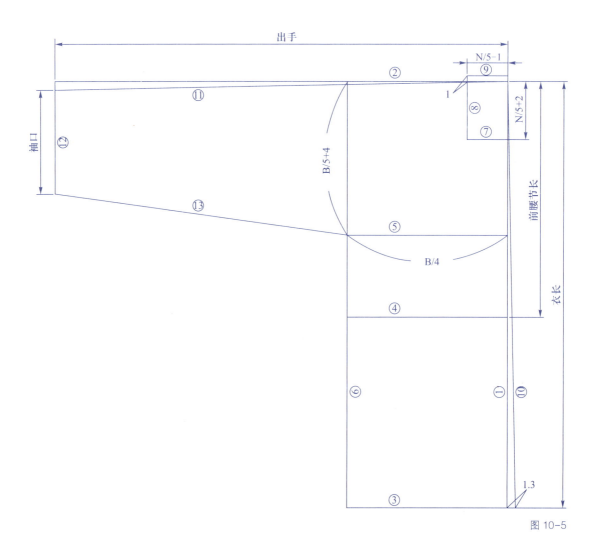

图 10-5

（二）中式罩衫结构制图

中式罩衫结构制图，含领片，见图 10-6。

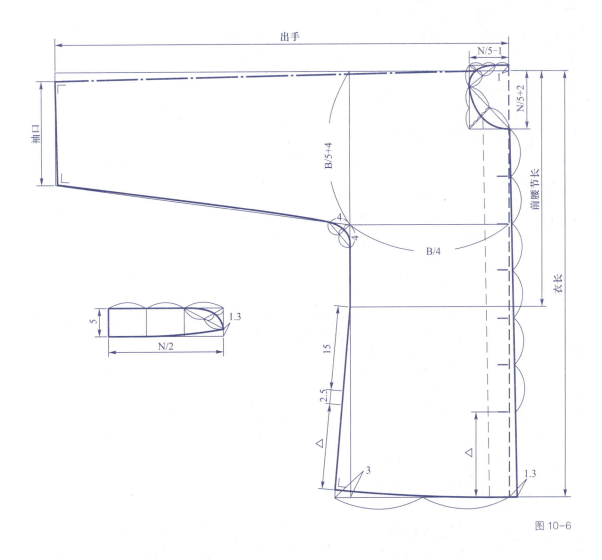

图 10-6

第二节　女式偏襟罩衫

一、制图依据

（一）款式特征与适用面料

款式特征：领型为中式立领，偏襟，6副直脚纽，侧缝直插袋，开摆衩。袖型为连袖无肩缝（图10-7）。

适用面料：参考男罩衫。

图 10-7

（二）测量要点

参考男罩衫。

（三）制图规格

单位：cm

号型	衣长	胸围（上腰）	腰围（中腰）	领围	出手	前腰节长	袖口
160/84A	66	100	90	36	71	40	15

（四）挖襟

偏襟中式罩衫在制图时，先要解决挖襟问题，而挖襟实际上是利用纤维组织的可塑性，采用工艺手段适当改变纤维的伸缩度和织物经纬组织的密度、方向及折料时折斜而形成的偏襟叠合。图 10-8 为展开的衣片结构图，揭示了由偏襟叠合成盖襟和有垫襟作缝的缝份余缝。

挖襟步骤：

（1）定襟位　肩线下 1/5 胸围 + 5 cm 作平行线（平行于前中线），距前中线为 1/4 胸围作平行线（平行于肩线），两线交点为襟位。距前领深（肩线下 1/5 领围 + 0.5 cm）下 0.7 cm 作前中线的垂直线，垂足与襟位连接，如图作弧线，并沿弧线剪开至肩线（图 10-9）。

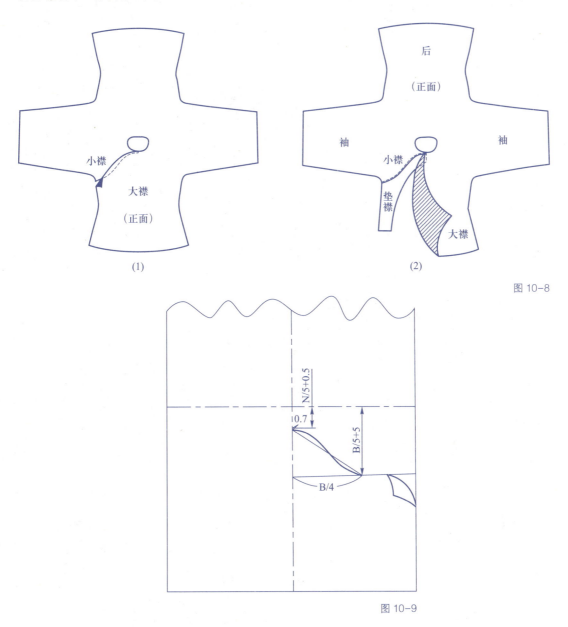

(1)　　　　　　　　　　(2)

图 10-8

图 10-9

（2）偏襟　将大襟按原来的对折线偏移 1.5 cm（图 10-10）。

（3）拔襟　自肩线与前领深线三等分点作长约 4.5 cm 的直线垂直于前中线，并沿线双层剪开（图 10-11）。

将上述开口大襟折叠 0.7 cm 左右，小襟拔开 0.7 cm 左右（图 10-12）。

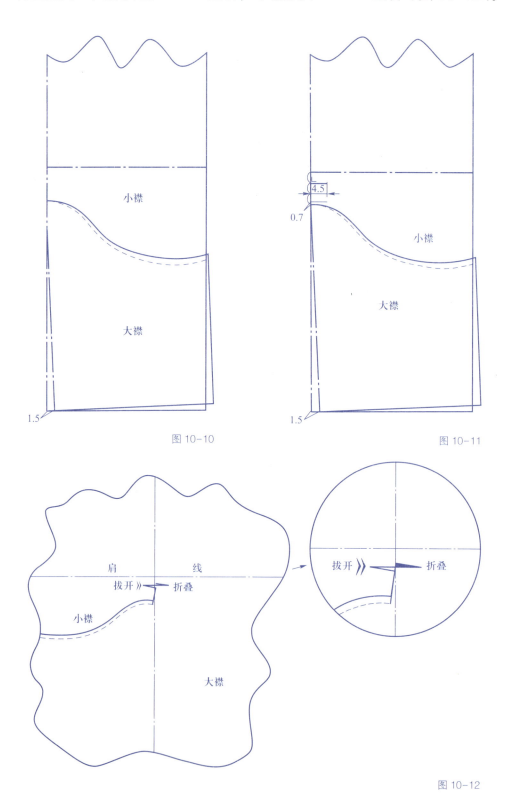

图 10-10　　　　　　　　　　　　图 10-11

图 10-12

　　　　　　　　　　　　　　　　第十章 中式服装结构制图

（4）扎襟　通过拔襟，使大小襟进一步叠合，然后再将后衣片按原对折线偏移 1.5 cm，将大小襟叠合部分固定（用针别或用线扎）。最后按肩线折转，前衣片向前略偏出 1.5 cm，变成四层（图 10-13、图 10-14）。

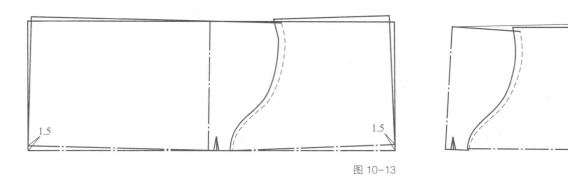

图 10-13　　　　　　　　　　　　　　　　　　　图 10-14

二、结构制图

（一）女式罩衫框架制图

女式罩衫框架制图，见图 10-15。

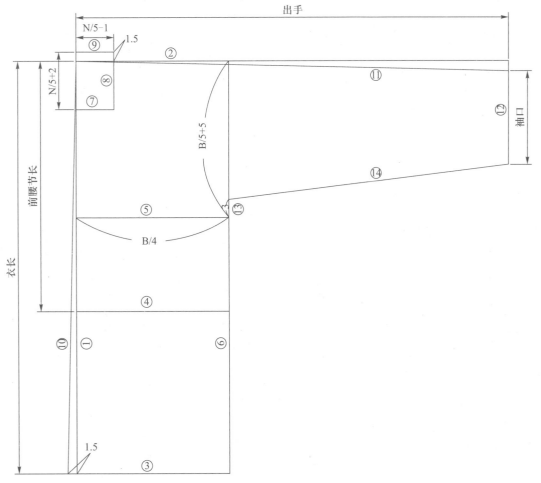

图 10-15

（二）女式罩衫结构制图

女式罩衫结构制图，含领片，见图10-16。

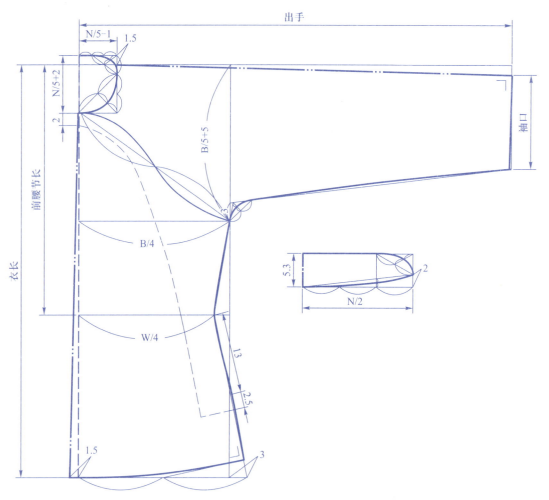

图 10-16

📖 **练习题**

按 1:1 比例制图，款式见图 10-7。

第三节　旗袍

旗袍，原指我国满族女性穿着的一种长袍，上下相连，如今所见的旗袍较前已有了很大的变化。

一、制图依据

（一）款式特征与适用面料

款式特征：领型为中式立领，前片收侧胸省及腰胸省，后片收腰省，偏襟，钉两副葫芦组，侧缝装拉链，开摆衩。袖型为装袖型短袖（图10-17）。

适用面料：丝绸等。

图 10-17

（二）测量要点

胸围放松量　净胸围加放 4~6 cm。

腰围放松量　净腰围加放 3~5 cm。

臀围放松量　净臀围加放 5~7 cm。

领围放松量　净领围加放 1~2 cm。

衣长测量　由颈肩点经胸高点量至踝骨以上 25 cm 左右。

（三）制图规格

号型	衣长	胸围 （上腰）	腰围 （中腰）	领围	臀围	肩宽	前腰节长	袖长	胸高位
160/84A	108	90	72	34	96	39	39	20	23

二、结构制图

（一）旗袍前后衣片框架制图

旗袍前后衣片框架制图，见图 10-18。

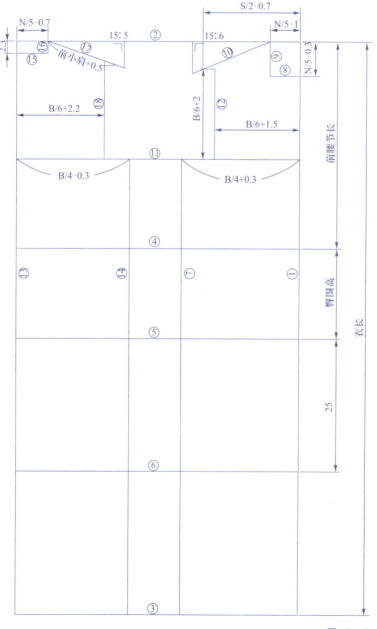

图 10-18

（二）旗袍前后衣片结构制图

旗袍前后衣片结构制图，见图 10-19。

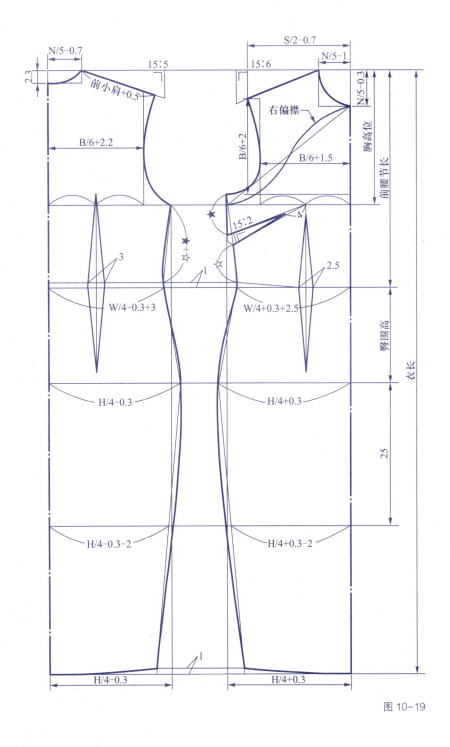

图 10-19

（三）旗袍袖片结构制图

见第五章女衬衫袖片制图。

（四）旗袍领片结构制图

见本章第二节——女式偏襟罩衫制图。

📖 **练习题**

按 1：1 比例制图，款式见图 10-17。

第十一章
童装结构制图

童装是指不同年龄段的儿童所穿着的服装的总称。儿童时期一般指孩童从出生起一直到 12 周岁的这一段时期。有些国家将中学时期的学生穿着的服装也纳入童装范围。

儿童体型与成人体型的不同点主要在于儿童是不断成长变化着的，儿童的体型或机能方面不是成人的缩小，而是随着发育成长，体型特征也随之变化，故在对童装进行结构制图时，绝不是将成人服装的尺码规格简单缩小，而是应根据不同年龄层次儿童的体型特征和生理要求，予以专门的设计与制图。

儿童服装依儿童成长过程，可分为婴儿期、幼儿期、学童期服装。按照各个不同时期儿童的体型特征，裁制出适合穿着要求的和符合实际需要的服装是至关重要的。儿童服装的裁制应注意：

第一，不要因为儿童发育成长较快，而任意将长裤裁制得过于宽长，儿童穿着后，会显得拖沓臃肿，而且会给行动带来不便。

第二，幼儿期儿童的体型特征是腰部较粗，有的甚至腹围超过胸围，因此不适宜给幼儿期的孩子穿束腰式的服装，特别是束腰式的裤和裙，否则会因腰部不明显，裤、裙系不住而自行下滑，故上下相连的连衣裙和背带裤比较适宜，此外紧身式或曲腰式服装也不适宜儿童穿着。儿童适宜穿各类宽腰式或直腰式的服装。

第三，儿童服装的式样结构不宜过于复杂，服装开襟均宜放在前面，纽扣不要太多，应便于儿童自行穿脱，尽可能用背带、松紧带、尼龙搭扣等附件，尽量不用带、祥等附件。

下面介绍男、女童服装制图及款式变化。

第一节　男童装

本节介绍的海军领男套装属幼儿期服装，这一时期的儿童穿着的衣料以耐洗而不易褪色的全棉织物最为理想。设计时应考虑其体型特点，衣服的开口尺寸应较大，结构要考虑穿脱方便。应从有利于儿童的活动和发育成长出发。

一、制图依据

（一）款式特征与适用面料

款式特征：上装为海军领，前片中间开襟，钉纽 3 粒，左胸贴袋 1 个，装领护胸、领带。袖口、袋口、领外围均设镶色荡条。下装为短裤，腰口全橡皮筋，两根橡皮筋缉 3 道线，裤脚口镶荡条（图 11-1）。

适用面料：宜选用吸湿透气性好的面料，如全棉布。

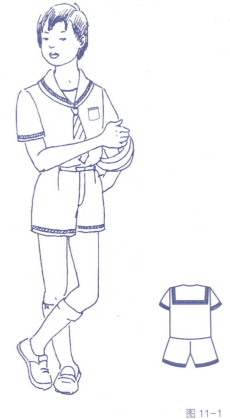

图 11-1

（二）测量要点

应注意，因儿童处于生长发育期，又活泼好动，胸围放松量不宜过紧，应适当宽松。

（三）制图规格

单位：cm

上衣	号型	衣长	胸围	肩宽	领围	袖长
	100/52	40.5	72.5	30	28	11.5

单位：cm

短裤	号型	裤长	上裆	臀围	脚口
	100/50	27.5	22.5	66.6	19

二、结构制图

（一）男童装前后衣片框架制图

男童装前后衣片框架制图，见图11-2。

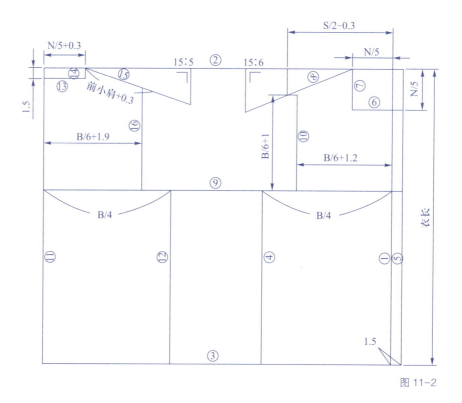

图11-2

（二）男童装前后衣片结构制图（图 11-3）

男童装前后衣片结构制图，见图 11-3。

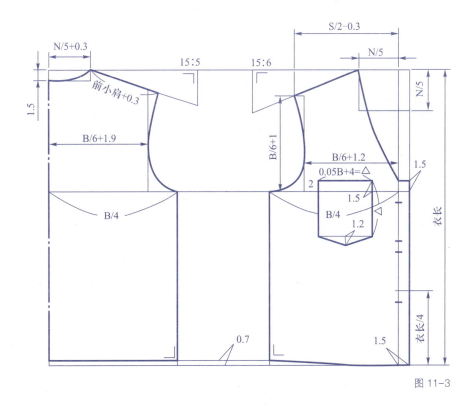

图 11-3

（三）男童装袖片框架制图

男童装袖片框架制图，见图 11-4。

（四）男童装袖片结构制图

男童装袖片结构制图，见图 11-5。

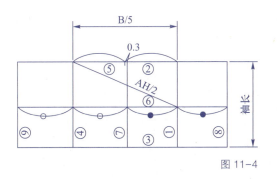

图 11-4

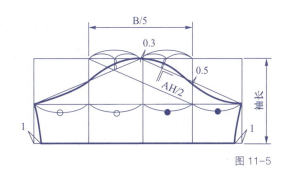

图 11-5

269

（五）男童装领片结构制图

男童装领片结构制图，见图11-6。

（六）男童装领护胸、领带结构制图

男童装领护胸、领带结构制图，见图11-7、图11-8。

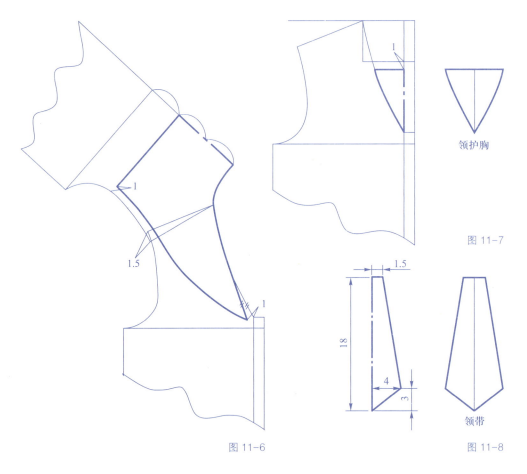

领护胸

图 11-7

图 11-6

图 11-8

领带

（七）男童装短裤框架制图

男童装短裤框架制图，见图11-9。

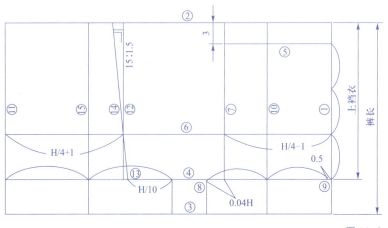

图 11-9

（八）男童装短裤结构制图

男童装短裤结构制图，见图 11-10。

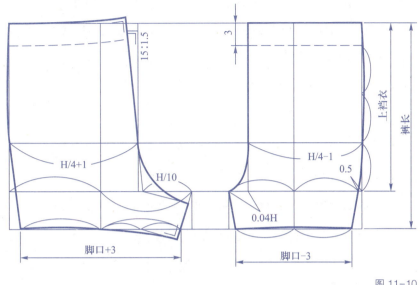

图 11-10

三、制图要领与说明

1. 底边起翘说明与处理

此款儿童套装因摆围与胸围相等，侧缝线与底边线成直角，就不存在侧缝偏斜度的问题，但是人体胸部挺起因素依然存在（童体多为挺胸体），因此应有基本起翘，而侧缝线与底边线的夹角可通过作弧线，作技巧性的处理（见男衬衫侧缝与底边的处理）。

2. 配领时，前后小肩叠透的原因

此款领型（海军领）属披肩领，制图时覆合在前后衣片的领圈弧线上配领片。配领时，应使前后小肩叠透一定数量（此款为 1.5 cm）。叠透的目的是缩短领外围线长度，使领脚稍抬起，但叠透量不宜过大，否则将使衣领无法放平。

📖 **练习题**

1. 按 1：1 比例制作男童套装结构图，款式如图 11-1 所示。
2. 童装侧缝线与底边线成直角，为什么还要起翘？
3. 海军领配领时，前后小肩为什么要叠透一定量？

第二节 女童装

本节介绍的女童装适合学龄期女童穿着。学龄期女童的服装，式样结构力求轻松活泼，并应充满童趣，如夹克衫、背心裙都是很好的选择。衣料宜选择容易去污，耐洗而透气性较好的织物，色彩宜淡雅、明朗，各类条格或点状图案的衣料很适合女童穿着。

一、制图依据

（一）款式特征与适用面料

款式特征：无领型圆领，前片上部方形分割，后片上部圆形分割。分割线处装饰荷叶边，前后片腰节处各收腰省两个，腰部装腰带，袖型为折裥型泡泡袖。裙子为三片斜裙，后中装拉链（拉链位置为后领圈中点至裙腰口下 10 cm 左右）（图 11-11）。

适用面料：各种薄型面料，如棉布、丝绸及仿丝绸类。

图 11-11

（二）测量要点

此款属合体类服装，适合 8 岁以上女童穿着。

（三）制图规格

号型	衣裙长	胸围	肩宽	领围	腰围	前腰节长	裙长	袖长
135/60	74	74	29.5	29.5	66	34	40	14

二、结构制图

（一）女童装前后衣片、裙片框架制图

女童装前后衣片、裙片框架制图，见图 11-12、图 11-13。

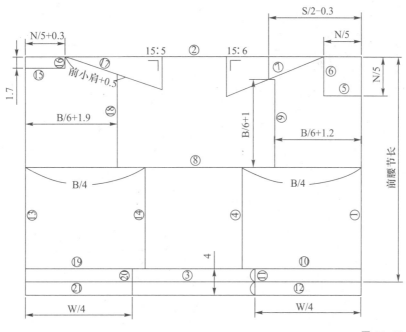

图 11-12

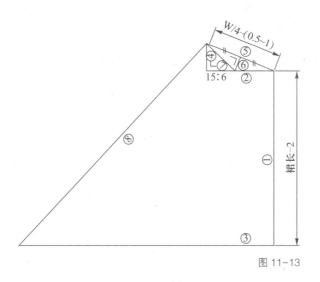

图 11-13

273

（二）女童装前后衣片、裙片结构制图

女童装前后衣片、裙片结构制图，见图11-14、图11-15。

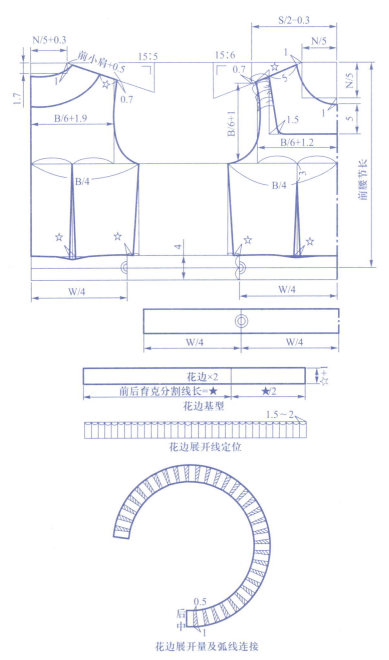

图 11-14

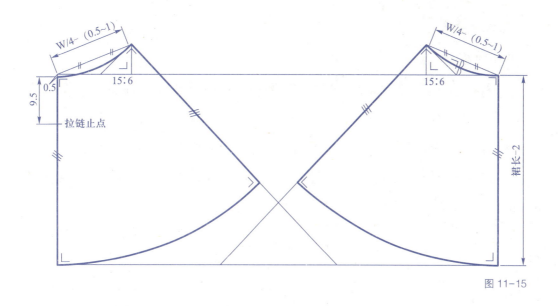

图 11-15

（三）女童装袖片框架制图

女童装袖片框架制图，见图 11-16。

（四）女童装袖片结构制图

女童装袖片结构制图，见图 11-17、图 11-18。

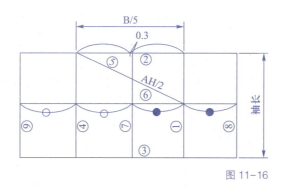

图 11-16

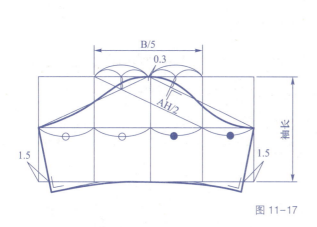

图 11-17

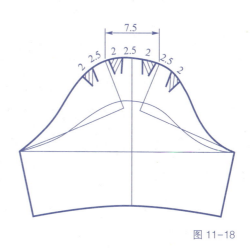

图 11-18

三、制图要领与说明

荷叶型花边结构处理方法：

（1）横向展开：即将需装饰花边的部位长度加上细褶收缩量（一般视面料性能而定）。

（2）旋转展开：即在花边上口定出旋转点，通过旋转展开花边下口。

（3）横向展开 + 旋转展开：即将前述两种方法叠加。具体展开方法如图11-14所示。

📖 **练习题**

1. 按 1 : 5 比例制图，款式如图 11-11 所示。
2. 简述肩宽减窄的原因。

第三节　童装款式变化

童装的变化主要表现在款式上，与成人服装的不同之处在于童装的款式变化首先要考虑儿童各个不同时期的体型特征，然后以此为依据进行款式变化，本节介绍男、女童装款式变化各一款。

一、男童装

（一）制图依据

1. 款式特征与适用面料

款式特征：领型为翻驳领，前中开襟钉纽4粒，前后片横分割，前片左右胸贴袋各1个，左右装袋盖贴袋各1个，后片横分割线下开背缝，袖型为一片式圆装袖。领、袋、门襟止口、育克缉明线（图11-19）。

适用面料：棉布、卡其布、化纤织物以及混纺毛织物等。

图 11-19

2. 制图规格

单位：cm

号型	衣长	胸围	肩宽	领围	袖长	前腰节长
140/68	53	84	35	32	47	35

（二）结构制图

1. 男童装前后衣片结构制图

男童装前后衣片结构制图，见图 11-20。

2. 男童装袖片结构制图

男童装袖片结构制图，见图 11-21。

3. 男童装领片结构制图

男童装领片结构制图，见图 11-22。

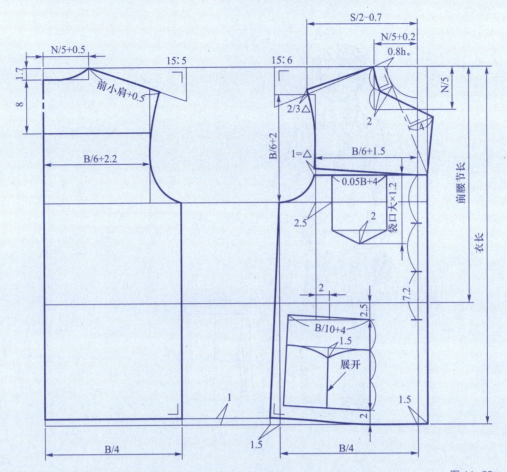

图 11-20

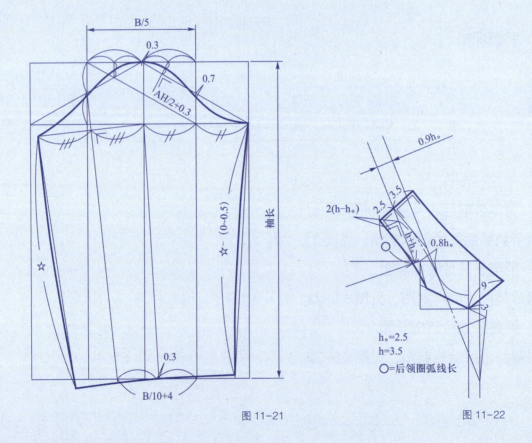

图 11-21

图 11-22

第十一章 童装结构制图

（三）制图要领与说明

男童装常采用在外形上以各种形态分割衣片的原因：

男童装讲究外形修饰，通常借助于特殊工艺（镶、嵌、滚、荡、绣等）的修饰，或者运用分割衣片的方法在结构上加以修饰。前一种修饰往往都是起装饰作用，而后一种修饰往往融实用与装饰功能为一体，使男童装更适合各年龄段男童的特点。因此男童装常在外形上以各种形态分割衣片，如能恰当地分割衣片，对增强服装的立体感，加强美感，衬托男童性格特征等方面均能起到良好的效果。

此要领与说明同样适合女童装。

分割结构的线条形状，一般是不规则的，有直线、斜线、弧线等，线条位置一般都通过胸部、腰部和臀部这三个主要部位，其中以胸部为主。分割的方法很多，有竖分割、横分割、斜分割、弧形分割，还有假分割等。竖分割是在一块衣片的内部，按照既定的结构位置，从一个部位到另一个部位（从上到下）进行分割；横分割是从左到右进行分割；而斜分割和弧形分割，则是斜向分割和利用弧线进行分割；假分割是在衣片上有结构线条，但不开断衣片的一种装饰线条。

二、女童装

（一）制图依据

1. 款式特征与适用面料

款式特征：领型为青果式翻驳领，前中开襟钉纽3粒，前片收腰省，左右贴袋各1个，后中开背缝，袖型为一片式收肘省圆装袖。领、袖口、袋口均镶异色料（图11-23）。

适用面料：女式呢、麦尔登等呢类。

图 11-23

2. 制图规格

单位：cm

号型	衣长	胸围	肩宽	领围	袖长	前腰节长
140/64	64	88	36	34	46	35.5

（二）结构制图

1. 女童装前后衣片结构制图

女童装前后衣片结构制图，见图 11-24。

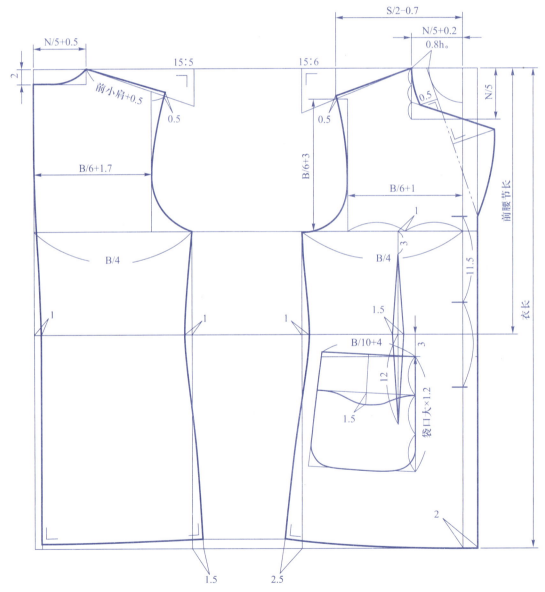

图 11-24

2. 女童装袖片结构制图

女童装袖片结构制图，见图 11-25、图 11-26。

3. 女童装领片结构制图

女童装领片结构制图，见图 11-27。

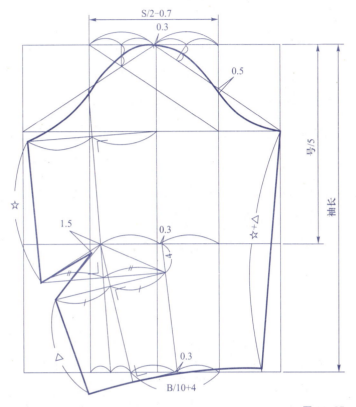

图 11-25

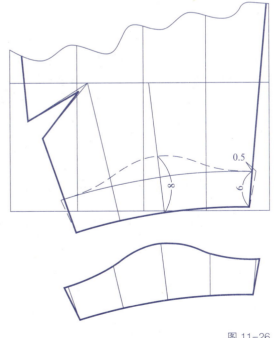

图 11-26

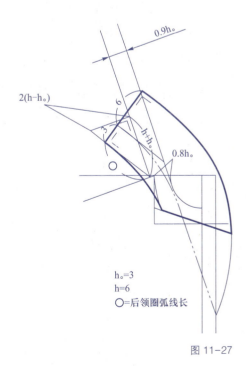

图 11-27

三、制图要领与说明

女童装的后领深控制不当引起肩缝后移的原因：

女童装的后领深大多控制在定数 1.3～1.7 cm 之间，这对于夏装与春秋装或者净胸围较小的女童比较适用，但对于女童冬装或者净胸围较大的女童就不适用了。

由于人体的肩部具有一定的厚度，且这种厚度随着穿着层次的增加而变厚，女童体也如此，而且女童体的穿着层次往往多于成人，因而，女童体肩部的增厚幅度要大于成人。当穿着层次为零时，1.3～1.7 cm 的后领深能使肩缝线恰好落在肩部中央的位置上。但随着穿着层次的增加，肩缝线便会逐渐偏离中央位置，产生肩缝线后移现象。这时如果在计算后领深时，再适当加一个穿着层次厚度的量，就不会产生这种现象了。同时要注意在增加后领深的同时，还必须相应增加前领深与前后领宽的规格。

此要领与说明同样适合男童装。

📖 练习题

1. 按 1:4 比例制作女童大衣结构图，款式如图 11-23 所示。
2. 按 1:1 比例制作男童外衣结构图，款式任选。
3. 童装有哪几种分割线条？
4. 分割线的功能有哪些？
5. 试述冬装后领深比夏装开得深的原因。

第十二章
服装样板制作

服装样板是服装裁剪、排料、画样等所用的标样纸板，服装工业生产中一般都是先制作样板后裁剪，通常将制作样板称为打样板。

服装样板制作分为两大部分，即标准样板制作与成套样板制作。

标准样板是根据服装的造型、款式、规格、面料质地性能和缝纫工艺要求，运用一定的裁剪制图计算公式，在软纸或硬纸板上画出服装衣片的部件和零部件的平面图（结构图）后制作的。

成套样板制作也被称为服装样板推档或服装系列样板，是成衣工业化生产中为满足不同体型穿着者的需要而制作的不同规格的样板。服装样板推档是以某一档规格的样板为基本样板，按一定的规格系列在服装各部位作放大或缩小的处理。

第一节　服装样板制作基础知识

服装样板制作前了解必备的工具、材料及相关的样板制作知识是很重要的。本节将介绍样板制作工具、样板制作用纸、样板的放缝、加放缩率与贴边、定位标记与文字标记等。其中样板制作工具和样板制作用纸均为手工样板制作所需。

一、样板制作工具

（一）直尺

直尺用来画直线条、校正两线是否垂直成绘制某些部位的直角等。这种直尺刻度清晰、准确，不易磨损。需要 50 cm 或 60 cm 直尺 1 把，30 cm 或 40 cm 直尺 1 把。

（二）塑料卷尺

200 cm 塑料卷尺 1 把，用来测量、检查核对样板各部位的规格，卷尺体积小，携带方便，刻度清晰、准确，测量方便。

（三）曲线板

20~30 cm 曲线板 1 把，用来画弧线。

（四）弯尺

50~60 cm 弯尺 1 把，用来画长距离的弧线，如裤装的侧缝，上装的侧缝等。弯尺顺直，不易磨损。

（五）铅笔

2H、HB 铅笔若干支。2H 铅笔较硬，画出的线条较细，通常用来画样板的辅助线；HB 铅笔较软，画出的线条较粗，通常用来画样板的轮廓线。

（六）橡皮

橡皮 1 块，用来擦去画错的线条、标错写错的文字字母。橡皮能有效地去除铅笔痕迹且不污染样板。

（七）号码图章

中号号码图章 1 副，用来标明样板上的型号、货号、款式号等。

（八）英文字母橡皮图章

用来标明样板上的款式，大、中、小规格等，橡皮图章标出的字体大小一致，清晰、规范。

（九）样板边章

长型样板边章 2 个，加盖样板四边，表明样板已复核准确，不得更改。

（十）剪刀

2 号或 3 号服装裁剪剪刀一把，用来裁剪样板，剪刀应保持锋利。

（十一）钻子

钻子 1 把，用于在样板上钻眼，做定位标记用。

（十二）冲头

1.5 mm 和 10 mm 皮带冲头各 1 个。1.5 mm 冲头用来打钻眼；10 mm 冲头用来打串样板的孔，也可用打孔器打串样板的孔。

（十三）胶带

胶带 1 卷，用来包住样板四周的边缘，防止样板在使用中磨损。胶带应选用薄而有韧性的透明胶带，以减少厚度。

（十四）订书机

订书机 1 个，在样板制作中用于样板与图纸的钉合。

（十五）夹子

铁皮夹子若干个，用来固定多层样板，防止样板移动，夹子应选用夹力较紧的。

二、样板制作用纸

制作样板的纸要求伸缩性小、纸张坚韧、纸面光洁并保持干燥整洁。服装样板用纸一般有以下几种。

（一）黄板纸

黄板纸一般可选用 400~500 g 的。黄板纸厚实、硬挺、不易磨损，适合制作长期使用的固定产品样板及大批量生产的样板。

（二）裱卡纸

裱卡纸应选用 250 g 左右的，裱卡纸纸面细洁，纸张韧性好，厚度适中，适合制作中等批量生产的样板。

（三）牛皮纸

牛皮纸应选用 100~130 g 的，牛皮纸薄且韧性好，裁剪容易，但硬度不足，适合制作小批量生产的样板。

三、样板的放缝

服装结构制图一般都是净缝，但样板制作与样板推档应采用毛缝，即按不同的款式、部位、工艺、材料在制作完成的净缝结构图上放缝。样板放缝的多少与裁片部位、款式、缝份结构、裁片形状与面料的质地有关。

（一）裁片部位

样板放缝的多少与裁片的不同部位有关。如后裤片的后缝，上部放 2~3 cm；中部放 1 cm；下部弧形处放 0.9 cm 缝份。

（二）服装款式

样板的放缝与服装款式有关。不同的款式对放缝的要求是不同的，如衣片上缉塔克，设塔克宽 0.2 cm，则应放 0.5 cm 缝份。

（三）缝份结构

样板的放缝与缝份结构有关，不同的缝份结构放缝的要求是不同的，如来去缝，设缝宽 0.6 cm，由于需要两次缝缉，缝份要稍宽些，一般应为 1.2 cm 左右；包缝设缝宽 0.6 cm，被包缝一侧应放 0.7~0.8 cm 缝份，包缝一侧应放 1.5 cm 缝份；拉驳缝设缝宽 1 cm，上一层应放 0.9 cm 缝份，下一层应放 1.4 cm 缝份，面料厚的可多放些。

（四）裁片形状

样板的放缝与裁片形状有关，一般地说，弧形部位放缝量少些；直线部位可多放些。

（五）面料质地

样板的放缝除了与以上因素有关外，还与织物的质地有着密切的关系。质地疏松、容易散失的面料，缝份应比一般面料多放些。

四、加放缩率与贴边

（一）加放缩率

制作样板时，应考虑面料的缝纫缩率、熨烫缩率及折转缩率。具体缩率视不同情况而定。

（二）加放贴边

服装的边缘部位需要加放贴边。如西裤脚口贴边一般放 4 cm 左右，卷脚边一般放 10 cm 左右；上衣底边的贴边一般放 3 cm，衬衫一般为 2 cm，两用衫、中山服等有里布的服装一般为 4 cm。

五、定位标记

样板上的定位标记主要有眼刀、钻眼（或点眼）两种。

（一）眼刀的作用

眼刀起着标明服装边缘部位宽窄、大小、位置的作用。

眼刀的制作要求是作三角形，三角形深 0.3～0.5 cm，宽 0.2 cm。

眼刀标明的内容有：

（1）缝份和贴边的宽窄。

（2）收省的位置和大小。

（3）开衩的位置。

（4）零部件的装配位置。

（5）缝纫装配时的对刀位置。

（6）贴袋、袖头等的前侧和上端。

（7）折裥、缉裥、缝线的位置或细褶的起止点。

（8）裁片对条、对格的位置。

（9）其他需要标明位置、大小的部位。

（二）钻眼的作用

钻眼起着标明服装中间部位宽窄、大小、位置的作用。

钻眼标明的内容和要求：

（1）收省长度　钻眼一般比收省的实际长度短 1 cm。

（2）橄榄省的大小　钻眼一般比收省的两边各偏进 0.3 cm。

（3）装袋和开袋的位置和大小　钻眼一般比袋的实际大小，偏进 0.3 cm。

定位标记对裁剪与缝纫都起到一定的指导作用，因此必须按照既定的规格和位置打准，否则，将会导致裁剪与缝纫的装配错误，影响产品质量。

六、文字标记

样板上除了定位标记外，还必须标上必要的文字标记，样板上的文字标记包括以下内容：

（1）产品型号　同一产品的型号如有几种不同的款式，应在型号下标注清楚，以免混淆。

（2）产品规格　样板上必须清楚无误地标明产品的规格以及各部位的小规格。

（3）样板种类　样板上要分别标明面料样板、衬料样板、里料样板、劈剪样板等。此外，缝纫时用的净样板、熨烫时用的扣烫样板都要分别标注清楚。

（4）样板位置　有的产品，样板左右不对称，应在样板上标明左右片和正反面。

（5）丝绺线　样板上应醒目地标明经纬方向，斜向面料的样板要标明斜丝绺。

（6）零部件　零部件上应标上向上或下、前或后的方向标记。

（7）片数不固定的零部件　应在样板上标明每件（条）应裁的片数。

文字标记中的阿拉伯数字和英文字母，应尽量用图章印上，其余用正楷书写，图章印记及手书均要端正，不可涂改。

📖**练习题**

1. 服装样板制作都需要哪些工具？

2. 如何做定位标记。

第二节　服装样板推档

服装样板推档（以下简称为样板推档）又可被称作推板、扩号、放码等。样板推档是制作成套样板最科学、最实用的方法，尤其是在成衣化生产中应用广泛。样板推档的特点是速度快、误差小，且可以将数档规格的样板绘制在一张图纸上，便于保管，便于归档。

一、样板推档的基本原理与方法

（一）样板推档的基本原理

样板推档是以某一档规格的样板（标准样板）为基础，按既定的规格系列进行有规律地放大或缩小样板的制作方法。所谓标准样板是指成套样板中最先制作的样板，也称中心样板、基本样板或母板。

从数学角度看，推档完成的样板与标准样板应是相似形，即经过扩大或缩小的样板与标准样板结构相符。

（二）样板推档的方法

样板推档的方法很多，但最基本、最常见的有以下两种：

1. 总图推档法

以最小档（或最大档）规格的样板为基础，按规格系列作出最大档（或最小档）规格的样板，然后通过逐次等分制出中间各档规格的样板。

2. 逐档推档法

以中间规格的样板为基础，按规格系列采用推一档制作一档的方法，制出各档规格的样板。

上述两种方法各有优缺点，具体如下：

总图推档法的优点是适合多档规格的推档，档数越多，效率越高。精确度高且便于技术存档。缺点是步骤繁复，速度较慢。

逐档推档法的优点是较灵活，适合有规律或无规律地跳档，速度较快。缺点是当档数较多时，存在一定的误差。

总图推档法和逐档推档法的优缺点构成了它们的互补关系，因此学习者应在全面掌握的基础上灵活应用。

二、样板推档的要领与说明

（一）标准样板的选择

标准样板是样板推档的必要条件。无论采用哪一种推档方法，都必须先确定标准样板，但是根据推档方法的特点不同，选用的标准样板的规格也有所不同。在前述两种方法中，总图法的标准样板应选用最小号或最大号规格样板，因为总图法是在最小号与最大号规格框定之后，再求取中间各档规格。逐档推档法的标准样板在条件许可的情况下，宜选用一套样板中的中间规格，如 S、M、L 三档规格，应选用 M 规格，因为使用中间规格，可使标准样板的利用率增加，以减少误差。

（二）全套规格系列

全套规格系列是样板推档的另一必要条件。样板推档就是对全套规格系列进行逐个部位的系统分析、计算与分配处理。样板推档应在保持服装款式不变的前提下，变化服装的规格。

（三）推档公共线的选择

所谓公共线（基准线）是指以一条轮廓线或主要辅助线作为各档样板的重合线条，即几档规格样板所共同使用的线条。公共线的特征是重叠不推移。公共线的选择原则是线条清晰、制图方便快捷。公共线设立的条件是公共线必须是直线或曲率非常小的弧线；公共线应选用纵、横方向的线条且互相垂直。下表列出可作为公共线的部分结构线，见表 12-1。

表 12-1　可作为公共线的部分结构线表

服装	部位	经、纬向	公共线
上装	衣片	经向	前后中心线、胸背宽线
		纬向	上平线、胸围线、衣长线
	衣袖	经向	袖中线、前袖直线
		纬向	上平线、袖山高线、袖肘线
	衣领	经向	领中线
		纬向	领宽线
下装	裤	经向	前后烫迹线、侧缝直线
		纬向	上平线、横裆线、裤长线
	裙	经向	前后中线、侧缝线
		纬向	上平线、臀围线、裙长线

（四）规格档差与推档数值的说明

规格档差即一档规格与另一档规格的差数。如大、中、小三档规格的胸围分别为 98 cm、100 cm、102 cm，其规格档差即为 2 cm。各种不同规格型号的档差，形成了同批产品的全套规格系列。

推档数值即在推档中各个部位具体应用的数据。推档数值的数据处理方法大致有以下几种：

（1）推档规格等于规格档差，如裤长规格档差是 3 cm，其推档数值也是 3 cm。

（2）推档数值与标准样板上的规格大小一致，如叠门宽度、衩的宽度。

（3）推档数值必须经过处理而得到。因为规格系列中所列的一般是主要部位规格，其余非主要部位规格，如西裤的前后窿门等，需要利用结构制图时采用的计算公式的比例系数求取，具体方法是比例系数乘以相关部位的规格档差。有时也可根据造型结构的整体协调性处理推档数值。

三、样板推档步骤

（一）总图推档法的操作步骤

（1）制作最小号（或最大号）规格样板为标准样板，剪下样板。

（2）确定推档公共线。

（3）确定规格档差和推档数值，制出最大号（或最小号）规格样板。

（4）运用同位点连线等分制出中间各档规格。

（5）复制下各档规格样板。

（二）逐档推档法的操作步骤

（1）制作中号规格样板为标准样板，剪下样板。

（2）确定推档公共线。

（3）将样板纸铺在标准样板下，确定规格档差和推档数值后，推出大号（或小号）规格样板，并且剪下样板。

（4）如有多档规格，再将剪下的样板作为标准样板，继续推剪。

四、推档实例介绍

（一）男西裤推档实例

1. 男西裤推档规格见表 12-2，男西裤各部位推档数值见表 12-3

表 12-2　男西裤推档规格　　　　　　　　　　　　　　　　单位：cm

部位	号型 170/68Y	号型 175/72Y	号型 180/76Y	规格档差
	S（小号）	M（中号）	L（大号）	
裤长	100	103	106	3
腰围	70	74	78	4
臀围	98	102	106	4
上裆	28	28.6	29.2	0.6
中裆	22	22.6	23.2	0.6
脚口	20	20.6	21.2	0.6

表 12-3　男西裤各部位推档数值　　　　　　　　　　　　　单位：cm

推档部位	规格档差	使用比例	推档数值	推档部位	规格档差	使用比例	推档数值
裤长	3		3	前后臀围	4	1/4 臀围	1
上裆长	0.6		0.6	前后中裆宽	0.6		0.6
臀高	0.6	1/3 上裆	0.2	前后脚口宽	0.6		0.6
中裆高	3	1/2 裤长	1.5	前窿门宽	4	0.04 臀围	0.16
前后腰围	4	1/4 腰围	1	后窿门宽	4	0.1 臀围	0.4

2. 男西裤推档实例（Ⅰ）

公共线选择：烫迹线、上平线

（1）制作标样　按照前述的制图方法、步骤以及计算公式，先制出小号规格的前、后裤片，并加上缝份、贴边以及因面料、工艺因素而需加放的缩率，从而制出一档完整的小号规格样板，作为标样（基础样板）（图 12-1）。

（2）确定公共线　为了使样板推档后所得的各档样板准确，跳档合理，应在每片裁片的经纬方向上各确定一条线作为推档时的公共线。如裤片的经向一般取烫迹线作为公共线，纬向取上平线作为公共线，经纬方向的公共线必须相互垂直。

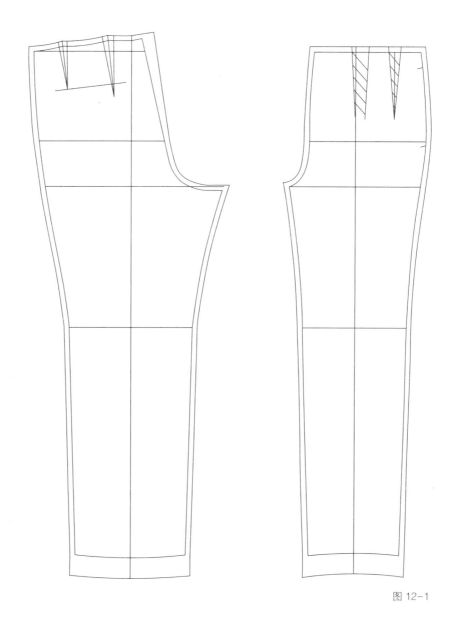

图 12-1

（3）制作大号规格样板　检查核对用作推档的标样样板的规格、数据是否准确无误，经纬向公共线是否互相垂直。然后以小号规格样板的公共线为基础，在小号规格标样上制出大号规格样板（图 12-2）。

具体方法和步骤是：先横后竖，定点画弧线定位：

① 横线　上平线作为纬向公共线与标样重叠。臀高线、上裆线、中裆线、脚口线按每档"推档数值"乘以 2，在标样上向下画准。

② 竖线（直线）　前后烫迹线作为公共线与标样重叠。腰围线和臀围线按每档"推档数值"乘以 2，即 4×2＝8 cm 平均分配在前后裤片上，所以每片裤片各放大 2 cm。前裤片放大的 2 cm，在前裆缝一边取放量的 2/5，侧缝一边取放

　　　　　　　　　　　　　第十二章 服装样板制作

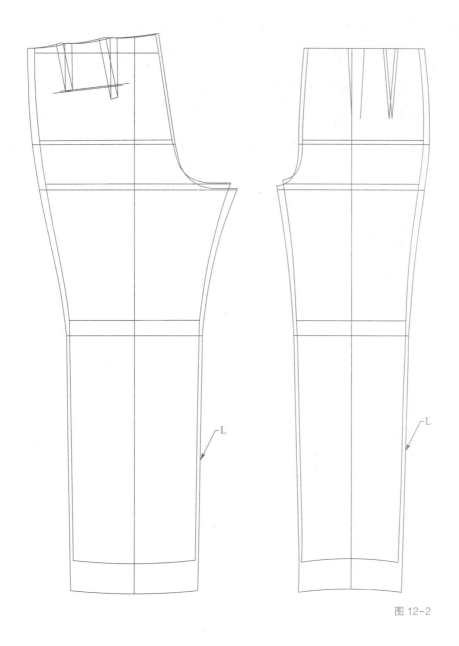

图 12-2

量的 3/5，并在前窿门处另加前窿门的"推档数值"乘以 2（即前裆缝放量 + 前窿门放量），后裤片放大的 2 cm，在后裆缝一边取放量的 1/3，侧缝一边取放量的 2/3，并在后窿门处另加放后窿门的"推档数值"乘以 2（即后裆缝放量 + 后窿门放量）。

　　上裆线、中裆线、脚口线按每档"推档数值"乘以 2 计算，所得的数值平均分配在标样左右两边对应线上，画线时均先定点，后画准。

　　③ 定点画弧　在弧形部位，如前、后窿门，后腰口线等部位，可增画几个点，在定点的基础上，画顺弧线。

④定位　定前裥位、后省位、前袋位、后袋位等。

（4）运用等分法推出各档规格样板　在小号样板和大号样板的各部位之间画斜线连接，按所需的规格档数减1，然后等分各部位的斜线。例如，需要制作的样板档数为五档规格时，以5−1＝4，四等分每一部位的斜线，连接各档规格的各点，就能制出所需的每档规格的样板（图12-3、图12-4）。

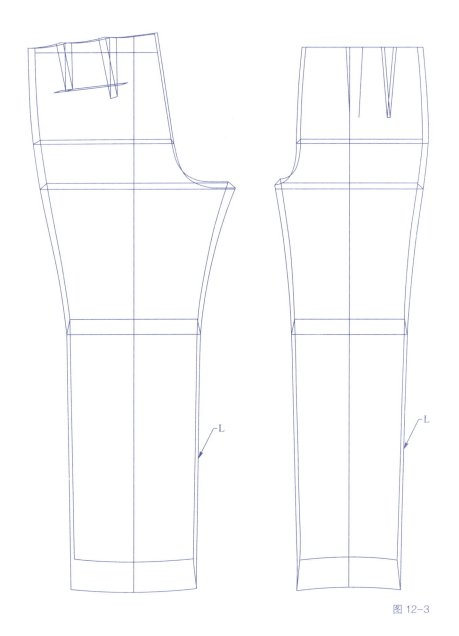

图 12-3

　　　　　　　　　　　　　　　　　　　第十二章 服装样板制作

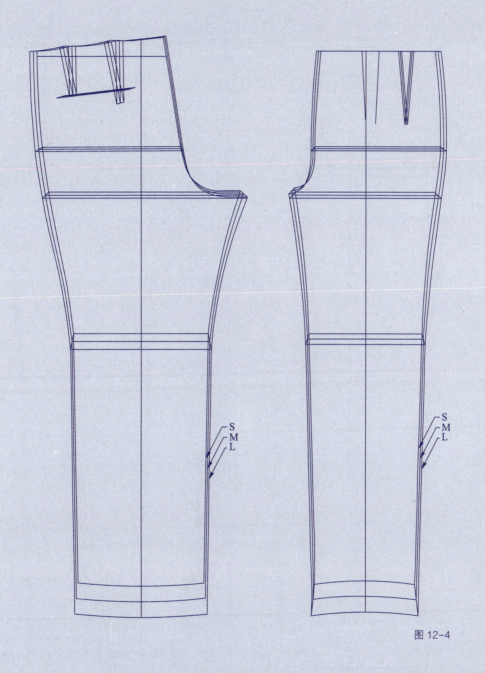

图 12-4

3. 男西裤推档实例（Ⅱ）

公共线选择：横裆线、烫迹线（图 12-5）。

图 12-5 中所标数据均为一档规格样板的推档数值。

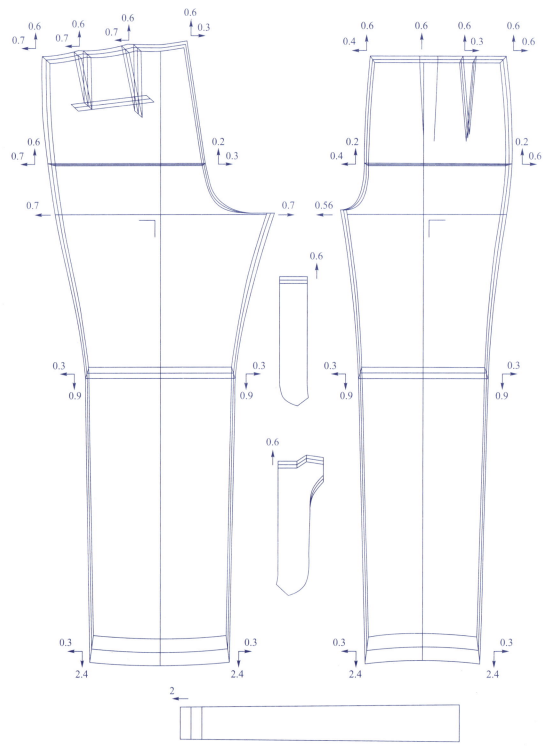

图 12-5

（二）女裙推档实例

1. 女裙推档规格及各部位推档数值

见表12-4、表12-5。

表12-4　女裙推档规格　　　　　　　　　　　　　　　　　　单位：cm

部位	155/70B	160/72B	165/74B	规格档差
	S（小号）	M（中号）	L（大号）	
裙长	66	68	70	2
腰围	72	74	76	2
臀围	92	94	96	2
臀高	16.5	17	17.5	0.5

表12-5　女裙各部位推档数值　　　　　　　　　　　　　　　单位：cm

推档部位	规格档差	使用比例	推档数值	推档部位	规格档差	使用比例	推档数值
裙长	2		2	前后臀围	2	1/4 臀围	0.5
臀高	0.5		0.5	前后摆围		与臀围同步	0.5
前后腰围	2	1/4 腰围	0.5				

2. 女裙推档图

公共线选择：上平线、前（后）中线（图12-6）。

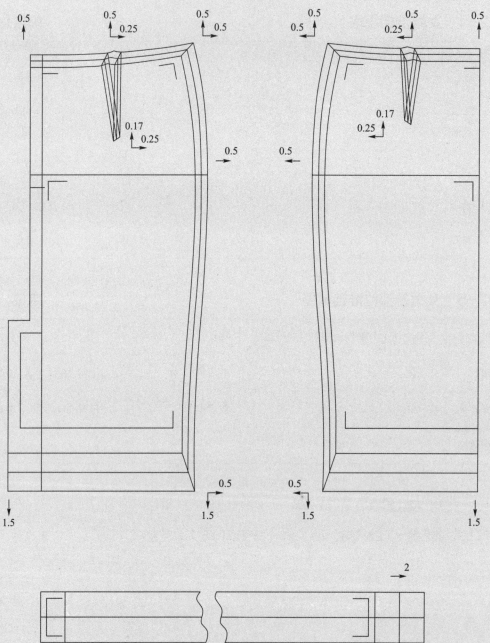

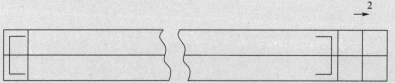

图 12-6

（三）女衬衫推档实例

1. 女衬衫推档规格及各部位推档数值

见表 12-6、表 12-7。

表 12-6 女衬衫推档规格　　　　　　　　　　　　　　　单位：cm

部位	160/84A	165/88A	170/92A	规格档差
	S（小号）	M（中号）	L（大号）	
衣长	64	66	68	2
胸围	96	100	104	4
肩宽	40	41	42	1
领围	36	37	38	1
腰节长	40	41	42	1
袖长	56	57.5	58	1.5
袖口	20	21	22	1

表 12-7 女衬衫各部位推档数值　　　　　　　　　　　　单位：cm

推档部位	规格档差	使用比例	推档数值	推档部位	规格档差	使用比例	推档数值
衣长	2		2	背宽	4	1/6 胸围	0.67
前后领深	1	0.2 领围	0.2	前后胸围	4	1/4 胸围	1
前后领宽	1	0.2 领围	0.2	前后腰围		与胸围同步	1
袖窿深	4	1/6 胸围	0.67	前后摆围		与胸围同步	1
腰节长	1		1	袖长	1.5		1.5
肩宽	1	1/2 肩宽	0.5	袖口	1		1
胸宽	4	1/6 胸围	0.67	袖衩	1	1/4 袖口	0.25

2. 女衬衫推档图

公共线选择即衣片：胸围线、前后中线；袖片：袖山高线、袖中线（图 12-7）。

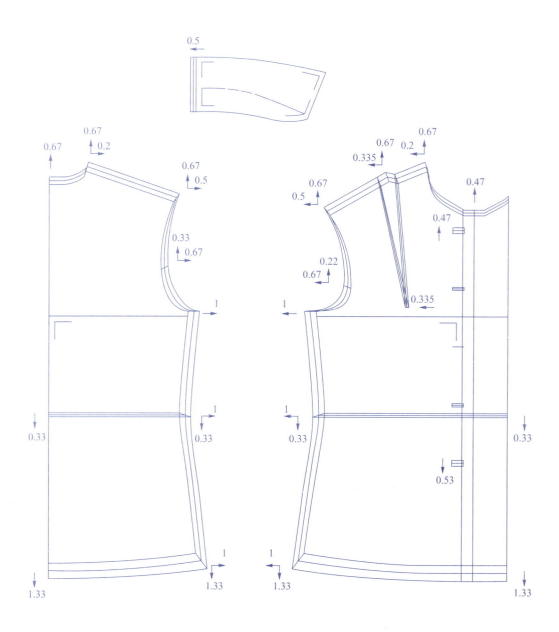

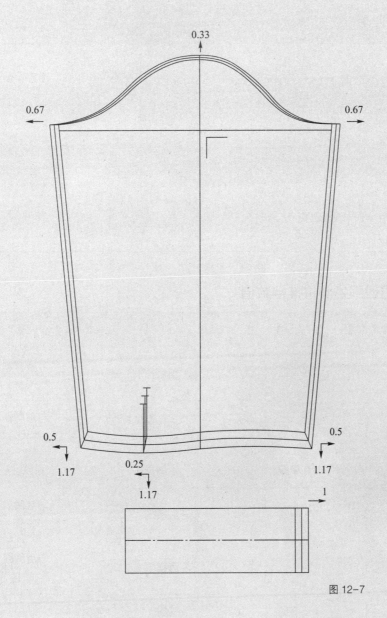

图 12-7

（四）男西服推档实例

1. 男西服推档规格及推档数值，见表 12-8、表 12-9。

表12-8　男西服推档规格　　　　　　　　　　　　　　　　　　单位：cm

部位	170/88A	175/91A	175/94A	规格档差
	S（小号）	M（中号）	L（大号）	
衣长	75	77	79	2
胸围	108	111	114	3
肩宽	45	46	47	1
领围	40	41	42	1
背长	42.5	43.5	44.5	1
袖长	58.5	60	61.5	1.5

表12-9　男西服各部位推档数值　　　　　　　　　　　　　　　单位：cm

推档部位	规格档差	使用比例	推档数值	推档部位	规格档差	使用比例	推档数值
衣长	2		2	前腰围		与前胸围同步	1
前后领深	1	0.2 领围	0.2	前摆围		与前胸围同步	1
前后领宽	1	0.2 领围	0.2	后胸围	3	1/6 胸围	0.5
袖窿深	3	1/6 胸围	0.5	后腰围		与后胸围同步	0.5
腰节长	1		1	后摆围		与后胸围同步	0.5
肩宽	1	1/2 肩宽	0.5	袖长	1.5		1.5
胸宽	3	1/6 胸围	0.5	袖肘高	5	0.2 号	1
背宽	3	1/6 胸围	0.5	袖口	3	0.1 胸围	0.3
前胸围	3	1/3 胸围	1				

2. 男西服推档图

公共线选择：衣片为胸围线、前（后）中线；袖片为袖山高线、前袖侧线（图 12-8）。

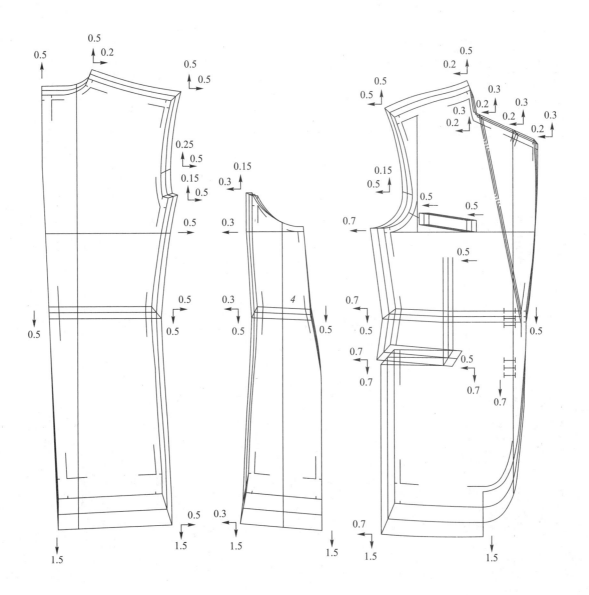

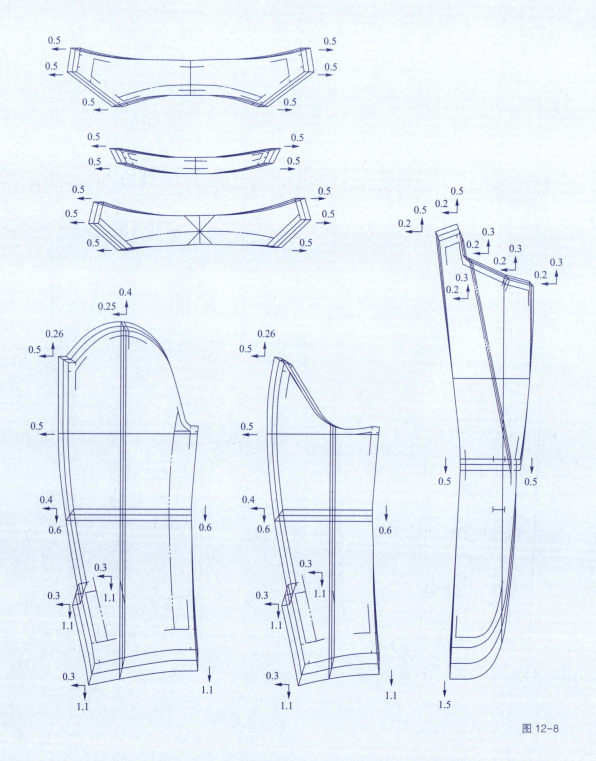

图 12-8

1. 服装样板推档的基本原理与方法是什么？

2. 服装样板推档有哪些要领？

第三节　服装样板的检查与复核

服装样板制作完成后，应仔细地检查复核一遍。

一、检查复核的内容

（1）型号、款式与规格是否正确。

（2）组合结构是否合理。

（3）样板跳档是否合理。

（4）贴边与缝份是否符合工艺要求。

（5）组合部位里外围吃势是否恰当。

（6）样板规格与面料缩率是否相符。

（7）省、裥、袋位标记和眼刀、钻眼是否正确。

（8）样板规格与缝缉线缩率是否相符。

（9）样板的文字标记是否清楚准确，有否遗漏。

（10）样板的丝绺标记是否准确。

（11）样板的面、里、衬；毛样、劈样和净样等字样和样板所需的数量是否标明。

二、复核方法

（一）复核标样

1. 目测

目测样板轮廓是否光滑顺直，弧线是否圆顺，领口、袖窿、裤窿门等部位形状是否准确。

2. 测量

用测量工具测量样板的规格、各部位使用的计算公式和具体数据是否准确。

3. 用样板相互核对

例如前后裤片侧缝长度是否一致，上衣前后衣片侧缝长度是否一致等。

（二）复核各档规格样板

标样复核准确无误后，按下列方法复核各档规格的样板：

（1）各档规格经纬公共线是否可以重叠。

（2）目测各档规格线条是否顺直、弧线是否圆顺。

（3）测量跳档数值是否准确。

三、复核要求

（1）对照规格单、工艺单、来样和图稿等要求进行核对。

（2）逐项进行核对，检查核对完一项要做上记号，以防遗漏。

（3）样板型号、款式、规格、贴边缝份、大小跳档距离都必须符合规定，组合部位吃势必须符合原定要求。

（4）样板经核对准确后，应在样板边框上加盖长型样边章。

（5）做好样板复核记录，复核者签名盖章。

样板复核后发现严重技术性错误，应发还样板制作者，将存在的问题改正后，经重新检查复核，准确无误后方可使用。

📖 练习题

1. 服装样板应检查与复核哪些内容？

2. 服装样板的复核方法是什么？

第十三章
服装裁剪

服装裁剪是服装缝纫的上道工序，裁剪质量优劣必然影响到缝纫质量，甚至关系到服装成品的质量，因此，裁剪在服装制作中起着重要的作用。

服装裁剪可分为商业服务性单件量体裁剪和工业性批量裁剪两种。商业服务性单件量体裁剪的特点是按照人体特点及穿着者的要求进行裁剪，因此能做到最大限度地满足穿着者的需求，达到适身合体的效果。其不足之处是各裁片之间排列不紧密，用料较费，工作效率低。工业性批量裁剪的特点是机械化程度高，规格准确，用料节约，工作效率高。其不足之处是对个体体型的适应性不强。

第一节　服装裁剪的基础知识

服装裁剪的基础知识是指裁剪之前和裁剪时应掌握的相关知识，包括裁剪工具、裁剪术语及与裁剪有关的服装材料知识等内容。

一、裁剪工具

裁剪常用工具主要有以下几种：

（1）2 或 3 号裁剪剪刀一把。

（2）画粉若干块（颜色包括白、蓝、黄、红等）。

（3）锥子一只，做定位标记用。

（4）夹子若干只，夹住织物，防止移动。

（5）压铁若干只，压住织物，防止移动。

（6）有机玻璃直尺若干把（30 cm、60 cm、100 cm 等）。

（7）软尺一把，测量长度及弯度规格。

二、裁剪术语

（1）画样　单件画样指按款式、规格直接在面料上画出裁剪线条；批量生产画样指按已完成的服装样板在面料上画出裁剪线条。

（2）开剪　按画样线条把面料剪成裁片。

（3）眼刀　在裁片的某部位剪一小缺口，做定位标记用。

（4）钻眼　打在裁片上做定位标记的孔眼。

（5）换片　调换不符合质量要求的裁片。

（6）配零料　除衣裤裙等主要裁片以外的零部件。

（7）丝绺　织物的经向、纬向、斜向，行业中称为直丝绺、横丝绺、斜丝绺。

（8）弧度　弧形线的弯曲形状，如袖窿弧线的弧度。

（9）对刀　眼刀与眼刀相对或眼刀与衣缝相对。

（10）失出　指某些疏松的面料，经开剪后经纬纱一根根失落下来。

三、与裁剪有关的服装材料知识

（一）织物正反面的识别

识别织物正反面的方法大致有以下五种：

1. 根据织物的织纹识别

常见的织纹有平纹、斜纹和缎纹三种。平纹织物的正反面在外观上无多大差异，因此往往没有正反之分；斜纹织物可分为纱织物（如斜纹布、纱卡其等）和线织物（如单面线卡、双面线卡）。斜纹织物的正反面纹路明显清晰，纱织物的正面纹向为一捺（＼），线织物的正面纹向为一撇（／）。缎纹织物分为经面缎纹和纬面缎纹两种。经面缎纹的正面经纱浮出较多，纬面缎纹的正面纬纱浮出较多，缎纹织物的正面比较平整并富有光泽，反面织纹不明显，光泽比较晦暗。

2. 根据织物的花纹、色泽识别

各种织物的花纹正面清晰、洁净，花纹线条明显，层次分明，色泽鲜艳；反面则比较浅淡模糊。

3. 根据织物提花、提条花纹识别

提花织物的正面花纹或条纹都比较明显，线条轮廓清晰，光泽匀净美观；反面则暗淡、不分明。

4. 根据织物布边识别

一般织物的布边正面比反面平整清晰，反面的布边边缘向里卷曲。有些织物（如毛、丝织物）的布边上织有文字，正面的文字正写并清晰光洁，反面的文字方向相反且模糊。

5. 按出厂印章识别

有些织物（整匹织物）两端布角 5 cm 之内加盖圆形印章，一般有印章面为正面。

除上述识别方法以外，还要靠平时多观察、多比较、多分析，才能熟练识别各种织物的正反面。

（二）缩水率的试验

织物缩水的原因是织物本身具有的吸湿性和在织造过程中受到的牵伸和弯曲。织物印染时会受到伸长和拉宽，使纤维不断受到外力的作用而变形，在干燥时暂时稳定，但遇到水分和加热熨烫后变形部位急速复原，于是就造成了剧烈收缩。缩水率的大小主要取决于纺织生产过程中机械强力大小（强伸硬拉会使织物的缩水率增大），同时也与织物经纬密度的大小有关。常用的织物缩水率试验方法有以下四种。

1. 自然缩率试验

自然缩率试验指通过透风的方法，试验织物受外界空气、风、光、热和水蒸气的影响产生自然回缩的程度。试验的方法是将整匹折叠的面料拆散、放松，静放 24 小时后进行复测计算出缩率。

2. 干烫缩率试验

干烫缩率试验指用熨烫的方法试验面料受热后收缩的程度，具体操作是按面料所能承受的最高温度在面料上来回熨烫，待冷却后测量它的长度和宽度，然后与熨烫前的面料长度和宽度比较，计算出缩率。

3. 喷水缩率试验

喷水缩率试验指将面料喷水以试验其受潮产生回缩的程度，具体操作为用清水将试样面料喷潮，水分要均匀，然后将试样面料用手捏皱，再抚平，在室内自然透风晾干，干后烫平，不能拉伸，然后计算缩率。

4. 水浸缩率试验

水浸缩率试验指将试样面料浸在水里，试验其产生回缩的程度，具体操作为将试样面料浸在 60 ℃的清洁温水中，用手揉一揉，浸泡 15 分钟后取出，将试样面料对折再对折成方形，用手压出水分（不要拧绞），然后抚平、晾干后计算缩率。

（三）织物经、纬、斜向与服装裁剪的关系

服装面料大都由经纬纱线交织而成。在整匹面料中长度方向被称为经向（纵向），宽度方向被称为纬向（横向），在经纬之间的被称为斜向，在行业中被称为直丝绺、横丝绺、斜丝绺。各种丝绺具有各自独特的性能（具体见第一章第三节服装款式、材料与缝制工艺中的有关材料部分的内容）。

在配制各种不同丝绺面料的裁片和零部件时要注意各种丝绺性能的反作用。不宜将不同丝绺的裁片和零部件作上下层组合。如袋盖的面用横丝绺，袋盖的里也应选用横丝绺，以免由于横丝绺和直丝绺的伸缩率不同而引起皱缩不平。

（四）服装零部件的直料、横料、斜料

在整匹面料中没有直料、横料和斜料之分。因为整匹面料是完整的，所以不会将某一匹面料称为直料、横料、斜料。只有当其被剪裁、冲断为一块面料或裁成零部件时才有直料、横料、斜料的概念。直料，指某块（门幅不完整）经纱长于纬纱的面料；横料，指某块（门幅不完整）纬纱长于经纱的面料；斜料，指某块（条）斜丝绺（斜向）长于经纬纱的面料（图 13-1）。

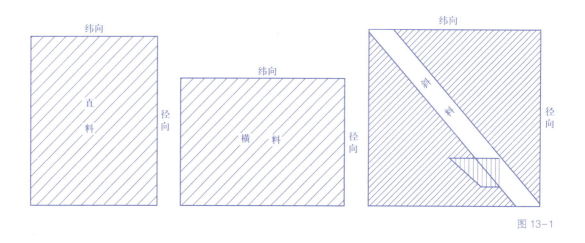

图 13-1

上述所指只适用于零部件，不能作为对主要大身裁片的直横料的评定，零部件应以净规格面积为准（贴边、缝份不应包括在内）。

📖 练习题

1. 如何辨别面料的正反面？
2. 缩水率试验有哪几种方法？

第二节　单件裁剪

单件裁剪要求操作者单独操作裁剪的全过程，因此操作者对技术的掌握要全面。单件裁剪包括画样前的准备工作、合理排料、画样、开剪、扎包等。

一、画样前的准备工作

画样前的准备工作主要包括确认任务单的内容和要求，核算用料，检查及整理面料。

（一）确认任务单的内容和要求

1. 确认款式

画样前必须明确所画的服装款式；确认款式图的正面图、背面图、侧面图、分解图；确认基本款式的外形轮廓，内部分割结构，各部位之间的比例，线条形状及表示的意图；才能使所画的款式与款式图的要求相符。

2. 确认规格

规格是画样的直接依据之一。确认规格，是为准确画样打下基础。首先，确认规格单位是公制、市制还是英制；其次，确认规格测量部位的计算方法，如衣长有的从前面量，有的从后背量（从后领圈中点量）；最后确认主要部位是否配全（如裤长、腰围、臀围、上裆、脚口）。

3. 掌握人体体型特征

这里所指的体型特征是指特殊体型的体型特征，即超越正常体型范围的各种体型，如挺胸、翘臀、平肩、溜肩、平臀、落臀等。掌握体型特征的目的是为了在画裁剪图时，在正常体型的基础上按特殊体型部位，依据画样公式计算方法，放长或缩短，放宽或改窄，增强弧度及弯势部位或减弱弧度或弯势部位等，以满足适身合体，符合穿着者特殊体型的要求。

（二）核算用料

单件裁剪一般在裁剪之前已确定用料数。在裁剪之前必须详细核对用料数（包括面料长度和门幅）。核对后用料数如果不够，则不能裁剪，以免造成浪费。核对用料必须掌握用料计算方法及有关知识。

上装和裤子算料参考表见表13-1、表13-2，不同门幅面料换算见表13-3。

表13-1　上装算料参考表　　　　　　　　　　　　　　　　单位：cm

类别	品种	胸围	门幅90	门幅114	门幅144
男装	短袖衬衫	110	衣长×2+袖长 胸围加减3，用料约加减3	衣长×2 胸围加减3，用料约加减3	
	长袖衬衫	110	衣长×2+袖长 胸围加减3，用料约加减3	衣长×2+20 胸围加减3，用料约加减3	

类别	品种	胸围	门幅90	门幅114	门幅144
男装	两用衫	110			衣长 + 袖长 + 10 胸围加减3，用料约加减3
	西服 (中山服)	110			衣长 + 袖长 + 10 胸围加减3，用料约加减3
	短大衣	120			衣长 + 袖长 + 30 胸围加减3，用料约加7 减5
	长大衣	120			衣长 × 2 + 6 胸围加减3，用料约加减3
女装	短袖 衬衫	103	衣长 × 2 + 10 胸围加减3，用料加减3	衣长 + 袖长 × 2 + 15 胸围加减3，用料约加减3	
	长袖 衬衫	103	衣长 + 袖长 × 2 胸围加减3，用料约加减3	衣长 × 2 + 10 胸围加减3，用料约加减3	
	两用衫	106			衣长 + 袖长 + 3 胸围加减3，用料约加减3
	西服	106			衣长 + 袖长 + 6 胸围加减3，用料约加减3
	短大衣	113			衣长 + 袖长 + 12 胸围加减3，用料约加7 减5
	长大衣	113			衣长 + 袖长 + 10 胸围加减3，用料约加减3
	连衣裙	100	衣裙长 × 2.5 （一般款式）	衣裙长 × 2 （一般款式）	

表13-2 裤子算料参考表   单位：cm

用料		长裤		短裤	
		门幅90	门幅144	门幅90	门幅144
用料	卷脚	2（裤长 + 10）	裤长 + 10		
	无卷脚	2（裤长 + 6）	裤长 + 6	2（裤长 + 8）	裤长 + 12

注：当门幅为90 cm时，臀围超过117 cm，每大3 cm，另加3 cm；当门幅为144 cm时，臀围超过113 cm，每大3 cm，长裤另加3 cm，短裤另加6 cm。

表 13-3　不同门幅面料换算表　　　　　　　　　　　　　　单位：cm

	改用门幅 90			改用门幅 114			改用门幅 140		
	原门幅			原门幅			原门幅		
	90	114	140	90	114	140	90	114	140
换算率	1	0.80	0.64	1.27	1	0.81	1.56	1.23	1

注：按不同门幅用料面积相等的原理，可进行不同门幅的换算，换算方法可按以下公式计算：

原用料数 × 原用料门幅 / 改用门幅 = 改用料数

（三）检查及整理面料

检查及整理面料包括识别面料正反面、了解缩水率、矫正丝绺、熨烫面料等。

1. 识别面料正反面

不同的面料有不同的正反面，识别面料正反面的方法见本章第一节相关内容。

2. 了解缩水率

各种不同的织物，都会产生不同程度的缩水，由于它们的纤维成分、组织结构、吸湿性和织造过程等诸因素的差异，其缩水率也不尽相同。裁剪前要针对不同面料的缩水率采取合适的预缩措施，以防制成服装成品后造成质量事故，影响穿着。详细内容见本章第一节相关内容。

3. 矫正丝绺

织物在织造过程中由于机械拉伸不正会造成经纬纱之间丝绺不垂直，从而产生丝绺纬斜，如果裁剪前不矫正，会使缝制成的服装变形。矫正纬斜的方法是将面料喷水潮湿后，采取手工拉结合熨烫，按纬斜部位对拉矫正。

4. 熨烫面料

面料在裁剪前由于种种原因会出现起皱不平的现象。为了裁剪准确，应将面料熨烫平服。针对不同面料所能承受的最高温度可在面料反面采取喷水烫、干烫或水布盖在面料上面起水烫等。

二、合理排料

单件裁剪主要为画样（包括排料）开剪。单件裁剪一般是边画边剪，因此在画样开剪前对所画的整件（条）服装裁片的排料要全面熟悉，做到心中有数，以防剪完一部分面料后发现用料不够，造成差错事故。

排料要求合理套排，合理拼接。合理套排是指在保证衣片质量的前提下，节约用料的套排画样。套排就是充分利用部件和零部件的不同形状进行合理布局。服装的部件和零部件各有不同，有直、斜、方、圆、凹、凸、长、短之分。在画样时应充分利用裁片的不同角度、弯势等形状进行套排。

合理排料应做到排列紧凑、减少空隙。但实际裁剪中排料要复杂得多，必须反复试排，从中选择合理的套排方案。

合理拼接是为了提高面料利用率，按有关技术标准规定，在一些零部件的次要部位如领里、挂面下端等部位允许适当拼接。排料时对拼接部位、拼接块数和拼接的丝缕都应按照有关技术规定及穿着者的要求进行，不能任意增加拼接缝和改变拼接丝缕。拼接必须做到如下四点：

（1）尽可能减少缝纫麻烦。

（2）符合产品款式所允许的拼接范围和丝缕规定（如直丝缕对直丝缕、横丝缕对横丝缕）。

（3）取得穿着者的许可。

（4）拼接部位注明对刀标记。

单件排料是指单件服装排料，批量裁剪（工业裁剪）一般是指多件排料。单件排料与精密排料的要求有一定的差距，其耗用量一般比批量裁剪耗用量要多。单件排料是批量排料的基础，要掌握排料知识，首先要学好单件排料。排料一般要求掌握一套（凸套凹）、两对（直对直、斜对斜）、三先三后（先排大片后排小片、先排主片后排辅片、先排面料裁片后排里料裁片）的基本要求。如何选择最佳的排料方案，以达到节约用料的目的，是一个不断需要探索的课题，在此仅介绍排料的基础知识。作为入门教学，以典型品种，一般款式为主，同时以一般常用门幅及素色衣料为主，不考虑衣料的花纹、图案、倒顺毛等因素。排料的款式及结构不同，用料数也不相同。具体款式的排料图见有关章节。

三、画样

单件裁剪画样按款式及规格直接画在面料上，按比例计算画出直线、弧线及弯势，然后连接各点画成裁片。

（一）画具的选择和使用

画粉四周边口要削薄，画笔要削细，面料质地和颜色不同，要求使用不同的画具。单件画样常用的是画粉，选择的画粉颜色应和面料颜色对比清楚，既要看得清，又不能太鲜艳，一般不宜用大红大绿的画粉，以免泛色到面料的正面，同时也防止画错后擦不干净，造成调片损料。必须严格控制会造成污染面料的色笔的使用，如油性的圆珠笔。

（二）画线顺序

画线顺序原则上是先横后竖、定点画弧定位。但也根据实际情况调整顺序，以便于操作，减少转手。服装有套装与单件之分，套装又有两件套、三件套之别。对于套装通常两件套应先上装后下装（裤、裙）。三件套则先上装、背心，后下装（裤、裙）。连衣裙也应先上衣后裙子。按服装用料的区别画线顺序，单衣一般应先面料后辅料；夹衣应先面料后衬料，然后再里料、辅料等。

每个单一品种的画样顺序是先大片后小片再零部件，即先画前衣片、后衣片、大袖片、小袖片，再按主次画面料零部件，后配辅料。

（三）画样线条

1. 画线顺直

直线条要顺直，不能断断续续、弯弯曲曲或断线等，各种弧线应衔接圆顺、光滑。

2. 画线清晰

轮廓线要明显，辅助线要细、清。整个图形要求整洁清晰，使人一目了然。如有画错或变动部位，要将画错的线条擦干净或做好标记，否则在开剪时容易看错画线而引起差错事故。

3. 画线手势准确

不能左右歪斜，外偏内斜，画具紧靠直尺边缘，按各种线条、角度、弯势画准。在画样时要注意用力适当。用力过量会损坏画具（如画粉会产生断裂、缺口），而且有可能使一些质地疏松的面料因画线用力过重，使面料延伸而造成画线不准等。

4. 画样准、全

准就是准确：① 规格准，所画的衣片及零部件长短大小规格准确；② 款式准，所画的裁剪图与原定款式相符，各部位的造型结构准确（如领、袖、袋及各种结构缝等）；③ 组合准，各部位组合应按工艺要求组合准确（如衣领与领圈、衣袖与袖窿、侧缝与侧缝）；④ 各部位的定位标记必须点准，不能多点、漏点或错点。

全就是裁片和零部件要画全，不能遗漏，眼刀、钻眼和定位标记也必须画全。

四、开剪

开剪是一项技术性工作，开错后就会造成难以弥补的损失。开剪需要一定的技术知识和实践经验，只有经过反复实践操作才能熟练掌握开剪技术。

开剪前要认真检查画样的裁片，尤其是比较复杂的裁片（如西服前衣片等），要检查画线线条是否清晰，轮廓线是否明显，定位标记是否画全、画准。

（一）开剪的线路和操作

开剪线路是指开剪时剪刀进刀和出刀的程序。单件裁剪虽然不如批量裁剪复杂，但也应选择合理的开剪线路。开剪线路以进刀方便、出刀顺手为基本原则。一般是外口进刀，里口出刀，这是开剪的一般常识。开剪前首先要确认缝份是毛缝还是净缝，如是毛缝按画线开剪，如是净缝在画线外另放缝份（放缝要点见第十四章）开剪。

开剪操作应从上到下、从外到里，以操作方便、减少转手为基本原则。操作时，右手捏住剪刀，保持稳定，保证刀口顺直、整齐，不要东斜西偏，影响开剪质量。左手在开剪处用手指按住织物，不使其移动，使开剪操作顺利进行。开剪时遇到转角要捏稳剪刀，刀口对准转角处，转弯角度要放正，不能在线段中间停停开开，要一气呵成，才能保证这些部位边口光滑圆顺。

传统裁剪常用裁片相叠的方法，如裤子后裤片放在前裤片下面画样裁剪等。这种方法由于叠在一起画剪，长短容易保持一致，上装前后侧缝组合也是如此。裁片相叠的方法操作灵活、方便简单，可简化画样步骤，减少画线。如裤子后裤片的横裆线、中裆线、裤脚口线由于是与前裤片同一位置，故不需要再画线。计算规格方便，如上装前胸围为 1/4 胸围规格，后胸围按前胸围画剪即可。

画零部件如领、袋、袖头、过肩等一般使用小样板（事先打好），既准确，速度又快。

（二）开剪的质量要求

（1）裁片四周刀口要顺直、圆滑，不能有偏斜缺口或锯齿形。

（2）裁片组合准确，左右对称的裁片，其左右长短大小要对称相符。如领与领圈，门襟与里襟，袖的里外偏袖缝，裤子的前后片侧缝，前后裆缝等。

（3）眼刀、钻眼准确。眼刀的位置、眼刀的深浅要准确，一般 1 cm 缝份处的眼刀深浅以 0.4～0.5 cm 为宜。眼刀的深浅与面料的质地性能和缝份大小有关，原则上要做到既能看得清楚标记，又要保证缝纫后眼刀处保持一定的牢度。钻眼要上下层垂直，大小进出适当。作为定缝份宽窄的钻眼，要钻在紧贴缝线里侧，保证缝纫后钻眼不外露；标明袋位的钻眼要按画样点钻准，不能有进出高低，以免装袋后钻眼外露。

五、扎包

裁好的裁片要扎包。将组成产品的所有裁片和零部件包扎在一起，以便于顺利缝纫。扎包要求是将所有裁片和零部件放全理齐，大片放在外面，零部件及辅料裹在里面，包扎整齐、牢固。

📖 **练习题**

画样前都有哪些准备工作？

第三节　批量裁剪

批量裁剪又被称为工业裁剪，是指运用专门的生产设备，采用先进的作业方法，将整个裁剪过程分为若干个生产工序，由若干个裁剪技术工人配合，共同完成裁剪的流水作业过程。

批量裁剪工艺主要有以下四道工序。

一、数量复核、验料和整理

数量复核是指在裁剪前对面料进行数量的全面检查。复核的内容是对面料长度和宽度（门幅）的复核。门幅宽度差距在 0.5 cm 以上的应分档堆放，以便宽幅宽用，窄幅窄用。

验料是对面料进行质量检查，验料的主要任务是检验面料是否存在色差、纬斜和疵点等质量问题。

整理是指经过验料后对做好标记的疵点进行织补，对有纬斜的面料进行矫正纬斜的工作（包括手工矫正和机器矫正）。

二、裁剪工艺

1. 画样

批量裁剪的画样指事先由技术部门经过周密计算，制作好各档规格的样板，按照不同服装、不同裁片部位规定的丝绺方向和允许偏斜的程度，充分利用样板的形状和面料的门幅合理套排，再依照样板画准的过程。

2. 铺料

铺料是依据画样图（由技术部门制定）的长度和每一批裁剪的数量，将面料一层层地铺在裁剪工作台上的过程，铺料一般使用电动拖布机进行。根据面料的花形图案，服装式样和批量大小不同，铺料方式可归纳为四种：

（1）来回和合铺料方式。

（2）单层一个面向铺料方式。

（3）冲断翻身和合铺料方式。

（4）双幅对折铺料方式。

铺料时应根据服装规格、面料质地、裁剪工具等因素选用不同的铺料层数，一般有 30~200 层不等。

3. 开裁

批量裁剪的开裁由于采用专用机械设备，所以开裁时必须谨慎、细致，稍有差错便会造成重大损失。开裁前必须对画样、铺料等上道工序的操作进行检查核对，及时发现问题并立即改正。开裁的线路按照先横断后竖断，先开外口，后开里口，先开裁零部件，后开裁大片的顺序进行。

三、验片

验片是对裁片的质量进行检验，目的是为了能及时发现质量问题，如裁片表面的疵点等，以便修正和调整。验片内容包括：裁片的对位眼刀、钻眼等定位标记是否准确；部件和零部件裁片的规格、曲线、弧度、弯势是否与样板相符；裁片表面疵点、色差、经纬斜丝绺是否符合技术标准的规定。验片的方法有如下三种：

（1）用样板校对裁片的规格和曲线的弧度、弯势以及眼刀、钻眼等。

（2）将同刀裁片的最上层与最下层裁片相比，检查上下裁片是否准确，有否大小、歪斜、进出。

（3）目测裁片表面的色条、斑渍、破损、织疵等，是否属于各类产品技术标准允许存在疵点、色差的范围。

四、编号、扎包

为了保证服装各部件缝纫组合准确，部件之间色泽一致，裁片经过验片以后，在缝纫前必须进行编号并且按色泽规格分别扎包。编号有以包编号和以件编号两种。编号部位一般在裁片的边缘缝份处，编号方式有自动号码机、铅笔和小白布、白纸编号等多种。

扎包是指按搭配单规定的型号、色号、规格，将组成产品的全部部件和零部件包扎在一起，以便于生产。扎包时大片放外面，零部件裹在里面，每包裁片扎好后，在包外吊上标签，注明包号。

📖 练习题

批量裁剪主要有哪几道工序？

女装结构变化是结构制图中的重点。由于本书篇幅所限，无法全面展开，因此，在附录女装分部结构变化中，展示衣片、衣领、衣袖三个服装主要组成部分的款式变化。

一、衣片结构变化（省型变化）

在女装衣片的结构变化中省型的变化是最基本、最重要的结构变化。收省的主要作用是使服装适身合体，由于人体的体表是由起伏不平的凹凸面组成，女性的曲线变化较男性更为突出，因此，平面的面料要符合立体的人体，要能贴附在人体各部位不同的曲线上，就必须在适当的部位作收省（或褶裥、分割线等）处理。同时在合体的前提下，应综合考虑设计、面料、款式等因素。省存在于前后衣片、前后裤片、前后裙片以及衣领、衣袖等部位，而由省变化而来的褶裥、分割线，更是在实用的基础上，兼顾了造型的美观。由于女性的胸部丰满，前衣片胸省的变化就较典型。现着重介绍胸省的结构变化。

胸省变化的方法大致有三种：① 纸型折叠转换法，即在纸型上将设定的胸省位，向着胸高点的方向剪开，将纸型上原有的省份折叠，剪开处就会自然张开；② 纸型旋转移位法，即以笔尖压住胸高点（图中 BP 点）旋转纸型，旋转至纸型上原有省份合并，并在设定的省份上打开；③ 角度移位法，具体绘制方法已在第六章女衬衫中有所说明。以上三种方法，各有优缺点，但无论采用哪一种方法，最后的结果应是一致的。

1. 纸型折叠转换法

纸型折叠转换法，见图1。

2. 纸型旋转移位法

图2为前衣片基型图（含肩胸省）；图3为将要通过纸型旋转法变化出的侧胸省、袖胸省、肩胸省、领胸省、腰胸省的分布位置。

（1）侧胸省（图4）。

（2）袖胸省（图5）。

（3）领胸省（图6）。

（4）腰胸省（图7）。

（5）肩胸省（图略）。

3. 胸省转换为细褶、折裥（图8、图9）

4. 角度移位法

（1）肩胸省（图10）。

（2）侧胸省（图11）。

（3）袖胸省（图12）。

（4）领胸省（图13）。

（5）腰胸省（图14）。

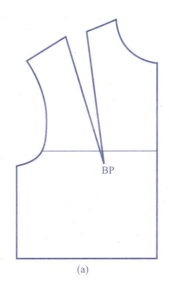
(a)

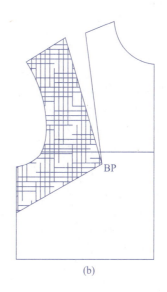
(b)

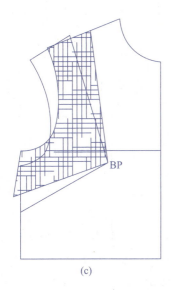
(c)

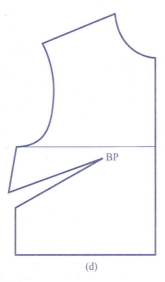
(d)

图 1

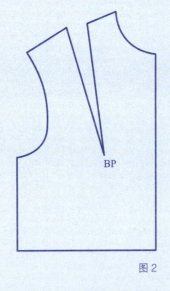

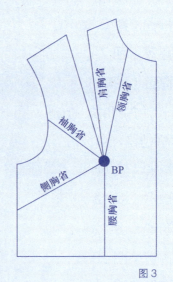

图 2

图 3

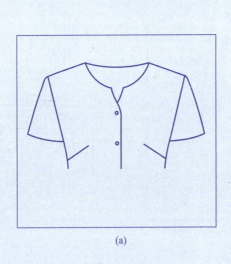

(a)

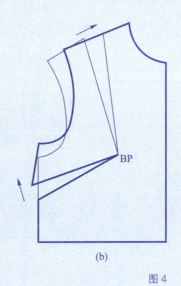

(b)

图 4

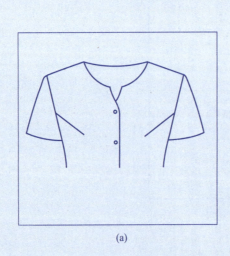

(a)

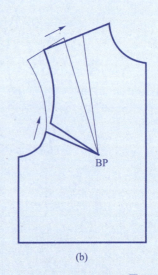

(b)

图 5

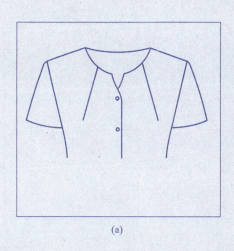
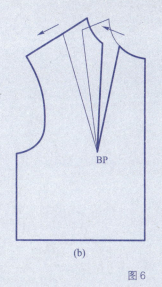

(a)

(b)

图 6

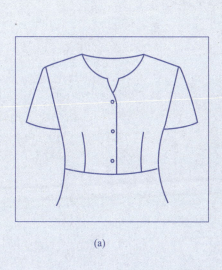
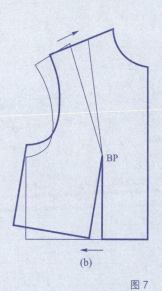

(a)

(b)

图 7

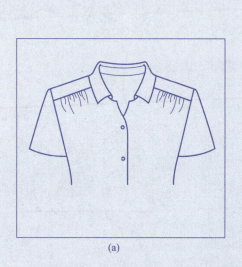
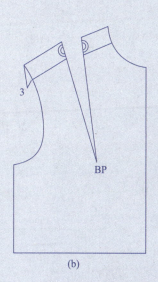

(a)

(b)

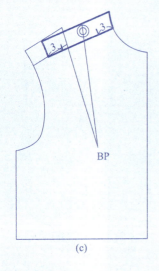

(c)

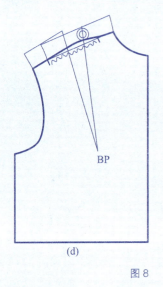

(d)

图 8

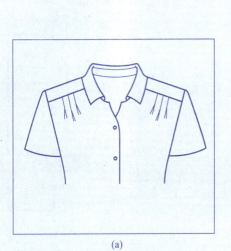

(a)

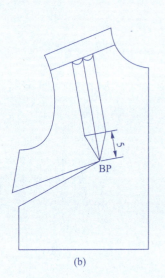

(b)

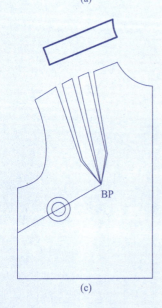

(c)

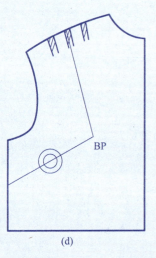

(d)

图 9

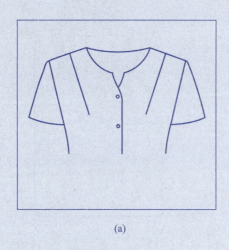

(a)

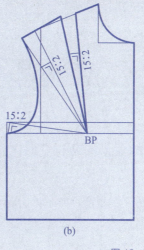

(b)

图 10

(a)

(b)

图 11

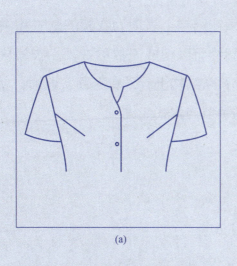

(a)

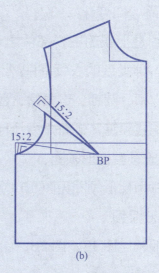

(b)

图 12

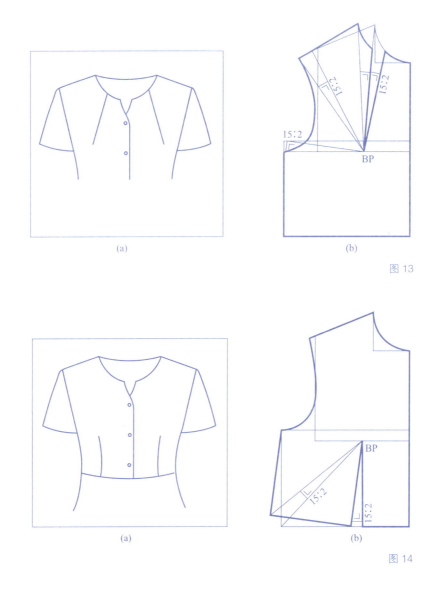

图 13

图 14

二、衣领结构变化

衣领是上衣的主要部件之一。衣领在结构上表现为衣领的款式和领圈线的组合。各种类型的衣领搭配不同的领圈线可以组成无数种衣领。衣领从造型上看，有方领、圆领、青果领、西服领等；从结构上看，有无领、坦领、立领、翻驳领及花式领等，下面介绍几种典型的领型的款式变化。

1. 无领型梯形领圈

无领型梯形领圈见图 15、图 16。

2. 波浪领

波浪领见图 17、图 18、图 19、图 20。

3. 立领

立领见图21、图22。

4. 燕子领

燕子领见图23、图24。

5. 青果领

青果领见图25、图26。

6. 西服领

西服领见图27、图28。

图 15

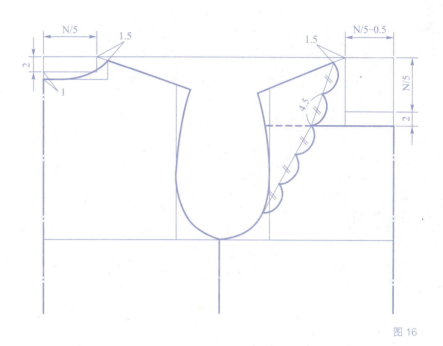

图 16

图 17

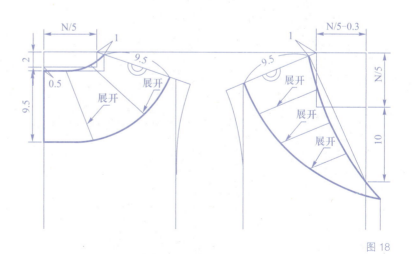

图 18

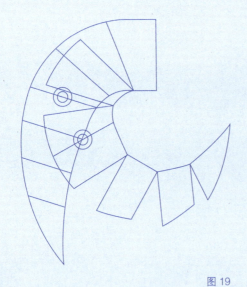

图 19

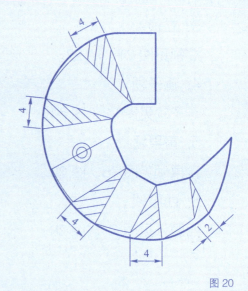

图 20

图 21

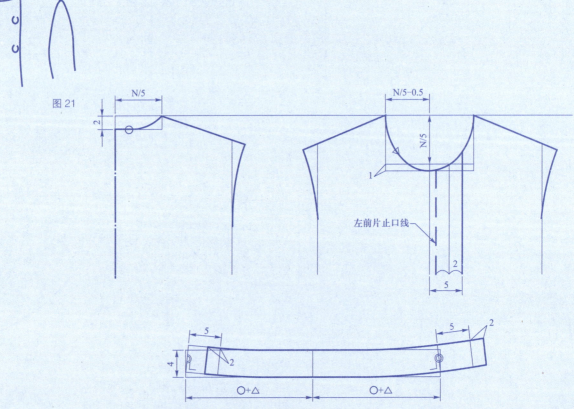

左前片止口线

图 22

附录 1 女装分部结构变化

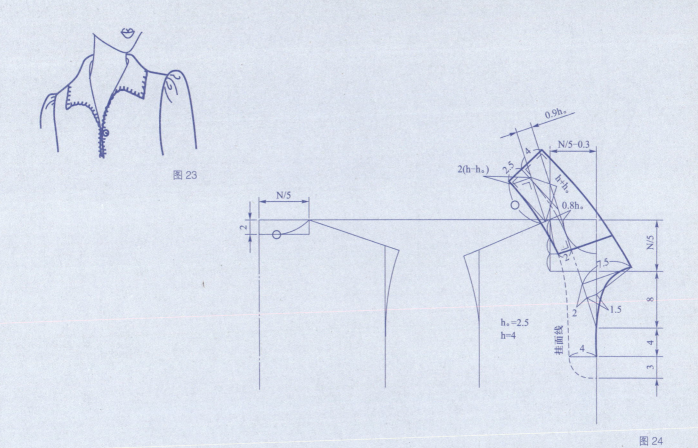

图 23

图 24

$h_。=2.5$
$h=4$

N/5

2

0.9h。

N/5-0.3

$2(h-h_。)$

2.5

4

$h+h_。$

0.8h。

N/5

2

7.5

8

2

1.5

挂面线

4

3

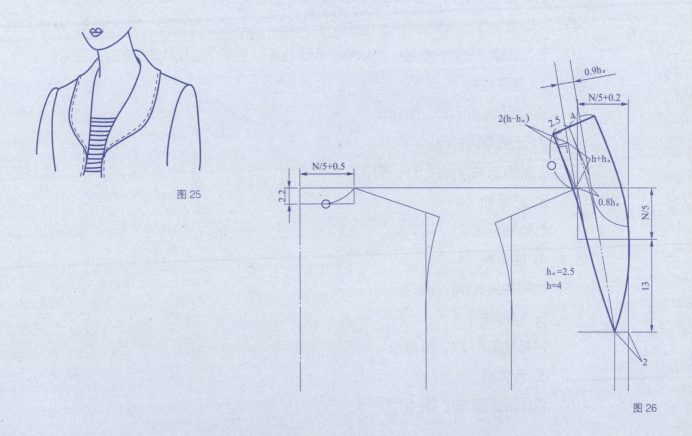

图 25

图 26

$h_。=2.5$
$h=4$

0.9h。

N/5+0.2

$2(h-h_。)$

2.5

4

$h+h_。$

0.8h。

N/5

N/5+0.5

2.2

13

2

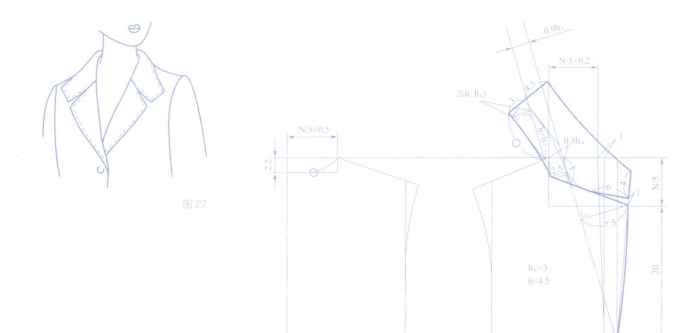

图 27

图 28

三、衣袖结构变化

衣袖是上衣的另一主要部件。衣袖在结构上表现为衣袖的款式与袖窿弧线的组合。从造型上看，衣袖有装袖、连袖、一片袖、两片袖、灯笼袖、喇叭袖等；从结构上看，衣袖可分为宽松袖、适体袖、合体袖等。下面介绍几种典型的袖型变化。

1. 连身短袖

连身短袖见图 29、图 30。

2. 无袖型圆袖窿

无袖型圆袖窿见图 31、图 32。

3. 灯笼袖

灯笼袖见图 33、图 34。

4. 抽褶袖

抽褶袖见图 35、图 36。

5. 衬衫袖

衬衫袖见图 37、图 38。

6. 合体袖

合体袖见图 39、图 40。

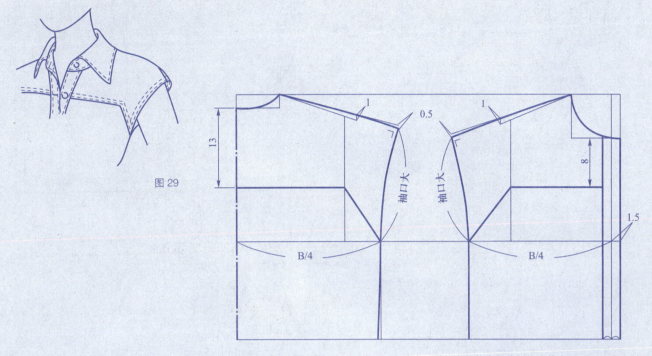

图 29

图 30

注：袖口大止点按实际需要的袖口大确定。袖长在此款中以前侧缝线偏出2~3 cm为宜

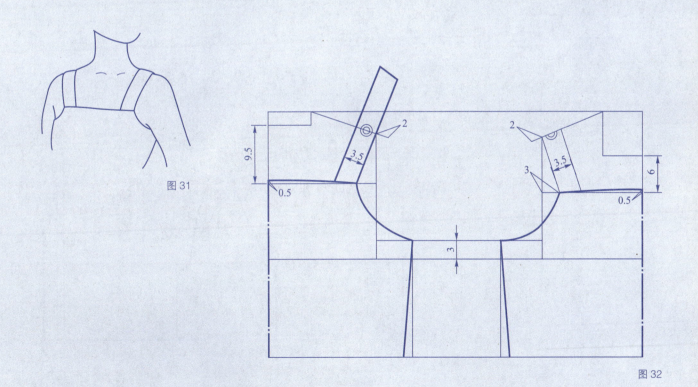

图 31

图 32

图 33

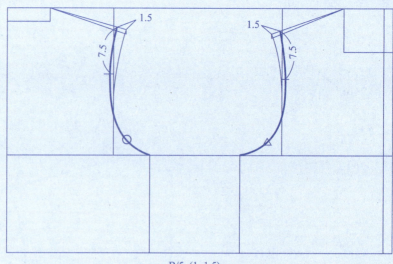

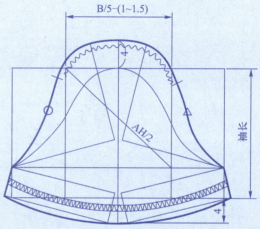

图 34

图 35

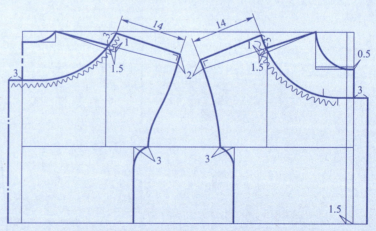

注：袖窿深的确定应以满足袖口大为前提

图 36

图 37

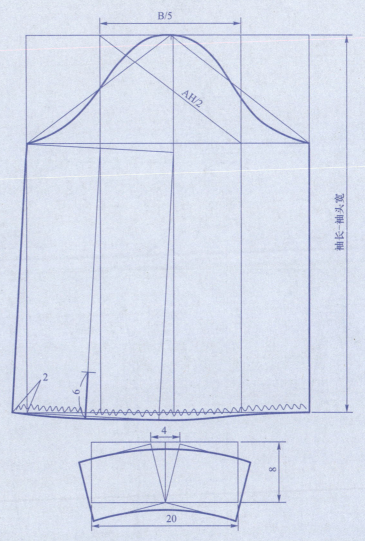

图 38

图 39

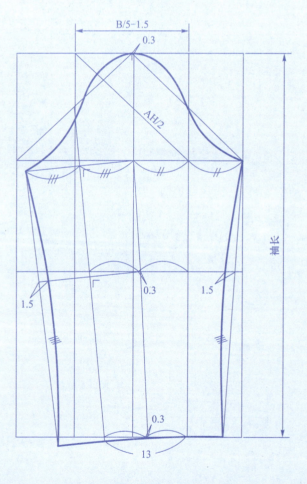

B/5-1.5

0.3

AH/2

袖长

1.5

0.3

1.5

0.3

13

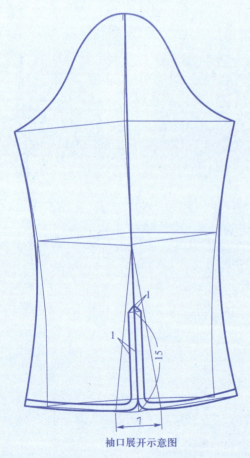

1

1

15

7

袖口展开示意图

图 40

附录 2
特殊体型结构制图

人们由于先天的遗传、后天的发育以及不同的生活习惯、职业等原因形成了体型上的差异。可以说很难找到两个完全相同的人体体型，但在一定的范围内，可以大致区分出正常体型和特殊体型。所谓正常体型是指身体发育正常，各部位基本对称、均衡。特殊体型则是指体型上发展不均衡，不符合正常体型范围的各种体型。

一般的服装结构制图的计算公式和绘画法，都是根据正常体型来制定的，特殊体型的服装，在制图时可根据体型上的具体差异，在正常体型制图的基础上加以变化，以适应体型的特殊要求。纸型剪开折叠法是特殊体型服装制图中较为实用的方法，本章的特殊体型西裤及上装都采用此法。其步骤是首先确定一个正常体型的纸样作为基图，然后以此为据，结合特殊体型的变化，作相应的变更。本章将介绍西裤中的凸臀、平臀、凸肚、O 型腿、X 型腿及上装中的挺胸、驼背、平肩、溜肩、高低肩等内容的制图。

说明：本章内容中采用的符号见表 1。

表 1　特殊体型结构制图符号

符号	表达意义
··················	正常体型基图的形状
◁	将正常体型基图剪开的部位
◀	将正常体型基图折叠的部位

第一节　特殊体型西裤结构制图

一、凸臀

（一）外形图与体型特征

臀部丰满凸出，腰部中心轴倾斜，穿上正常体型的西裤，会使臀部绷紧，后裆卡紧（图41）。

（二）制图上的调节

将后裤片基图剪开，在正常体型裤片上加以调节，调节的具体数据视凸臀程度而定（图42）。

通过将后裤片臀围线切开并放大臀围的方法，调节以下所述部位，以达到符合凸臀体型者的穿着要求：

（1）后臀围放大。

（2）后缝斜度增加，后缝斜线放长。

（3）后翘提高。

（4）后裆宽放宽。

（5）后省量适量增加。

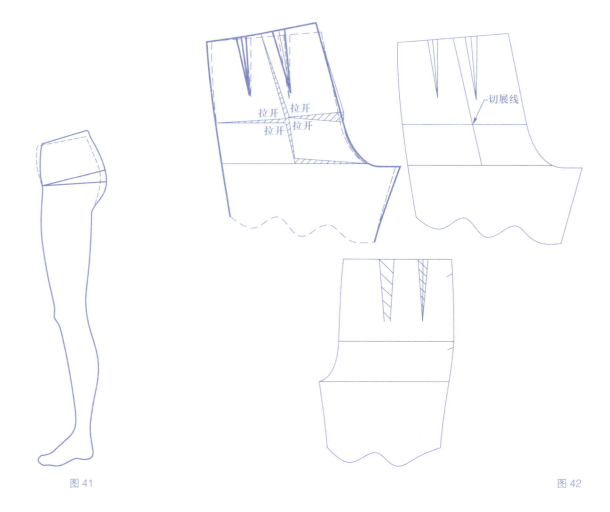

图 41   图 42

二、平臀

（一）外形图与体型特征

臀部平坦，穿上正常体型的西裤，出现后裆缝过长并下坠的现象（图 43 ）。

（二）制图上的调节

把后裤片基图剪开，在正常体型裤片上加以调节，调节的具体数据视平臀程度而定（图 44 ）。

通过将后裤片臀围线折叠并缩小臀围的方法，调整以下所述部位，以达到符合平臀体型者的穿着要求：

（1）后臀围缩小。

（2）后缝斜度减小，后缝斜线减短。

（3）后翘降低。

（4）后裆宽减窄。

（5）后省量适量减小。

           附录 2 特殊体型结构制图

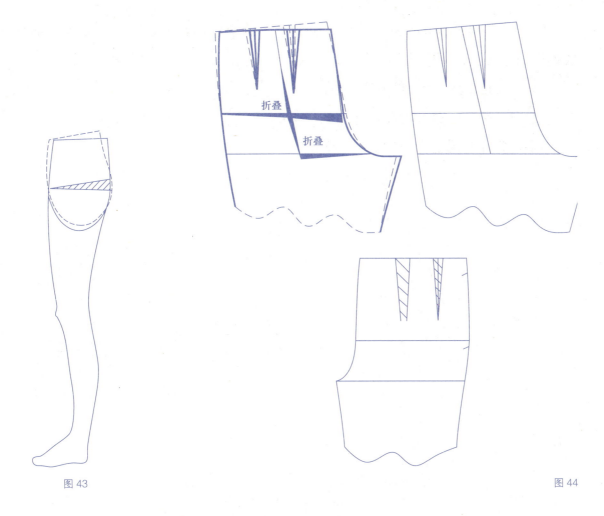

图 43   图 44

三、凸肚

（一）外形图与体型特征

腹部凸出，臀部并不显著凸出，腰部的中心轴向后倒，穿上正常体型的西裤，会使腹部绷紧，腰口线下坠，侧缝袋绷紧（图 45 ）。

（二）制图上的调节

将裤片基图剪开，在正常体型裤片上加以调节，调节的具体数据视凸肚程度而定（图 46 ）。

（1）当腹部凸出位于臀高线时，通过将前裤片臀围线处切开，后裤片臀围线处折叠的方法，调整以下所述部位，以达到符合凸肚体型者的穿着要求：

① 加长前裆缝。

② 提高前裆缝处上裆高度。

③ 后裤片处减短后缝斜线。

④ 加大前裤片裥量。

（2）当腹部凸出位于腰口线时，通过将前裤片腰口线处切开，后裤片臀围线处折叠的方法，调整以下所述部位，以达到符合凸肚体型者的穿着要求：

① 加长腰口线，增加腰围的规格。

② 提高腰口线中间处的上裆高度。

③ 后裤片处减短后缝斜线。

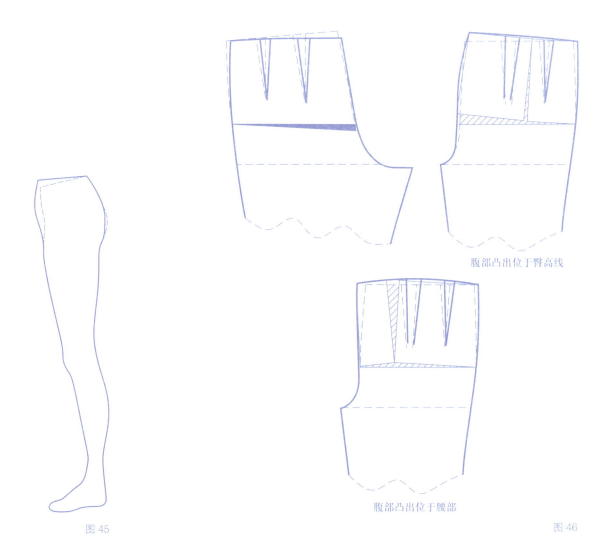

腹部凸出位于臀高线

腹部凸出位于腰部

图 45   图 46

四、O 型腿

（一）外形图与体型特征

O 型腿也称罗圈腿，其特征是臀下弧线、两膝盖至脚跟向外弯，两脚向内偏，下裆内侧呈椭圆形，穿上正常体型的西裤，会使侧缝线显短而使侧缝线向上吊起，下裆缝显长而使其起皱，并形成烫迹线向外侧偏等现象（图 47）。

将裤片基图剪开，在正常体型裤片上加以调节，调节的具体数据视 O 型腿程度而定（图 48 ）。

将前后裤片在侧缝中裆处切开，向下裆缝一侧脚口线方向移动。调整以下所述部位，以达到符合 O 型腿者的穿着要求：

（1）侧缝线适当延长，并向内移。

（2）下裆缝线适当缩短，并相应内移。

（3）裤烫迹线自然偏向下裆缝方向。

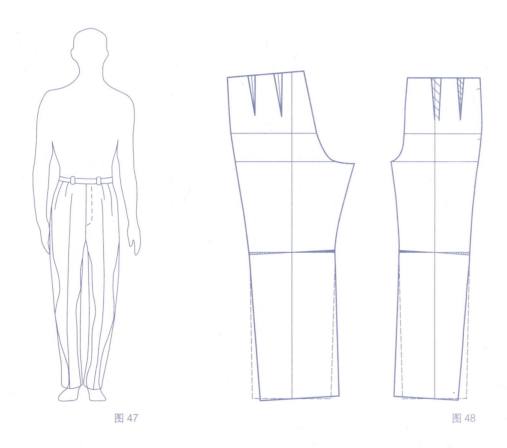

图 47   图 48

五、X 型腿

（一）外形图与体型特征

X 型腿也称八字腿，其特征是臀下弧线至两膝盖向内并齐，两脚向外偏，膝盖以下至脚跟呈八字形向外撇，穿上正常体型的西裤，会使下裆缝线显短而向上吊起，侧缝线显长而使其起皱，并形成烫迹线向内侧偏等现象（图 49 ）。

（二）制图上的调节

将裤片基图剪开，在正常体型裤片上加以调节，调节的具体数据视 X 型腿程度而定（图 50）。

将前后裤片在下裆缝中裆处切开，向侧缝一侧脚口线方向移动。调整以下所述部位，以达到符合 X 型腿者的穿着要求：

（1）下裆缝适当延长，并向外移。

（2）侧缝线适当缩短，并相应外移。

（3）裤烫迹线自然偏向侧缝方向。

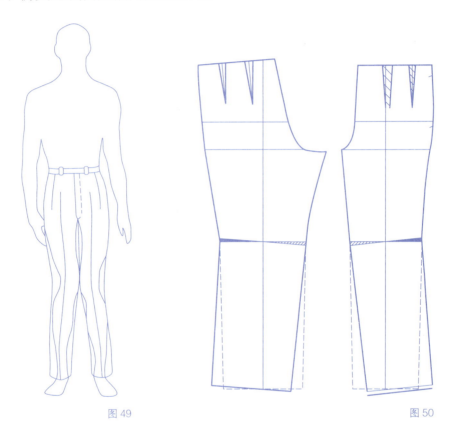

图 49   图 50

📖 练习题

1. 简述正常体型与特殊体型的区别。

2. 凸臀体应如何调整（作图说明）。

3. 凸肚体应如何调整（作图说明）。

4. X 型腿应如何调整（作图说明）。

第二节　特殊体型上衣结构制图

一、挺胸体

（一）外形图与体型特征

该体型人体胸部前挺，饱满凸出，后背平坦，头部略往后仰，前胸宽，后背窄，穿上正常体型服装，就会使前胸绷紧，前衣片显短，后衣片显长，前片起吊，搅止口等（图51）。

（二）制图上的调节

测量前后腰节线时可在正常体型制图上加以调节，调节的具体数据视挺胸程度而定（图52）。

通过将前片胸围线处切（拉）开，后片背宽高处折叠的方法，调整以下所述部位，以达到符合挺胸体者的穿着要求：

（1）放大劈门。

（2）前胸放宽，后背减窄。

（3）前片腰节线放长，后片则减短。

（4）后袖山高线处折叠以缩短后袖缝。

（5）前袖山高线处切（拉）开以加长前袖缝。

（6）袖身后移。

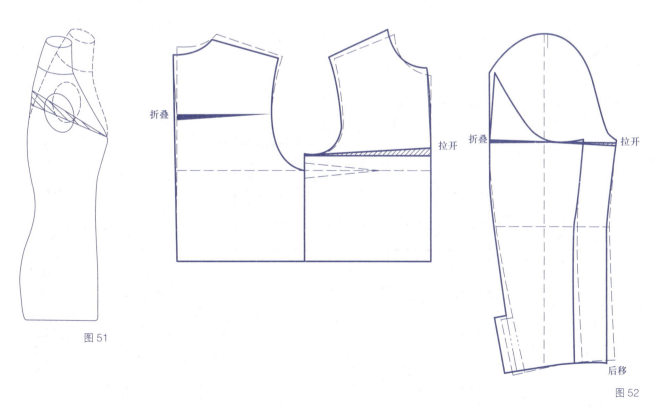

图51

图52

二、驼背体（曲背体）

（一）外形图与体型特征

该体型人体背部凸出且宽，头部略前倾，前胸则较平且窄。穿上正常体型的服装，前长后短，后片绷紧吊起（图53）。

（二）制图上的调节

测量前后腰节线，在正常体型制图上加以调节，调节的具体数据视驼背程度而定（图54）。

通过将前片胸围线处折叠，后片背宽处切（拉）开的方法，调整以下所述部位，以达到符合驼背体者的穿着要求：

（1）劈门改小。

（2）前胸减窄，后背放宽。

（3）前片腰节线减短，后片则放长。

（4）后袖山高处切（拉）开以加长后袖缝。

（5）前袖山高处折叠以缩短前袖缝。

（6）袖身前移。

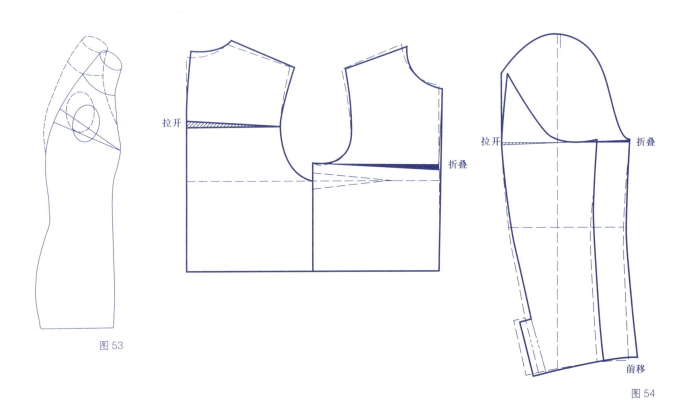

图53

图54

三、平肩

（一）外形图与体型特征

两肩端平呈"T"字形，穿上正常体型的服装，肩部拉紧，止口豁开（图55）。

（二）制图上的调节

将前后肩斜线、肩端点处抬高，前后袖窿深线处相应抬高，在正常体型制图上加以调节，调节的具体数据视平肩程度而定（图56）。

通过将前后肩斜线肩端点处抬高的方法，调整以下所述部位，以达到符合平肩体型者的穿着要求：

（1）抬高前后肩斜线（减小前后肩斜度）。

（2）袖窿深线处相应抬高。

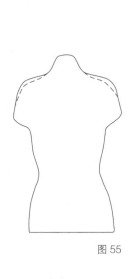

图55

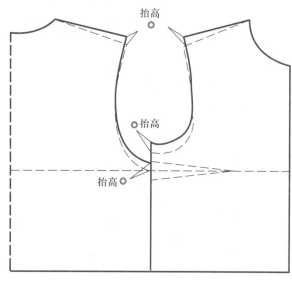

图56

四、溜肩

（一）外形图与体型特征

两肩下塌呈"个"字形，穿上正常体型的服装，两肩部位起斜褶，搅止口（图57）。

（二）制图上的调节

将前后肩斜线、肩端点处降低，前后袖窿深线处相应降低，在正常体型制图上加以调节，调节的具体数据视溜肩程度而定（图58）。

通过将前后肩斜线肩端点处降低的方法，调整以下所述部位，以达到符合溜肩体型者的穿着要求：

图 57

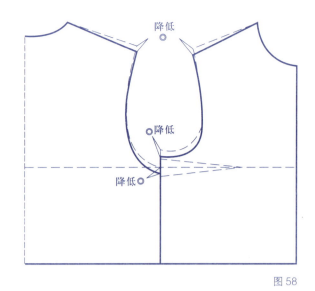

图 58

（1）降低前后肩斜线（增大前后肩斜度）。

（2）袖窿深线处相应降低。

五、高低肩

（一）外形图与体型特征

左右两肩高低不一，一肩正常，另一肩则低落，穿上正常体型的服装，低肩的下部出现皱褶（图 59）。

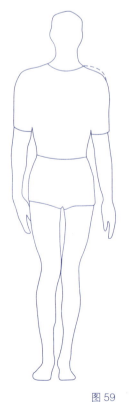

图 59

（二）制图上的调节

按溜肩的调节方法，在正常体型制图上加以调节，调节的具体数据视高低肩程度而定。

通过将低肩一侧前后肩斜线肩端点处降低的方法，调整以下所述部位，以达到符合高低肩体型者的穿着要求：

（1）降低前后肩斜线（增大前后肩斜度）。

（2）袖窿深线处相应降低。

溜肩调节的是两肩，而高低肩调节的是低肩。还可通过调整垫肩的高度来使两肩高低一致。

📖练习题

在正常体型基础上，制作特殊体型的结构图 1~2 例。

服装成品的质量标准之一，是服装穿在人体上合体、平整、顺服、不皱。当人静态站立时，服装某些部位如出现起皱、壳开、吊起、歪斜不方正或穿着过松、过紧等种种不合体现象，均属服装弊病。正常情况下，以准确的量体数据，运用正确的结构制图方法和缝纫工艺，为正常体型者裁制服装，是不应产生服装弊病的。但人的体型千差万别，如果我们对穿着者的体型观察不够仔细，在量体时测量数据不准，在结构制图时运用比例不当或在缝纫过程中制作不到位等，都将造成服装弊病。所以即使是经验丰富的制作者，在某些方面偶有不慎，也会导致服装弊病。分析服装弊病，既是为了避免和减少弊病的产生，也是为了"医治"弊病，为此，除了熟练地运用所学的专业知识和技能，因人而异地采用合适的方式方法外，还应掌握分析弊病和正确处理弊病的知识和技能。
服装弊病的产业主要有结构制图和缝制加工两方面的因素，下面从结构制图方面分析常见弊病产生的主要原因及修正方法。
结构图上的虚线表示原结构线条，实线表示修正线条。现将上下装病例各择五种作一分析，不分男装和女装，也不涉及具体品种和款式。

附录 3
服装弊病分析及处理方法

一、下装弊病及修正方法

（一）夹裆

裤子穿上后，后窿门吊紧，后裆缝嵌入股间，俗称"夹裆"（图60）。

1. 产生的原因

（1）后窿门太小。

（2）上裆太短。

（3）后窿门凹势不够。

2. 修正的方法

（1）后窿门增大。

（2）上裆加长。

（3）增加后窿门凹势（图61）。

图 60

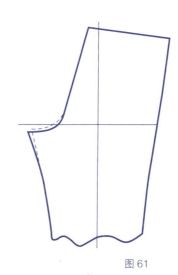

图 61

（二）后裆下垂

臀部下沉，起涟漪般皱褶，俗称"后裆下垂"（图62）。

1. 产生的原因

（1）前上裆太短。

（2）后缝倾斜度太大。

（3）后翘太高。

2. 修正的方法

（1）前上裆开落。

（2）减小后缝倾斜度，侧缝相应移进。

（3）后翘降低（图63）。

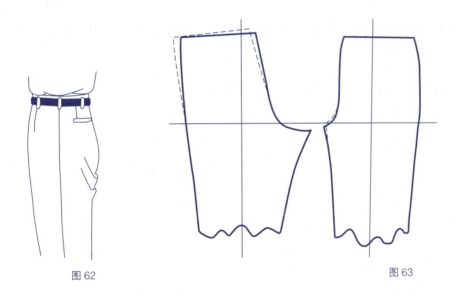

图62   图63

（三）后缝腰口起涌

后缝腰口出现横涟现象（图64）。

1. 产生的原因

（1）后翘太高。

（2）后省量太小。

（3）腰臀之间侧缝胖势不够。

2. 修正的方法

（1）后翘降低。

（2）后省放大。

（3）腰臀之间侧缝胖势增大（图65）。

图 64

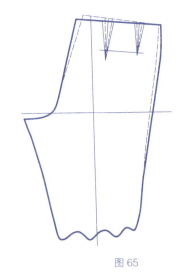

图 65

（四）后臀绷紧，前臀围太宽

臀围与腰围放松度适中，但穿在身上后臀绷紧，前臀围太宽（图 66）。

1. 产生的原因

（1）前片横裆以上部位太大，后片太小。

（2）前片褶裥太大。

（3）后缝倾斜度不够。

（4）后省太小。

2. 修正的方法

（1）前片臀围改小，后片臀围放大。

（2）前片褶裥改小。

（3）后缝倾斜度增大。

（4）后省量增大（图 67）。

图 66

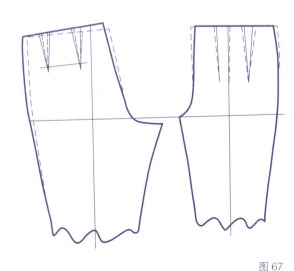

图 67

（五）脚口外豁

烫迹线由上至下向外歪斜，俗称"脚口外豁"（图68）。

1. 产生的原因

（1）侧缝线太短。

（2）横裆以下部位的前后侧缝劈势不足。

2. 修正的方法

（1）前后侧缝腰口处放高。

（2）加大前后片侧缝劈势并延长侧缝线，下裆相应移进（图69）。

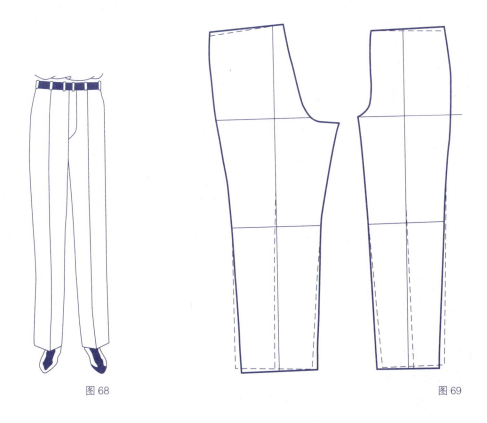

图68   图69

二、上装弊病及修正方法

（一）搅止口（搅盖）

当门里襟叠上后，前中线歪斜，下口过多地叠拢，俗称"搅盖"（图70）。

1. 产生的原因

（1）劈门太小。

（2）领宽（横开领）太窄。

（3）后片长。

（4）衣领太小。

2. 修正的方法

（1）劈门增大。

（2）前领宽（横开领）略开大，小肩相应加宽。

（3）前片侧缝向上移，袖窿处去掉多余量，相应开深，后片下摆改短（图71）。

图 70

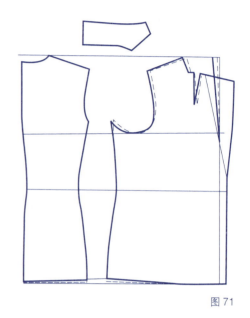

图 71

（二）爬领

服装的后领翻折线高于原定翻折线，后翻领上升，后领脚外露，俗称"爬领"（图72）。

1. 产生的原因

（1）衣领小。

（2）驳领倾斜度不够。

（3）前领翘势太高。

（4）领脚凹势不够。

2. 修正的方法

（1）衣领适当放大。

（2）驳领倾斜度增大。

（3）前领翘势改平。

（4）领脚凹势加大（图73）。

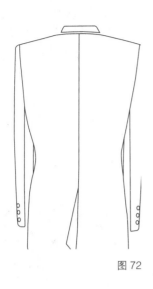

图 72

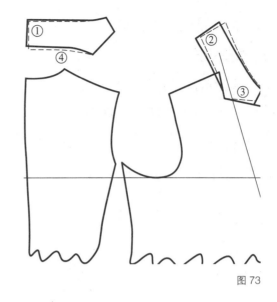

图 73

（三）驳头外口松

当门里襟叠上后，衣服的驳口线与结构图上的驳口线不重合，驳领不到第 1 粒纽位（图 74）。

1. 产生的原因

（1）驳口线距领肩点距离太小。

（2）驳领倾斜度太大。

（3）前领翘势太低。

（4）前后小肩斜度太大。

2. 修正的方法

（1）加大驳口线与领肩点间的距离。

（2）减小驳领松斜度。

（3）放高前领翘势。

（4）减小前后小肩斜度（图 75）。

（四）荡领

当服装穿好后，领口不能贴近颈部，四周荡开，俗称"荡领"（图 76）。

1. 产生的原因

（1）前后领宽（横开领）太大。

（2）后领深（直开领）太深。

（3）衣领太大。

（4）后片袖窿以上太短。

2. 修正的方法

（1）减小前后领宽（横开领）。

（2）后领深（直开领）略开浅。

（3）衣领改小。

（4）后片袖窿以上部位放长（图 77）。

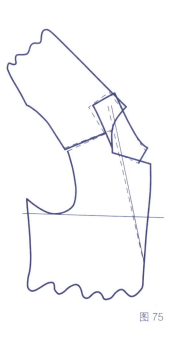

图 74 　　　　　　　　　　　　　　　　　　　　　　　　　图 75

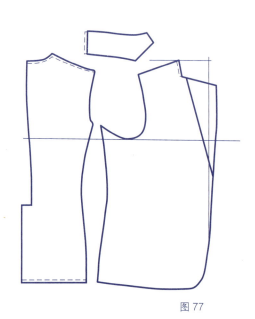

图 76 　　　　　　　　　　　图 77

（五）后领窝起涌

后领窝周围出现横波纹，俗称"后领窝起涌"（图78）。

1. 产生的原因

（1）后领深（直开领）太浅。

（2）后总肩宽太窄。

（3）后肩斜度太大。

2. 修正的方法

（1）后领深（直开领）开深。

（2）后总肩宽放宽，使后小肩略大于前小肩。

（3）后肩斜度改小（图79）。

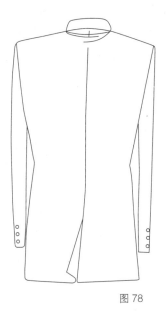

图78

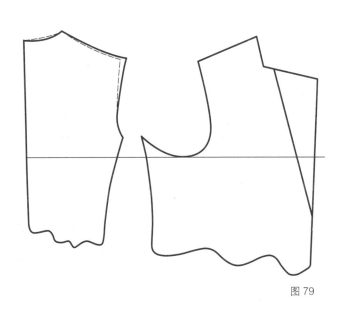

图79

📖 练习题

简述本章所述服装弊病的特征与处理方法。

［1］蒋锡根. 服装结构设计——服装母型裁剪法. 上海：上海科学技术出版社，2010.

［2］中央工艺美术学院服装班. 服装造型工艺基础. 北京：中国轻工业出版社，1981.

［3］徐雅琴，马跃进. 服装制图与样板制作（第4版）. 北京：中国纺织出版社，2018.

［4］徐雅琴，惠洁. 女装结构细节解析. 上海：东华大学出版社，2010

［5］徐雅琴，谢红，刘国伟. 服装制板与推板细节解析. 北京：化学工业出版社，2010.

郑重声明

高等教育出版社依法对本书享有专有出版权。任何未经许可的复制、销售行为均违反《中华人民共和国著作权法》，其行为人将承担相应的民事责任和行政责任；构成犯罪的，将被依法追究刑事责任。为了维护市场秩序，保护读者的合法权益，避免读者误用盗版书造成不良后果，我社将配合行政执法部门和司法机关对违法犯罪的单位和个人进行严厉打击。社会各界人士如发现上述侵权行为，希望及时举报，我社将奖励举报有功人员。

反盗版举报电话　（010）58581999　58582371
反盗版举报邮箱　dd@hep.com.cn
通信地址　北京市西城区德外大街4号　高等教育出版社法律事务部
邮政编码　100120

读者意见反馈

为收集对教材的意见建议，进一步完善教材编写并做好服务工作，读者可将对本教材的意见建议通过如下渠道反馈至我社。

咨询电话　400-810-0598
反馈邮箱　zz_dzyj@pub.hep.cn
通信地址　北京市朝阳区惠新东街4号富盛大厦1座
　　　　　高等教育出版社总编辑办公室
邮政编码　100029

防伪查询说明

用户购书后刮开封底防伪涂层，使用手机微信等软件扫描二维码，会跳转至防伪查询网页，获得所购图书详细信息。

防伪客服电话
（010）58582300

学习卡账号使用说明

一、注册/登录

访问http://abook.hep.com.cn/sve，点击"注册"，在注册页面输入用户名、密码及常用的邮箱进行注册。已注册的用户直接输入用户名和密码登录即可进入"我的课程"页面。

二、课程绑定

点击"我的课程"页面右上方"绑定课程"，在"明码"框中正确输入教材封底防伪标签上的20位数字，点击"确定"完成课程绑定。

三、访问课程

在"正在学习"列表中选择已绑定的课程，点击"进入课程"即可浏览或下载与本书配套的课程资源。刚绑定的课程请在"申请学习"列表中选择相应课程并点击"进入课程"。

如有账号问题，请发邮件至：4a_admin_zz@pub.hep.cn。